園林藝術及園林设计

孙筱祥 编著

中国建筑工业出版社

图书在版编目（CIP）数据

园林艺术及园林设计/孙筱祥编著. —北京：中国建筑工业出版社，2011.5（2023.2 重印）
ISBN 978-7-112-13152-5

Ⅰ.①园… Ⅱ.①孙… Ⅲ.①园林艺术②园林设计 Ⅳ.①TU986.1②TU986.2

中国版本图书馆 CIP 数据核字（2011）第 060747 号

责任编辑：杜 洁
责任设计：董建平
责任校对：陈晶晶 刘 钰

园林艺术及园林设计
孙筱祥 编著

*

中国建筑工业出版社出版、发行（北京西郊百万庄）
各地新华书店、建筑书店经销
北京嘉泰利德公司制版
北京云浩印刷有限责任公司印刷

*

开本：787×1092 毫米 1/16 印张：16¾ 字数：353 千字
2011 年 6 月第一版 2023 年 2 月第十二次印刷
定价：**58.00** 元
ISBN 978-7-112-13152-5
（20508）

孙筱祥教授简介

孙筱祥，笔名孙晓翔，英文姓名 Sun Xiaoxiang，男，1921 年 5 月 29 日生，浙江省萧山县（今属杭州市）人。1946 年 6 月，国立浙江大学农学院园艺系毕业，主修造园学，获农学学士学位；1954 ~ 1955 年，在南京东南大学（当时称南京工学院）建筑系刘敦桢教授研究生班进修建筑设计 1 年。曾师从孙多慈教授、徐悲鸿大师学习油画多年。

原中国风景园林学会副理事长（1993 ~ 1999）。现任北京林业大学园林学院教授，风景园林与人居大地规划设计研究室（Landscape Architecture Research Office）主任，北京林业大学深圳市北林苑景观与建筑规划设计院首席顾问、总设计师。国际风景园林与人居大地规划设计师联合会（IFLA：International Federation of Landscape Architects）总理事会中国个人理事（Individual Member of IFLA：第一任，1983 ~ 1988 年；第二任，1994 ~ 2005 年）。北美风景园林教师理事会通讯理事（1983 年起）。住房和城乡建设部风景名胜专家顾问，杭州市城市规划专家咨询委员会委员，北京植物园顾问，中国科学院西双版纳热带植物园总设计师、顾问，中国建筑工业出版社专家组顾问，浙江绿城园林有限公司首席高级顾问。2010 年 6 月起被国务院任命为：“中国城市科学研究会专家库专家”。

主要业绩：1985 年获西澳 CURTIN 理工大学从事学科（从事学科为 Landscape Architecture）须达世界最高水平的“海登威廉荣誉教授奖”，并受聘讲学；同年获澳大利亚国家设计艺术委员会奖金，应邀在澳五个州、十二所城市考察风景园林，并受邀在悉尼大学、新南威尔士大学、墨尔本大学、阿德莱德大学、堪培拉大学、布里斯班大学、昆士兰大学、西澳大学、莫达克大学、塔司马尼亚大学等15所著名大学讲学并举办个人画展。

1986年3月24~26日，联合国"IUCN"（自然资源保护联盟）及国际"EXXON"教育基金会与美国哈佛大学设计研究生院共同主办在美国哈佛大学设计研究生院召开，有26个国家80多名世界著名专家参加的"国际风景园林与人居大地营造行业教育学术大会"。孙筱祥教授受大会特邀所作英语学术报告被选拔为"国际风景园林与人居大地营造行业教育学术大会"（World Conference on Education for Landscape Planning）第一名最杰出国际教育典范。著者由此以中国现代 Landscape Architecture（风景园林与人居大地规划设计学）学科之父闻名于国际风景园林界。1987年，孙筱祥教授被美—中学术交流委员会（CSCPRC），美—中著名学者交换计划委员会选拔为当年五名中国著名学者之一，受美国国家科学院、国家社会科学委员会、国家学术团体委员会联合邀请，由俄亥俄州立大学聘任，先后至宾夕法尼亚大学、普杜大学、伊利诺伊大学、密歇根州立大学等五所著名大学讲学并举办个人画展。1989年9月~1990年2月孙筱祥受美国哈佛大学设计研究生院聘任为客座教授讲学半年，并获得该院红领带奖殊荣（中国至今只有孙教授一人获此奖）。同时由哈佛大学设计研究生院组织，受美国其他如弗吉尼亚大学、华盛顿大学、路易斯安那大学、加利福尼亚大学伯克利分校、加利福尼亚理工学院、俄勒冈大学、波特兰州立大学、宾夕法尼亚大学、拉特格斯新泽西州立大学、伊利诺伊大学等10所著名大学联合邀请巡回讲学并举办个人画展。1990年1月受美国爱达荷州博伊西市聘请设计中国文人园林"诸葛亮草庐"，并指导施工。

孙教授集专业造园大师、研究家、教授、画家、花卉园艺家、生态学家、建筑师、城市设计师与大地规划大师于一身。先后在澳大利亚15所、美国15所著名大学讲学，6次作为国际风景园林与人居大地规划设计学术大会特邀嘉宾或主旨（Key-Note）演讲人作学术报告，多次获得国际学术荣誉奖。

2010年5月25日获得IFLA第23届总理事会 President（会长）Dr. Diane Helen Menzies 在23届IFLA总理事会上授予的孙教授IFLA杰出贡献奖及奖状。孙教授的园林设计创作（已基本建成的），除美国爱达荷州博伊西市"诸葛亮草庐"园外，在国内有杭州花港观鱼公园设计、杭州植物园规划、杭州植物分类（植物进化系统）园设计、北京植物园（南、北园）总规划、华南植物园规划设计、厦门万石植物园规划设计、深圳仙湖植物园规划设计、海南省万宁县海南植物园规划设计（"文革"被毁）、北京丰台公园设计、中科院北京植物园木兰牡丹园设计、海口市金牛岭瀑布公园设计、北京林学院植物园设计（被毁），中国科学院西双版纳热带植物园（XTBG）总体规划（总面积为10平方公里）、BXTG的大门景区及百花园、棕榈园设计。当前正在设计的项目为广东省东莞市石排镇中心区风景园林设计，已完成的设计有“竹景民俗风情”、“椰林风荷”、“松柏常青”、“红豆山庄”、“玉兰含笑”、“鸟语花香”等七景区。

在国外发表英文论文8篇，国内发表中文论文30余篇，所著《园林艺术及园林设计》教材，自1962～1992年，为中国30年间该学科的经典教材。孙筱祥教授为中国现代Landscape Architecture（风景园林与人居大地规划设计学）学科之创始人与奠基人。国内曾获国家科委、计委、经委联合颁发的对城市建设积极贡献表彰证书；中国风景名胜区协会颁发的“风景卫士奖杯”及奖励证书；建设部颁发的风景名胜专家顾问荣誉证书；所著《风景园林（Landscape Architecture）从造园术、造园艺术、风景造园——到风景园林、地球表层规划》论文（发表于《中国园林》2002年第四期），被选入第一届中国科协期刊优秀论文榜等。

曾任杭州西湖风景建设小组长（1950～1955年），杭州都市计划委员会委员（1951～1955年），北京林业大学园林设计教研室主任（1957～1987年），风景园林与人居大地规划设计研究室主任（1982～今），风景园林系学术委员会主任(1988～1991年)，中国科学院北京植物园造园组导师（1956～1962年），林业部第三届科技委，浙江农业大学森林造园教研室主任（1952年8月～1956年7月），林业部园林科技查新咨询专家，中国城市雕塑艺术委员会委员，中国建筑学会会员，中国园艺学会理事，建设部城市规划研究院园林研究室主任（1974～1975年），建设部政策研究中心“建设规划设计研究所”风景园林总设计师，海口市总园林师，海口市园林规划设计研究院名誉院长兼总园林师，中国林业出版社特约编审，美国Sasaki设计公司项目顾问。享受国务院高等教育特殊津贴。

前　言

这本教材，是本人从1964～1986年在北京林学院园林系讲授这一课程的经典教材，也是全国各大专院校本专业共用的经典教材。但这一教材，本世纪以来，已不再重印。北京林业大学园林学院过去的存书亦早已售完。不再重印的原因是该教材出版时，文化大革命虽早已结束，但教材中，仍然在一些地方还残留旧时的烙印。这本教材，要根据这一学科的现代发展理念重写，不是短期内能办到的，可是社会上风景园林界又不断要求再版原始教材，为了应急，本人决定把1986年北京林业大学城市园林系出版的《园林艺术及园林设计》原稿请中国建筑工业出版社再版。为此尚请各位同行专家批评斧正。

孙筱祥　**谨具**

2011年1月

目　录

绪 论

一、园林的发展

绿化：人类为了农林业生产，减低自然灾害，改善卫生条件，美化环境而栽植植物时，均可称为绿化。

绿地：凡是生长植物的土地，不论是自然植被或人工栽培的，包括农林牧生产用地及园林用地，均可称为绿地。

园林：园林的概念和绿化绿地不同，园林在各个不同的历史时期和不同的国家，有其不同的概念。

（一）阶级社会的园林

人类社会进入了奴隶社会以后，有了商业，出现了城市。奴隶主开始强迫奴隶，修建宏大的卫城，宫殿、神庙和陵墓，同时也修建了园林。这时园林，包括地形地貌的改造，水体的整理；有一定规模的建筑物和工程设施；园林内布置名果奇花，驯养珍禽怪兽。奴隶社会的园林，大抵上分为宫苑和猎苑（我国称为囿）两类。这种大规模的园林，虽然都是由奴隶双手所创造的，但是他们是无权享用的。而当时的奴隶主，则日夜沉醉在豪华的园林之中，过着穷奢极欲、享乐腐化的生活。

到了封建社会，除了皇家的豪华宫苑日益发展以外，贵族、地主、富商、僧侣的园林也相继出现。封建社会的园林虽然要比奴隶社会普遍，但是，只有剥削阶级能够享受，创造园林的劳动人民仍然无权享用。封建统治阶级园林的内容以宗教迷信和享乐为内容。这种供游乐的园林，通常是与供剥削阶级居住的宫殿、寺庙、别墅、庄院、住宅综合在一起的。这种情况，我国封建社会的帝王宫苑和第宅园林，都是如此。

到了资本主义社会，园林的占有者，逐渐扩大到整个资产阶级。由于大工业的兴起，和城市的高度发展，城市大气与水体，受到很大的污染，环境卫生十分不良。

“资本主义城市的规划方法，是把无产阶级赶到专门的工人住宅区里，这里是肮脏、贫困、人口密集，没有足够的阳光和空气，而且是传染病的发源地。资产阶级把自己的住宅和街坊修饰得极其富丽堂皇……”（前苏联中央执行委员会建设共产主义研究院编：《城市建设》，建筑工程出版社，第21页）在资本主义社会的城市里，在资产阶级居住的地区，出现了绿化完善的“花园城市”。资产阶级享用的居住区，开始有行道树、街道花园、公园等公共使用的园林。

在奴隶社会与封建社会，剥削阶级享用的园林与住宅是结合在一起的。

资本主义社会的园林绿地，开始有了明确的分工。有私人享用的住宅区绿地，其功能为改善居住区的卫生条件与美化生活环境。也有公共使用的园林绿地：有专门供资产阶级进行游乐、社交和体育活动的公园，专门供休养疗养的休养疗养胜地或休养疗养区，有专门供游览、避暑、登山、狩猎、野营等活动的国立天然公园。

在资本主义社会，这些公共使用的园林内，或在其附近，均有豪华的旅馆、饭店、舞厅，俱乐部等等设施。这些名义上的所谓公共园林，被剥削的无产阶级与劳动人民是无力享用的，所以多数仍然是资产阶级占用的。

资本主义社会的园林绿地，多数是只为剥削阶级少数人服务的。园林绿化的作用，也只限于满足剥削阶级享乐和改善他们的生活居住环境的狭隘范围之内。

（二）社会主义社会的园林绿化

劳动人民对于改造生产和生活环境，自古以来就有着美好的理想。

可是在阶级社会中，劳动者的生产和生活环境，就是人间地狱的写照。在阶级社会中，园林绿化对于改善生产环境的劳动卫生条件，所有的剥削阶级，都是漠不关心的，因为剥削阶级本身不从事生产劳动，所以资本主义社会，对工矿企业的园林绿化，是关心较少的。

在阶级社会中，园林的内容和形式，以及园林艺术所反映的意识形态，必然会打上阶级的烙印。园林是社会的上层建筑之一，必然为其所依附的社会经济基础服务。阶级社会中，代表统治阶级的园林艺术，反映了剥削阶级腐朽颓废的精神面貌。园林中的娱乐活动，损害了人员的身心健康。

在人民历史进入了社会主义阶段，劳动者成了社会的主人，过去给劳动者遗留下来的，像地狱一样的生产与生活环境，就一去不复返了。

社会主义社会的园林绿化事业，首先要为大力改善无产阶级的居住条件而奋斗。

对于城市的工矿生产地区，列宁指出：“使劳动条件日益合乎卫生，从烟煤、灰尘和污秽中把千百万工人解放出来。”（《列宁全集》第16卷，369页）社会主义社会，尽最大可能，改善生产环境的卫生条件，把工厂及矿区变为花园，尽量利用绿地措施减低工厂矿区的烟尘、有毒气体、噪声、高温等因素的为害作用。

在社会主义社会，劳动人民有休息的权利，有受教育的权利，有享受医疗和保健的权利。在社会主义社会中，把花园、公园、动物园、植物园，休养疗养胜地、风景区，统统归劳动者享用。

社会主义社会的公共园林，使休息游览和政治思想教育结合起来，把园林中的文娱活动与社会主义的思想教育和科学文化教育结合起来，使园林中的休息、游览和文娱体育活动，有益于劳动人民的身心健康。

社会主义的园林艺术，反映了无产阶级生气蓬勃、明朗愉快、革命乐观主义的精神面貌。

由于彻底消灭了土地私有制，因而社会主义城市的园林绿地规划，就有可能构成完整的系统，对改善城市小气候，净化城市大气和水体以及安全防护等方面，发生了巨大的影响。

（三）园林的概念

社会主义社会，园林的含义比较广泛。

广义的园林，系泛指居住区、工矿区、机关学校、休疗养区等专用园林绿地及广场街道花园、公园、儿童公园、体育公园、动物园、植物园等公共使用的园林绿地而言。

狭义的园林，则仅指公共园林而言。

园林一方面是现实生活的环境，所以要满足物质生活上的功能要求；园林另一方面，又是反映意识形态、精神面貌的艺术，具有一定的艺术性，是满足劳动人民精神生活的需要，并具有无产阶级的意识形态。

园林是由地形地貌和水体；建筑构筑物和道路；植物和动物等素材，根据功能要求，经济技术条件和艺术布局等方面综合组成的统一体。

单纯作为生产用的果园、苗圃、林地、或单纯作为防护用的林带，就不能称为园林。

本课程要讨论的园林，仅限于花园、公园、动物园、植物园。

凡是街道广场园林、居住区、工矿区、机关学校、休养疗养区、风景区等园林绿地问题，均在“园林规划”课程内解决。

二、我国园林传统的独特风格及其成就

我国古代园林，从殷代的台苑和囿开始，已有三千余年的历史。在世界园林中，自成体系，独具风格，早在第6世纪，就传入日本；在18世纪后半期，曾经对

欧洲园林的浪漫主义运动，起过积极的推动作用。使欧洲园林，摆脱了当时代表宫廷贵族，刻意修剪的形式主义整形园林风格。

我国从秦汉开始，就已经出现了自然式布局的山水园林，这种自然山水式园林，与西方园林，如意大利台地建筑式园林、法国平面图案式园林比较起来，有极其鲜明的差异。

西方园林的地形地貌，都经平整，或把山地筑成不同等高的台地，但并不模仿自然界的山岳丘陵。在水体方面，全是具有几何形体的壁泉、喷泉、水池、水渠等等，并不反映自然界溪流、瀑布、池沼、河流等自然水景。

在园林植物方面，主要采用行列式栽植形式，常常把树木修剪成几何体形、动物形象，甚至模拟建筑物的形式；把花卉和常绿小灌木，精心修剪，组成像地毯一样的模纹花坛。

中国园林的地形地貌，是大自然山水风景的艺术再现，园林中的水景，则是自然界的溪流、瀑布、池沼、河流的艺术再现；园林植物布置手法则主张：“……必以虬枝枯干，异种奇名，枝叶扶疏、位置疏密；或水边石际，横偃斜坡；或一望成林，或孤枝独秀。”反映的是自然界植物群落构成的草木争荣，鸟啼花开的天然画景。这与西方园林刻意修剪的树木花卉布置大异其趣。

中国古代园林在艺术手法上运用了，“虽由人作，宛自天开”，因地制宜，巧手借景；峰回路转，小中见大等造景手法。

在均衡上多运用不对称的均衡。园林中又常以景抒情，以情写景。例如园林中种植梅竹，代表坚贞，是以景抒情。又如颐和园中的“澹泊宁静”，是用诸葛亮的“非澹泊无以明志，非宁静无以致远”的感情来造景。当然帝王园林中运用这种造景，无非是附庸风雅。

园林中的建筑，与自然山水的配合融合无间，建筑有集中的和分散的布置，这些都是古代园林中较突出的成就。

从辛亥革命推翻了清朝的封建统治以来，由于国民党反动派叛变革命，使我国在政治上陷于半封建半殖民地的地位。长期以来，园林绿化事业得不到发展。

帝国主义、官僚资产阶级及民族资产阶级在中国建立的为数极少的工矿企业，根本谈不上有什么绿化措施。工人的劳动卫生条件极端恶劣。

居住街坊，如上海、天津、广州等城市，除了帝国主义强占的租界地和官僚买办阶级的官邸有绿化以外，其余的住宅区，根本没有树木。无产阶级通常是居住在像上海市郊龙华那样泥泞潮湿的草棚或贫民窟里，甚或连住宅也没有。

在半封建半殖民地的时期，许多城市，就根本没有公园和花园。在上海，帝国主义者修建了英国式的公园、法国式的公园、日本式的公园，可是就没有一个中国式的公园。

全国著名的风景区和休养疗养胜地，如庐山、青岛、莫干山、北戴河、鸡公山、厦门鼓浪屿等地，也都被帝国主义者及其走狗所占用，其中修建的别墅和疗养院，都是形形色色的外国建筑。工人阶级根本就无权享用这些休闲疗养胜地。

三、新中国成立以来我国园林事业的蓬勃发展

新中国成立以来，我国各城市，建设了许多花园和公园，例如北京解放以来，设计和修建了公园、庭园、街道绿化等各种绿地共183处，面积约为1019公顷；上海市解放以来，新建大中小公园42处，总面积比解放前增加3.8倍，著名公园有人民公园、虹口公园、西郊公园、长风公园、杨浦公园等。广州市解放以前只有中央公园（4.7公顷）和黄花岗（16公顷）两处，解放后一共修建了大中小公园约为13处，其中已开放的公园总面积为248公顷，为解放前12倍。南昌市花园公园面积比解放前增长了15倍，只有34000人口的广东新会县会城镇，解放以来修建了一个53公顷的大公园，公园内还建有可容2000多人的大礼堂，有动物园、游泳池、儿童游戏场、农业展览馆、博物馆、阅览室。亭榭等建设设施。目前全国的公园已有550多个。

植物园方面，新中国成立以前只有庐山植物园和南京中山植物园。南京中山植物园在抗日战争时期，已经荡然无存。新中国成立以来，属于中国科学院领导的植物园，就有北京、南京、武汉、庐山、华南、桂林、南宁、昆明、西双版纳……十余处；属于地方领导的，有杭州、黑龙江、西安、厦门等植物园，面积约在数千亩左右。

动物园方面，新中国成立以前只有北京、大连等地有单独的动物园，其余只有很少城市，在公园中附有动物展览区，北京1906年清政府修建的万牲园，到新中国成立前不久，只剩下了十多只猴子，一只独眼鸸鹋和三只不会走路的老鹦鹉。新中国成立以来，全国已有9个独立的动物园。其中北京、上海、广州、济南、重庆等5个独立动物园规模都很大。北京动物园面积一千余亩，展出动物341种，有兽舍22座。上海动物园，面积900余亩。如果把各城市在公园内附设的动物展览区计算在内，则达100余处之多。

新中国成立以来，新建的园林，不仅在数量上和建设的速度上，大大超过反动统治时期，同时新建的园林都为劳动人民服务，具有社会主义的内容和民族的形式，园林设计鲜明地反映了为无产阶级政治服务为劳动人员服务的观点。对于我国的园林遗产，又采取了批判继承的态度，使新型的园林，既发扬了优秀的传统，又有了巨大的革新。

四、园林设计的指导思想

园林一方面是现实生活的环境，是社会的物质福利事业之一，所以首先要满足劳动人民实用功能上的要求；另一方面，园林又是进行社会主义教育，满足劳动人民精神需要和反映社会意识形态的艺术，所以又要求满足艺术上的需要。

园林是社会的上层建筑，反映社会的意识形态，园林又是为人民群众服务的。总的说来，园林是为无产阶级政治服务的，所以园林设计的政治性是很强的，必须具有正确的政治立场和鲜明的阶级观点。园林是为广大劳动群众享用的，必须满足广大劳动群众特别是工农兵的实用需要，使他们能够喜见乐闻，所以园林的设计又必须深入了解和体验广大的工农兵的需要的意愿，不能只顾少数人的偏爱。所以园林设计工作要有很强的群众观点。

园林要占用大量的土地，不仅进行建设时需要很多的投资，需要大量的劳力，同时在园林建设以后，在日常的维持和养护管理中，也需要很多维持费用和大量养护管理的劳力。所以园林设计时，要有很强的经济观点，要贯彻总路线多快好省的方针，要尽量做到少花钱多办事。

园林中要进行地形地貌和水体的整理；要修建满足各种功能需要的建筑物，构筑物和道路；还要栽植和养护各种树木和花草，在动物园还要饲养各种各样的野生动物，植物园和动物园还要进行科学研究。所以园林设计关系到的科学技术问题是很多的，有工程技术方面的问题，有建筑上的科学技术问题，还有园林植物和动物方面的生物科学问题。所以设计对于科学性的要求也是很高的。

园林除了满足实用功能要求以外，还需要满足劳动人民精神方面和审美方面的需要。园林要风景如画、山清水秀、鸟语花香，要满足游人游览和赏景的需要，园林的布局和造景，要给群众以生气蓬勃，心情舒畅，精神振奋。明丽愉快和革命乐观主义等艺术感染。所以园林设计对于艺术性的要求也是很高的，这种艺术造景，又反映工农兵的精神面貌，同时又为工农兵所喜见乐闻。

综合起来，要做好一项园林设计，必须把政治性、经济性、科学性和艺术性四个方面很好地结合起来，加以贯彻。这里首先要考虑的是政治性。科学和技术，归根到底是为政治服务的。其次要考虑的是经济原则。当然这四个方面，相互之间是不可分割的，在贯彻中，要辩证统一，不能机械考虑，更不能片面强调。

所以园林的设计和单纯的工农业生产项目的设计有所不同，也和音乐、绘画、戏剧等纯艺术有所不同。

（一）园林绿化，必须为无产阶级政治服务，为劳动人民服务

我国的古典园林，是为帝王、官僚、地主等剥削阶级服务的；资本主义国家的园林是为资产阶级服务的。

新型的社会主义园林，在功能上必须满足工农兵的需要，在艺术上要反映工农兵的精神面貌，而又为工农兵所喜闻乐见。

所以园林设计者，必须努力学习马克思列宁主义，努力改造自己的世界观。要深入体验工农兵的思想感情，深入了解工农兵意愿和爱好。

没有正确的无产阶级的世界观，不熟悉工农兵的思想感情，就很难把设计做好。

（二）必须贯彻适用、经济、美观的设计原则

园林设计必须贯彻：“适用、经济、美观”的原则。

“适用”是指园林的功能要求要适合劳动人民的需要。

“经济”是指园林绿化的投资、造价、养护管理费用等方面的问题，要做到少花钱、多办事，施工养护管理方便。

“美观”是指园林的布局、造景的艺术要求。

园林的设计，必须首先考虑是否“适用”的问题，其次考虑是否“经济”的问题，然后还必须考虑是否“美观”的问题。适用、经济、美观三者的关系是辩证统一的，不是凭主观意愿可以任意左右的。这三者的关系是相互依存的，不可分割的。既不能片面强调，也不能互相孤立。这是园林绿化的一个总的方针，也是一个长远的方针，一般均须按照这个方针来设计。在不同情况下，根据园林绿地类型的差异，时间和地点或条件的差异，这三者的关系，可以有不同的侧重。

以公园为例，首先要为游人创造积极休息和安静休息的良好环境，有进行科学普及社会主义教育和体育活动等文娱体育设施，有方便的交通联系，完善的生活福利设施和卫生设施，要有儿童游戏的场地，使不同年龄不同爱好的游人，都能各得其所。通俗地说，夏天要少晒太阳，雨天要不淋雨，要有饭吃有水喝，还要有文娱体育活动，环境要清洁卫生，这就是文化休息公园的“适用”问题，这是首要的问题。

以植物园为例，在适用方面，首先要保证资源植物的引种驯化工作及其他植物科学研究工作能够创造性地进行，以便很好为科学研究服务。设计要保证能够向群众很出色地进行植物科学的宣传和普及工作，使群众掌握植物科学的知识。这是首要的。

动物园的设计，首先要保证设计能够出色地完成动物科学的宣传和普及工作；要保证动物能够养得活，减少疾病；要保证游人及饲养人员的安全，绝对不出危险。这是动物园的“适用”问题。

不同园林有不同的功能要求，必须首先深入分析了解。园林的功能要求虽然是首要的，但并不是孤立的，因此在解决功能问题时，要同时结合经济上的可能性和艺术的要求来考虑，如果一个设计，功能问题虽然都解决了，但是如果既不经济，又不美观，仍然是一个失败的方案，不能实现。

其次是“经济”的问题。园林的设计要尽量减低园林的造价，节约投资，在地形地貌和水体的处理上，要因地制宜，尽量利用原有地形，要落动最小的土方而又能发挥功能上和景色上的最大效果。原有建筑和原有树木，要尽量利用，又要善于借景。要以利用原有地形地貌为主而以适当的人工改造为辅。在植物种植上，种苗要以乡土树种和繁殖栽培容易的树木为主，外来树种和栽培繁殖困难的树种为辅。以木本为主草本为辅，一般地区以栽植合格的出圃大苗为主，只有重点地区移植大树。同时要考虑施工和养护管理方便，节约施工和养护管理的人力物力。设计要贯

彻因地制宜，因时制宜，就地取材的原则。

同时艺术表现手法，要采取“画龙点睛”的办法，经济使用名贵花木和艺术性较高的建筑。

园林是否有条件建设，也要看经济条件有无可能，如果投资太大，养护管理费用太高，设计也是不可能实现的。但是园林的“经济”也并不是孤立的，并不是单纯追求少花钱，而是要在多办事和把事情办好的前提下少花钱，也就是说要从“适用”和“美观”来考虑，把经济和“适用”“美观”统一起来，该花的钱和一定要花的钱，当然还是要花的。

园林中的“美观”问题，是指园林除了满足功能要求以外，还要满足劳动人民的审美要求，要满足游人“赏景”的要求。

主要是指园林中地形地貌水体的起伏开合，建筑物的布置，游览路线的安排，树木花草的搭配，园林空间的组织，色彩的运用等方面。要达到风景优美，使劳动人民喜闻乐见，感到心情舒畅，精神振奋，流连忘返。当然这种美，指的是无产阶级的“美”，具有工农兵的诗情画意的美，要反映工农兵的思想感情。

前建筑工程部某领导同志于1964年2月21日在城市建设工作会议的报告中指出：“公园管理工作重点，应放在整顿园容，提高艺术水平方面。每个公园都应当做到：园容整洁、花木茂盛、内容丰富、景色优美，使游人入园后，感到心情舒畅，精神愉快，这是提高服务质量的主要标志。”

“做好植物配置，是当前提高艺术水平的重点，这是花钱较少，易于改变公园面貌的重要环节。过去多数城市，对这个问题，都有所忽视。现在国家用于公园建设的投资是有限的，我们必须在植物配置方面，多做点文章，要尽可能增添一些花木品种，讲究树木花草的配置艺术，根据公园的特点，组成多种多样，富于变化的优美景色”。

根据部领导同志的报告，园林的美观也是当前很重要的问题，尤其应当重视的，是提高植物配置的艺术水平。

园林如果仅仅解决了“适用”和“经济”，可是并不“美观”，那么就不能吸引游人，群众就不愿意去，但是如果把“美观”的问题片面强调，过分夸大美观的作用，那也是片面的。园林必须在适用和经济的前提下“美观”。园林的美必须和适用、经济紧紧地结合在一起，辩证地统一起来。

总的说来，适用、经济、美观是园林设计的主要原则。

（三）园林设计的继承与革新

列宁说过：“无产阶级的文化，并不是从天上掉下来的，也不是那些自命为无产阶级的文化专家的人杜撰出来的。这完全是胡说。无产阶级文化，应当是人类在资本主义社会、地主社会和官僚社会压迫下创造出来的全部知识发展的必然结果。”（《列宁全集》第31卷，第254页，人民出版社1958年版）

这里指出，阶级社会的文化，是劳动人民在剥削阶级的压迫下创造出来的，所以无产阶级必须很好地批判继承这些文化。园林的设计，也要很好地继承我国园林的优秀传统，又要借鉴国外园林的有益成分，从而推陈出新，创造出中国社会主义的新园林。但是这种继承和借鉴绝不是模仿代替。

毛泽东同志《在延安文艺座谈会上的讲话》中指出："所以我们绝不可拒绝和借鉴古人和外国人，哪怕是封建阶级和资产阶级的东西。"又说："但是继承和借鉴绝不可以变成替代自己的创造，这是绝不能替代的。文学艺术中对于古人和外国人的毫无批判的硬搬和模仿，乃是最没出息的最害人的文学教条主义和艺术教条主义。"

所以园林的设计，在继承与借鉴的过程中，必须抛弃其封建主义和资本主义的糟粕，而吸收其民主性的精华；既不能割断历史，采取虚无主义的态度；又不能无批判地抱"颂古非今"和"厚外薄中"的态度。既要继承和借鉴，又要革新与创造。

我们园林的内容与形式的问题，也是一个继承与革新的问题。毛泽东同志在1940年的《新民主主义论》中指出："中国的文化，应有自己的形式，这就是民族的形式。民族的形式，新民主主义的内容——这就是我们今天的新文化。"当然从今天说，是民族的形式，社会主义的内容。

所以我们的园林，在内容上，应该是社会主义的，也就是园林的内容，是为无产阶级政治服务的，是为工农兵服务的。园林的形式，又要具有鲜明的民族风格，并且使内容和形式高度统一起来。这种民族形式，由于和社会主义的内容结合起来，因而就不是复古主义的民族形式，而是创新的民族形式。其次我们的园林，在内容上虽然是和别的社会主义国家相同的，但是又是结合了中国民族的特有的形式的，因而具有自己民族的独特风格。

（四）园林设计与施工、养护管理的关系

园林的使用要求，要适合广大劳动群众的需要，内容十分复杂；园林的建设需要大量的资金，园林建设的完成，又需要较长的时间，在施工和养护中，又有许多具体技术问题，所以园林的设计工作也十分复杂，不是单凭个别设计人员的个人意见，就能完成任务的。设计人员必须很好地进行自然条件和社会条件的调查研究；另一方面又要向施工和养护管理的同志征求意见，听取他们对设计的合理化建议，设计方案还要公开征求群众意见，并进行专家评审。

园林的设计与施工和保养管理有密切的联系，如山石的堆叠，树木的搭配，有许多详情细节，是设计图中无法详尽表示的，必须在施工中体会设计意图，创造性地完成的；同时园林植物需多年生长才能成型，由于园林植物是有生命的，随着生长发育年年有所变化，因此园林的景色，也是随着岁月的变迁而有所变迁。如果养护管理的同志不能很好地领会设计意图，设计也是不可能实现的，这是问题的一方面。问题的另一方面是，设计不能脱离施工和养护管理的实际问题，设计要便于施工，便于养护管理，不要为施工和养护管理造成很大的困难。由于这两方面的原因，园林的设计必须和施工、养护管理共同研究，这样才能顺利地完成园林建设的任务。

第一篇　园艺理论基础

第一章　园林艺术的特征

一、园林美学概念

（一）美的一般概念

主观唯心主义者认为美没有客观标准，德人 Lipps（李普司）创作的学说“移情论”，认为美不美是人把内在的感情放到外界事物上。好像可以举得出的例子也不少，如我国唐代的唐明皇当杨贵妃死后，觉得大自然也变得不美了，如白居易写的“长恨歌”里曾提到“芙蓉如雨柳如眉，对此如何不泪垂。”是描写出唐明皇的心情，移情论发挥作用的时间很长，认为由人的主观、人的意识决定存在，这是绝对的相对主义。

客观唯心主义者认为美是一种绝对观念、绝对精神、绝对理念，以黑格尔为代表。认为物质世界开始以前美已经存在，美的标准是客观的，不随着历史时代的不同、社会制度不同而转移，美与社会没有关系的，不变的。

机械唯物主义者认为美不是由意识决定存在，而是由存在决定意识，由物质决定意识，认为美是物质的现象，是客观物质自然的属性，相当于物质的物理、化学性一样，正如物质有颜色、重量、硬度……一样，这样说就变成了如果没有人类社会的存在，美仍然照样存在，美与人类社会没有关系了。机械唯物主义者就把美解释成：没有阶级性的，脱离人类社会而存在的，超过历史以外的。

直到俄国革命的文学家、美学家车尔尼雪夫斯基才提出了现实中的美就是艺术美的泉源，美就是生活，美存在于社会生活、自然现实之中，而不存在于人的意识之中。如杨沫写的小说《青春之歌》，反映了当时的现实生活，因此大家都感到写得很好、很美。但是车尔尼雪夫斯基的看法仍有不足之处，就是他把美与人的艺术实践、人的劳动等脱离开了。

马列主义美学认为：第一、美和艺术是有客观标准的，是产生于存在的特殊的社会意识形态，是一种社会人的思想活动。第二、美和艺术按照社会运动的一般规律发展。就是说，不同社会不同历史时期对美和艺术有不同的评价。第三、艺术是认识和反映客观现实的一种特殊方法。第四、艺术有巨大的社会改造意义，它在阶级斗争中和社会发展中起着积极的作用。所以说，美学是有阶级性的，美是社会之下的客观存在，存在于、独立于意识形态之外的社会生活，存在于人化的自然（有社会后，人与大自然有千丝万缕的关系，这些自然称人化的自然）。因此，有不同的社会经济基础就有不同的审美观点。同时，美与艺术实践、人类的艺术理论积累有关，艺术品能创造欣赏艺术的群众，一个国家，由于长期的艺术实践，经过历史的积累，就有了该国家的民族形式及艺术传统。

总的看来，美是有客观性的。但是，由于经济基础、自然环境、风俗习惯、艺术传统等差异，都会产生不同的审美观。在社会主义国家里，劳动人民的审美观必然是健康的、生气蓬勃的，而在资本主义国家里、资产阶级的审美观是颓丧的、堕落的。人由于不同阶级、年龄、文化程度、艺术修养也会影响到审美观。

美可以分开为三种：生活美，自然美及艺术美。生活美与自然美为一切艺术的泉源，而艺术美是概括和反映它们的。最早的原始人，审美观念很不清楚，把美与好混淆起来，中国古代的美字是“羊大”，即羊大就是美的。在外国古时的壁画里，画出驯鹿也算很美。因此，作为自然、生活中的美，不一定是艺术上的美，艺术美不单只反映生活与自然美，经过加工、提炼可以把不美的事物变为美。如同演戏，演一个悲剧或者反映反面的事物，可以演得很美，但生活故事的本身并不是美的。

（二）园林美的特征

园林艺术与其他绘画、音乐、戏剧等纯艺术不同。

园林既是人们满足文化生活、物质福利生活的现实物质生活环境，同时，园林又是反映社会意识形态与满足人们精神生活与审美要求的艺术对象。因而园林的美，要求现实生活的美与艺术的高度统一起来。

园林作为一个现实的物质生活环境，必须使园林布局，保证游人游园时，感到在生活上的最大舒适。

首先应该保证园林的空气清新，不受烟尘污染，卫生条件良好，水体清洁，在空气与水体中没有臭味及病菌，园林的卫生条件，是园林美的前提。

其次园林应该保证最适于人生活的小气候，使园林在气温、湿度、风综合作用所形成的有效温度达到比较理想的要求。冬季要防风、提高气温，夏季则又要有良好的气流交换的规划，以及降温的措施，规划一定的水面、空旷草地、但又有大面积的庇荫的密林。

园林中，又要避免噪声的干扰，在计划中应该有消声和隔声的处理。

因此园林的美，必须与舒适的气候条件统一起来，以上这些要求，已经在园林的卫生防护功能一章中详细讨论，这里不作深入讨论。

此外就园林构图，对于嗅觉和听觉应有良好的作用。园林中对听觉的作用与嗅觉的作用，不能像纯艺术那样来处理，这是属于现实生活美的范畴。

中国对于园林的理想，有一种传统的看法：希望达到“鸟语花香”的境界。因此，园林对于芳香植物的运用，有重要的作用，芳香植物的经济收益很大，既能结合生产，又能香化园林。

在听觉方面，园林首先应该排除噪声，使园内各种音响，例如风声、水声、泉声、虫鸣鸟语，都有和谐的处理。听风声，松涛万壑就胜于白杨萧萧；听雨声要多种芭蕉、荷花、梧桐；听水声要有溪、有瀑、有泉；听鸟语要多种灌木和浆果植物，忍冬、葡萄、山楂、悬钩子、接骨木、玫瑰、野蔷薇、苹果、海棠、梨、桃、梅、李、杏、小檗、桑等果树最能诱引鸟类。

园林中的声音美，是自然界的声音美，这是一种自然美。这种自然美与园林的艺术布局，有很大影响，但这和纯艺术的音乐，是有着本质的区别。

不能把园林中的自然声音美，当作一种音乐艺术来处理。

园林中，也有音乐的演奏，但那是音乐艺术在园林中的表演，这并不是园林艺术布局中的组成部分。

园林中的植物，是构成园林美的重要素材；园林植物的美，首先决定于植物的自然美；植物的自然美，必须是生长健壮，生意蓬勃，没有病虫为害。这样，就必须有适于栽培植物的土壤，有合理的灌溉排水的设备，要经常施肥，防治病虫害，首先要使植物生长发育得健壮，然后，植物配置、整形、种植设计的构图艺术才有实现的基础。健康茁壮生长，是园林植物美的前提。

园林在生活美的方面，应该有方便的交通、完善的生活福利设施，有广阔的户外活动场地，有进行安静休息的散步、垂钓、阅读、休息的场所。在积极休息方面，有划船、游泳、溜冰，进行各种体育活动的设施。在文化生活方面，有各种展览、舞台艺术音乐演奏等等。

在自然美方面，园林对于大自然的山川草木，风云雨雪，日月星辰，虫鱼鸟兽，都是园林美的重要题材，必须巧妙地借景，成为构图的重要组成部分。

此外大自然的晦明、阴晴、晨昏、昼夜、春秋的瞬息变化，也都是园林自然美的组成部分，必须予以应有的安排，使成为园林风景构图的不可分割的部分。

在园林形式的艺术美方面，园林景物轮廓的线形，景物的体形，色彩、明暗、静态空间的组织，动态风景的节奏安排是园林形式美的要素，由于这些要素的处理，以后还要深入讨论，这里不作详细分析。

园林在处理生活美、自然美、艺术美等因素时，必须作为一个整体来考虑，不能割裂开来，孤立去考虑。

首先是园林中的生活美、自然美与艺术美是完全统一的，园林中的美，与纯艺术是有所区别的。它必须既是生活美，又是艺术美，既是自然美，又是艺术美。自然的美，也是人化的美，也是生活的美。

艺术可以描绘自然界的沙漠、荒草、枯树和干涸的河流，但是园林中不能再现这些景象，园林要使沙漠变为绿洲，荒原变为茂林，要使枯木逢春，要使山青水秀。

艺术中可以描写断垣残壁，戏剧中可以再现悲剧与战争，但是园林的造景，却永远是完美无缺、永远保持美妙的青春、永远是和平与幸福的象征，能激发人们高尚的情操，热爱生活，热爱祖国的风光美景。

历史上形式主义的园林流派，把园林中生活、自然、与艺术三方面割裂开来处理，是严重的错误。

园林艺术到底怎样评价呢？有人说要曲高和寡，有人说要哗众取宠，也就是说要普及好，还是要提高好，我们认为应该是“雅俗共赏”。园林和一般艺术不一样，如音乐厅演出的音乐可以天天变换节目，剧院每周的演出也不相同，可以有各种不同内容供不同爱好的，不同修养的观众欣赏，但是园林是天天都供给广大人民休息、活动的，所以园林应使各种不同年龄、不同职业、不同爱好、不同文化水平的游人都能各得其所。而且普及与提高均从正确的、劳动人民的审美观出发。要做到“雅俗共赏”首先生活美要解决，自然美要发挥，然后要有高度的艺术美的处理。

二、园林的形式与内容

辩证法认为内容与形式是矛盾的统一体，他们的关系是内容居于决定性的地位，首先是内容决定形式。

园林不可能有脱离内容的空间形式，形式必须反映内容。

我国社会主义园林的新任务，决定了园林的形式必须与园林的新内容相适应。

如果我们今天的园林中，仍然以古代的喇嘛塔、庙宇作为园林的主景；在湖中一定要堆上蓬莱、方丈、瀛洲三仙山；在进门或重点地方摆上一块山石，或是把日本的石灯笼，枯山水，西方希腊罗马的神庙、爱坡罗、维纳丝喷泉作为园林的主题；在种植方面，仅仅局限在梅兰菊竹等诗画的古老题材，或是月桂树的绿墙，法国梧桐的行列树，雏菊和三色堇或五色苋的模纹花坛等外国题材，这样的园林是徒具形式，缺乏内容，既不能满足园林内在的功能要求，又不能反映伟大时代的先进思想和精神面貌。这种做法，是对于死人和外国人的生搬硬套，模仿代替，乃是最没有出息的教条主义。园林的新内容，必然要不断的抛弃旧形式，今天园林的形式，必须与古代的园林有所不同，与外国的园林，更有所不同。

但是任何新形式，不可能从天空中掉下来，对于旧的传统，也不能采取虚无主义的态度。必须对传统进行深入研究，在传统的基础上创新。

在一定条件下，新的内容，有可能利用旧形式来发展自己，形式也有相对的独立性。

斯大林同志说：“内容是无产阶级而形式是民族的——这就是社会主义要大踏步走向的全人类共同文化。”

前苏联大百科全书，对我国的园林，曾经有这样的评价：“中国建筑师能巧妙地利用自然地形，并且常常巧妙地创造地形，中国庭园中精心处理过的不规则地散布着水池、拱桥、人造的山洞、假山、亭子，如画的树丛和草地。对于那种 18 世纪时流行于欧洲的所谓英国式园林风格的形成，有极大的影响。”

劳动创造了人，劳动创造了美和艺术品，劳动创造了欣赏音乐的耳朵，欣赏形式美的眼睛，部分是自生的，部分是发展而来的。

如果割断历史，就违反了历史唯物主义，就会脱离群众。

因而园林必须从社会主义的内容出发，继承传统的民族形式，但是新的内容与旧的形式，必然会有若干的矛盾。新的内容，必然要求旧的形式不断革新，否则形式与内容就难于统一。

（一）园林规划形式

园林的规划方式：大致可以归纳为三大类：即规则式、自然式、混合式，现在介绍如下：

1. 规则式园林

这一类园林又称整形式、建筑式、图案式和几何式园林。

西方园林，以埃及、希腊、罗马起到 18 世纪英国风景式园林产生以前，基本上以规则式园林为主，其中以文艺复兴期意大利台地建筑式园林和 19 世纪法国勒诺特（Le Notre）平面图案式园林为代表，这一类园林，以建筑和建筑式的空间布局作为园林风景表现的主题。

我国北京天安门广场园林，旅大市斯大林广场园林，南京中山陵园林以及古典寺庙园林，如北京天坛，都是规划式园林。其基本特征如下：

（1）地形地貌：在平原地区，由于不同标高的水平面及缓倾斜的平面组成，在山地及丘陵地，由阶梯式的大小不同的水平台地倾斜平面及石级组成，其剖面均为直线所组成。

（2）水体：园林内水体的外形轮廓，均为几何形、采用整齐式驳岸，园林水景的类型以整形水池、壁泉、喷泉、整形瀑布及运河等为主。其中以大量的喷泉作为水景的主题。

（3）建筑：园林内不仅个体建筑采取中轴对称均衡设计，以致建筑群和大规模建筑组群的布局，也采取中轴对称均衡的手法。以主要建筑群和次要建筑群形成的主轴和副轴系统控制全园。

（4）道路广场：园林中的空旷地和广场外形轮廓均为几何形。封闭性的草坪，广场空间，以对称建筑群或规则式林带、树墙包围。道路均为直道，折线或几何曲线组成，构成方格形或环状放射形、中轴对称或不对称的几何布局。

（5）种植设计：园内花卉布置用以图案为主题的模纹花坛和花境为主，有时布置成大规模的花坛群，树木配植以行列式和对称式为主，并运用大量的绿篱绿墙以区划和组织空间，树木整形修剪以模拟建筑体形和动物形态为主，如绿柱、绿塔、绿门、绿亭和常用绿树修剪而成的鸟兽等等。

（6）园林其他景物：除建筑、花坛群、规则式水景和喷泉为主景以外，其余多采用盆树、盆花、饰瓶、雕像为主要景物，雕像的基座为规则式，雕像位置多配置于轴线的起点、终点和交点。

2. 自然式园林

这一类园林，又称为风景式、不规则式、山水派园林等等。

我国园林，从有历史记载的周秦时代开始，无论大型的皇帝苑囿和小型的第宅园林，都以自然式山水园林为主，古典园林中可以北京颐和园、北海，承德避暑山庄，苏州拙政园、网师园为代表，我国自然式山水园林，从6世纪传入日本，从18世纪后半叶，传入英国，从而引起了欧洲园林反对古典形式主义的革新运动。

新中国成立以来的新建园林，如北京陶然亭公园、上海虹口鲁迅公园、杭州花港观鱼公园、广州越秀山公园，也都进一步发扬了这种传统的布局手法，这一类园林，以自然山水作为园林风景表现的主要题材。其基本特征如下：

（1）地形地貌：平原地带，地形为自然起伏的和缓地形，与人工堆置的若干自然起伏的土丘相结合，其断面为和缓的曲线；在山地和丘陵地，则利用自然地形地貌，除建筑和广场基地以外不作人工阶梯形的地形改造工作，原有破碎割切的地形地貌、也加以人工整理，使其自然。

（2）水体：园林内水体的轮廓为自然的曲线，水岸为各种自然曲线的倾斜坡度，如有驳岸，亦多为自然山石驳岸，园林水景的类型以溪涧、河流、自然式瀑布、池沼、湖泊等为主。以瀑布为水景主题。

（3）建筑：园林内个体建筑为对称或不对称均衡的布局，其中的建筑群和大规模建筑组群，多采用不对称均衡的布局。全园不以轴线控制，而以构成连续序列布局的主要导游线控制全园。

（4）道路广场：园林中的空旷地和广场的外形轮廓为自然形的，封闭性的空旷草地和广场，以不对称的建筑群、土山、自然式的树丛和林带包围。道路平面和剖面为自然的起伏曲折的平曲线和竖曲线组成。

（5）种植设计：园林内种植，不成行列式，以反映自然界植物群落自然错落之美。花卉布置以花丛花群为主，树木配植以孤立树、树丛、树群、树林为主，不用规则修剪的绿篱绿墙和模纹花坛。以自然的树丛、树群、林带来区划和组织园林空间，树林整形，不作建筑鸟兽等体形的模拟，以模拟自然界苍老的大树为主。

（6）园林其他景物：除建筑、自然山水、植物群落为主景以外，其余的尚采用山石、假山。桩景、盆景、雕刻为主要景物，其中雕像，其基座为自然式，雕像位置多配置于透景线集中的焦点上。

3. 混合式园林

严格说来，绝对的规则式和绝对的自然式，在现实的园林中是不可能做到的。在历史上，由于把这两种形式绝对化，因而出现古典形式主义（法国洛可可式园林）。

反对洛可可园林的18世纪英国园林家，他提出自然厌恶直线，并在园林中种植枯树。

像意大利园林，除中轴以外，台地与台地之间，以及台地外围的背景仍然为自然式的树林。只能说是以规则式为主的园林。

中国的颐和园，在行宫的部分，及构图中心的佛香阁建筑群，也采用了中轴对称的规则布局，只能说是以自然式为主的园林。

实质上，在建筑群附近的园林种植类必然要采取规则式布局，而在离开建筑群较远的地点，在大规模园林中，也不能不采取自然式的布局。

园林中，如果规则式与自然式比例差不多的园林，可称为混合式园林。

如新会会城镇的文化公园，广州烈士起义陵园、北京中山公园、北京日坛公园等等都是。

原有地形平坦，可规划规则式，原有地形起伏不平，丘陵水面多的可规划自然式；原有树木多的可规划自然式，树木少可规划规则式；大面积园林以自然式为宜，小面积以规则式较经济；四周环境为规则式则宜规划规则式，四周环境为自然式则宜规划自然式。

林荫道，建筑广场的街心花园等以规则式为宜。街坊、机关工厂、体育场、大型建筑物前的园林以混合式为宜。

森林公园、文化休息公园、花园、植物园，以自然式为宜。

（二）决定园林规划形式的原则

1. 应该根据使用要求，生活要求来决定园林形式。也就是说，首先从园林功能要求出发。如古代建的流杯亭，为了满足文人饮酒赋诗的要求，如颐和园长廊的出现，一方面是为政治服务的，在万寿山佛香阁前有700多米长之长廊，气魄很雄伟，同时使佛香阁成为中轴对称之中心；另一方面也为生活服务的，皇帝既要游玩，又怕日晒雨淋，因此很需要建长廊。又如颐和园之苏州街原建有茶馆酒楼等仿苏州街景，也是为了满足皇帝的好奇心。我们今天的新型园林是要从园林本身的功能出发。如街道、体育场等绿化常常采取规则式的。

2. 应该根据自然条件，环境条件来决定园林形式：原来的地形是平地，搞规则式是比较经济的，原来地形起伏较大，则自然式较好；如原来树木多搞自然式较好；面积小的搞规则式较好，面积太大，搞规则式需大量投资。管理细致的搞规则式好，管理粗放的搞自然式好。建筑物多的搞规则式容易配合。

3. 意识形态的不同影响到园林形式：如西方盛行的是基督教，有很多希腊神话流传着，神话是把人神化了，描写的神实际上是人，神话也影响了园林，把很多神像放在园林露天里。而我国古代描写的神仙是住在名山大川里，把神山水化了。因此中西方对神的表现形式不一样。由于这种思想意识的影响，我国园林常出现海上三仙山等形象。如颐和园宗教建筑很多，喇嘛庙、关帝庙、佛寺、五圣祠等，这些都是意识形态对园林形式的影响。

4. 艺术传统决定园林形式，我国由于传统的影响，形成了自然式园林的规划形式。当然与我们国家的自然风景有关，但意大利位于地中海，国土上也是有山有水，可是为什么意大利园林采用了规则式的形式呢？我国苏州宅园，园子面积很小，但仍然搞自然式的，圆明园原地形平坦，园内建筑也很多，也搞自然式的……这些都是与艺术传统有关，因为审美观不一样。又如北京火车站与美国的火车站，规模相仿，功能是相同的，但建筑的形式则不一样，我们北京的火车站、农展馆、民族宫，完全具有新内容，但是否用了旧的形式呢？是用了民族形式，是符合了内容的形式，新的形式是继承了传统，推陈出新的。

三、园林的创作方法

我们应用马列主义的观点、方法去进行创作。革命的现实主义与革命的浪漫主义相结合是今天的创作方法。

如绘画，看到什么形象写生什么，这叫作现实主义。唐诗人白居易说：“画无常工，以似为工，画无常师，以似为师”，以画得像为好。可是诗人苏东坡则说，“论画以形似见与儿童邻。”中国画就是这样，画中要求神似，不求形似。到底两人的话谁是对的呢？我们认为要现实主义与浪漫主义相结合才是正确的。

现实主义是真实反映客观社会与自然。浪漫主义是感情奔放以反映感情、理想、意愿，甚至幻想为主的。如我们古代小说水浒传是偏重现实主义的写法，而西游记则是偏重浪漫主义的写法。但是水浒传里描写武松，如果不用浪漫主义的夸张，也就没有武松威武的形象。西游记里如果没有描写反压迫斗争的现实生活为基础则也不易成功。所以仅有浪漫主义而不反映社会之现实则不能成功，但仅有现实主义而没有浪漫主义则不吸引人。

园林的美是来自生活、来自现实、来自自然。园冶里提到，“虽由人作，宛自天开”是说园林之山水是反映自然的风景面貌，是大自然风景之概括。北京的颐和园是反映杭州西湖的风景，宋徽宗在开封造的艮岳是仿杭州的凤凰山，颐和园之谐趣园是仿无锡之寄畅园，都不是虚构的。

园林要为游人创造一种境界，境界可分：一为意境（神境），满足人的精神生活的环境；一为真境（实境）满足人的物质生活的环境。神无可绘、真境逼而神境出，也就是说要能在园林的画意中体现诗情。如在园林里种一株梅花，梅花的花既好看又有芳香是真实的，有人很喜欢它。但是由于很多诗人作了咏梅花的诗，虽然梅花的花没有海棠花漂竟，可是由于对诗的联想，人们更喜欢梅花了，把梅花从自然美提高到艺术美。下面就是颂梅之诗两首：

宋 林逋

疏影横斜水清浅，暗香浮动月黄昏：
霜禽欲下先偷眼，粉蝶如知合断魂

明 王冕

我家洗砚池边树，朵朵花开淡墨痕，
不要人夸好颜色，只留清气满乾坤。

苏州狮子林里有一楼取名暗香疏影楼，把诗的意愿表达到园林里。如杭州西湖有岳坟，坟前一对对联，上写道："青山有幸埋忠骨，白铁无辜铸佞臣"，把人的意愿反映到园林，使游人到此则会产生对英雄崇敬和景仰的情感。我国园林里把诗把画都写入园林。形成景中有画，画中有景，这些写入园林的诗情画意主要来自人民的生活，才具有人民性。我们反对代表帝皇，代表剥削阶级的荣华富贵等主题。

从外国的园林来看，也是有代表劳动人民的，也有代表剥削阶级的。如日本庭园分筑山林泉式、平庭式、茶庭式三种。其中又各分真、行、草三种法式。山水分主人岛、客人岛，守护石、礼拜石。每块石头均有一定的规格，很多名字是来自佛经的，日本的水池也搞成心形、云形等，也有用沙来布置园林称为沙庭，还有枯山水等等，这些形式都反映一定的精神世界，是象征主义而不是现实主义。

18 世纪英国的威廉·肯特（William Kent）提出：自然是嫌恶直线，所以他设计之园林没有一条直线，不问生活上要求，功能上要求如何，完全搞了弯弯曲曲的园路。他的学生布朗（Brown）按着他的想法，把所有遗留下来的规则式园林全改为弯弯曲曲的，这种做法，也是片面的。

18 世纪英国某些造园家还提倡浪漫式园林，当时发现了古罗马的废墟，他们就主张园林有浪漫主义色彩，浮华如梦，建造各种建筑以引起人们产生虚无的，浪漫的感情。这种浪漫主义园林，是与现实主义对立的，也是脱离人民的形式主义艺术流派。

18 世纪德国美学教授赫许菲尔特（Hirschfeld）写了五六本造园艺术，他提出园林要引起人们的喜、怒、哀、乐各种感情，因而在园林里假造列桩，废墟、刻一些象形文学，假造英雄美人的纪念碑等，以引起游人凭吊。这是代表资产阶级颓废没落的感情的。

总的来说，我们的创作方法是革命的现实主义与革命的浪漫主义相结合。

第二章　园林艺术布局的基本原则

一、园林布局不可分割的综合性

（一）园林内容的多种任务及其布局的综合性

园林布局的形成，首先是由园林的内容决定的，我国社会主义园林的任务决定了园林的内容，其具体要求如下：

“园林必须为无产阶级政治服务，为劳动人民服务；园林要最大限度满足环境保护的要求，文化娱乐生活和园林的艺术要求。”园林的功能要求、经济要求与艺术要求，这三方面的内容，是综合地统一去完成的，并不是机械分割去完成的。园林的环境保护作用，文化娱乐要求，与艺术要求，就因地、因时之不同而有变化。

设计公园的时候，以北京玉渊潭的规划设计为例：在考虑地形地貌处理，及分区规划与建筑布局的同时，也考虑了玉渊潭水库的防洪和蓄水的作用，以及游人在美丽的自然环境中进行游泳、划船、钓鱼、溜冰等露天水上活动。在美观方面，保留下湖面四周的土丘和自然林带，构成了风景评价很高的广阔的封闭空间，湖岸也有一定的曲折变化，湖中点缀了若干堤和岛，加强了景深的感染，丰富了园林的对象。在原有湖边土山上的林带，进行了林分的改造工作，在眼前可以疏伐大量的小径木材，在林下，又可以栽植金银花、萱草、射干，在林缘栽植梨、海棠等观赏果树，水边种植马兰护坡，大大提高了林带的艺术效果。

如果把园林的多种任务，割裂开考虑，那么，各种功能要求就会相互干扰，互相矛盾，就破坏了构图的整体与统一性。

例如玉渊潭公园的水体，单纯从河道工程蓄洪和排洪的要求考虑，水位标高要求上升到49.5米，这样蓄洪量大，可是目前水体四周许多大树的标高都在49.0米以下，如果决定水位单纯从蓄洪要求出发，对于今后公园的游园功能与美观要求就产生了矛盾。因此，水位标高，目前按48米决定，这样大部分大树可以保留，单纯从蓄洪要求出发时，水体的周围形状，要求没有曲折变化，湖中不能有岛屿和堤岸，这样蓄洪和排洪时，水流可以通畅。可是从公园今后的多种任务来看，湖中没有长堤，对于南北游人的交通就发生很大的不便，同时，风景的艺术评价也会降低，湖岸没有曲折，湖中没有岛屿，对于水体部分构图，景深与风景透视的艺术水平就会大大降低，对于游园活动的组织也受到限制。

如果单纯从养鱼生产来考虑，对于游泳及种植水生植物也会产生矛盾，因为要提高鱼的产量，就需要肥水，这样就不能游泳。为了提高鱼的产量，就应该搭配一定数量的草鱼，这样水生植物就会被草鱼吃掉。

如果单纯从美观的要求出发，湖中堤岸岛屿搞得越多，曲折变化过甚，对于蓄洪排洪也有妨害，同时，从工程上来看，平均要求水深2米，水体的土方挖方量为35.5万立方，用人工来挖，需要3500人，工作36天。这样大的工程，单纯为美观而动这样大的土方，也是不可能的。

所以园林的布局，必须把园林的环境保护，文化娱乐等功能要求，园林的经济要求，园林的艺术要求作为一个完整的统一体来加以综合解决，不能互相割裂，孤立起来处理。

（二）组成园林形式的因素及其布局的统一性

组成园林风景的素材及其构图的统一性

园林构图的素材基本上可分为三大类：

第一类：地形地貌及水体等。

第二类：建筑、构筑物、道路广场等。

第三类：植物、动物，其中以植物为主体。

除上述三方面以外，园林中留有雕塑、绘画、音乐、戏剧等纯艺术，综合于园林的形式与内容之中，由于问题比较专门，这里不加讨论。

第一类：园林的地形、地貌、水体，包括山岳丘陵、平原、土壤、岩石、溪瀑、河川、池沼等，为没有生命的自然物。

第二类：园林建筑构筑物及道路广场，这是根据人们的实用功能要求出发，完全由人工创造的，这种形式，自然界是没有的，它们并不是自然形象的艺术再现。但这种人工建造物必须作为配角与自然景物很好融合，使天然山水风景相得益彰，不能喧宾夺主。

第三类：植物、动物为有生命的自然物。不加改造的原始粗糙的自然物，是不能完成园林的综合任务。因此自然的地形地貌水体及种植，必须根据园林的社会任务加以重新整理和安排。

为了很好地完成园林的综合任务，必须把地形地貌，建筑道路及植物三方面，当作园林的一个整体来考虑，在园林总体规划时，这三方面必须同时综合加以解决，不能分成阶段去单独进行，单纯根据环境卫生要求，先把园林的地形地貌土方工程处理完工以后，再由建筑师进行建筑道路规划，最后在建筑师完成的建筑道路布局上再由园林工作者完成种植设计，那是把三者关系割裂开来的工作方法，是与园林构图的整体性原则相违背的。

因为园林的内容和任务是统一的，地形地貌的处理（利用和改造）不是无目的的，而是为了实现园林的综合任务。建筑物、道路广场、种植等安排也都是为了实现园林的综合内容，内容要求高度统一，而实现内容的素材就更不能割裂开来。例如，玉渊潭公园的挖湖，这是地形地貌和水体的处理，处理时，确定水位标高时就得考虑到种植问题，不能把现有的大树淹死，又不能过分提高附近的地下水，还得考虑湖边的建筑设施的标高，当考虑到湖的外形轮廓时，就得与道路布局，湖堤一起考虑，而道路布局又与主要建筑设施有关，与休息和提高风景评价结合的亭榭建筑位置、焦点种植、丰富景深等方面统一起来。不是地形、建筑、种植高度统一，就完不成综合任务的要求。当确定挖出湖泥土方平衡的填方工作时，应该与全园的建筑场地、活动的土方要求，以及全园的种植规划，植物生态要求结合，不能单纯从土方工程方面来考虑。如种植海棠、牡丹等要求填方，地下水位不能太高，就需要土方，因此需要密切联系起来，所以在工作进行过程中，地形地貌设计，功能分区，建筑道路布局和种植设计，既有分工，又需密切综合，全盘统一考虑。

柏林苏联红军纪念碑的设计，在自然条件，地形地貌，建筑、雕塑、绘画以及种植设计方面，是高度统一的范例。

二、因地制宜，因时制宜（巧于利用自然条件，物质技术条件与生物学特性，创造最大的园林艺术感染力）

园林艺术布局的形式，除了首先从内容出发以外，还得受当地的自然条件，当时的物质技术条件和园林植物生物学特性的制约。如果园林艺术布局，离开了这些具体条件的约束，孤立地来考虑布局的形式，那么，若不是难以实现的空中楼阁，也就会造成巨大的浪费。

明朝张岱著的《陶庵梦忆》中“瑞草溪亭”的故事，可以引为教训，文章中说：“瑞草溪亭，为龙山支麓，高与屋等，燕客相其下有奇石，身执垒插，为匠石先，发掘之，见土，撵土见石，甃石去三丈许，始与基平，乃就基上建屋。屋今日成，明日拆，后日又成，再后日又拆，凡十七变而溪亭始出。盖此地无溪也而溪之，溪之不足，又潴之甃之，一日鸠工数千指，索性池之，索性阔一亩，索性深八尺。无水挑水贮之，中留一石如案，回潴浮峦，颇亦有致……一日左右视，谓此石案，焉可无天目松数棵，盘郁其上，逐以重价购天目松五六棵，凿石种之，石不受插，石崩裂，不石不树，亦不复案。燕客怒，连夜凿成砚山形……燕客性卞急，种树不得大，移大树种之，移种而死，又寻大树补之。种不死不已，死亦种不已，以故树不得不死，然亦不得即死。溪亭比旧址低四丈，远土至东，多成高山，一亩之室沧桑忽变，见其一室成，必多坐看之，至隔宿，或即无有矣，故溪亭虽渺小，所需至巨万焉。”

这种造园之错误做法，就是没有很好地结合当地的自然条件和当时的物质技术条件：没有很好地掌握植物生物学特性所致的。

可是，我国明代的造园家计成在《园冶》中，首先就提出“园林巧于因借”的原则，他在许多地方，都强调了这一个原则。例如“……自成天然之趣，不烦人事之工，入奥疏源，就低蓄水”，“高方欲就亭台，低凹可开池沼”，“宜亭斯亭，宜榭斯榭”，这种做法与上述瑞草溪亭倒行逆施的做法，成了鲜明的对比，这是我国古代造园“因地制宜，因时制宜”的优秀造景手法。

但是园林构图也并不是唯条件论，不是做自然条件与客观规律的仆从，而是要做它的主人，应该在因地制宜，因时制宜，就地取材，适地适树等原则下，发挥“造景”的最大主观能动作用，达到《园冶》中所说的：“自成天然之趣，不烦人事之工”的要求。

（一）自然条件及生物学特性方面

1. 地形地貌和水体

应该最大限度利用自然特点，池沼地区，布局应以水景为主；丘陵地区，布局应以山景为主；要最少落动土方，发挥最大的风景效果。

例如：北京陶然亭公园，原来的地形地貌为大片臭水淤积的洼地，当初采用了挖湖蓄水的办法，把挖出的土方，在园林内适当堆置一些起伏的土丘，公园风景布局以水景为主，山景为从。这样，不仅加强了地形地貌的对比。大大丰富了园林景色；同时，还能养鱼，消灭蚊蝇，减少疾病，划船垂钓，大大提高了园林的多种功能作用，这种做法首先是从自然条件出发，最大限度利用了地形地貌，既考虑落动最少的土方，但又发挥了造景的主观能动作用，尽量使园林景色丰富。如果当时采用了填平的方法，首先是缺少土方，要从外地运来，工程投资要增加。填平以后，虽然也能作消灭蚊蝇的作用，但是园林景色就变得平淡无奇；而且，养鱼、划船、垂钓等等要求，又都不能达到，这种做法费工既大，效果又差。又一种做法是把挖湖取出的土方，在湖边就近平均堆填，虽然工程经济，但是园林的风景效果就大为减色。园林的利用价值，也就大大降低，这种做法，只单纯考虑土方工程的经济，不考虑园林的目的要求，也是不恰当的。

香山北京植物园①的风景布局，就与陶然亭大不相同，因为原地四面环山，没有水源，地下水位很低。在规划时，许多同志，在主观上也都希望能有很大的水

① 今是北京市植物园和中国科学院植物研究所植物园。

面，使植物园能创造出山水相映的景色，大大改变原来干旱枯燥的景观。由于受到自然条件的制约，这些主观愿望，不管有多么美丽，总是不能实现的幻想。所以后来北京植物园在规划中，决定以展览需水量少的木本植物为主，在风景布局上，也以山景为主。

因此，园林的造景，要看当地的地形地貌来决定，不能凭设计人的主观想像来决定，这种做法，可以称为“因地造景”。但是同样的地形地貌，设计人在现实主义的基础上，还要结合革命浪漫主义的手法，使园林风景，达到更富于理想的境界。

2. 气候及植物地理分布

园林风景构图，受气候的制约很大。例如：南方炎热地区和北方寒冷地区，在园林植物的景色上大有不同，这种植物地理景观，决定了园林景色的地方特点。园林的造景，北方园林，冬天日照比较重要，园林中空旷地的比例可以比南方多些，在种植上常绿树与落叶树的比例，华南地区，应为70～80：20～30；华中地区，应为60～70：30～40；而华北地区则应为40～50：50～60；这种状况，是植物地理景观因素来决定的，园林造景必须遵循这种客观规律，不能凭主观来臆造。在各个气候区域，在树种选择上应以发挥地方树种的特色为主，而以引种植物为辅。例如，华北就应该很好发挥地方植物区系中的油松、白皮松、桧柏、白杨、白腊、平基槭、槲树、国槐、苹果、海棠、梨、胡桃、柿子、丁香、牡丹等当地园林价值很高的树种的风景效果。

在华中，则应很好发挥马尾松、香樟、桂花、毛竹、青冈、苦槠、麻栎、水杉、鹅掌楸、枫香、乌桕、枇杷、梅、杨梅等等地方植物区系中园林价值很高的树种的风景作用。

现华南则应大大发挥榕树、白兰、荔枝、芒果、龙眼、木棉、凤凰木、羊蹄甲、柑橘、香蕉、椰子、蒲葵、油棕、橡胶、茉莉、珠兰等地方植物区系中，园林价值很高的植物的风景作用。

由于地方树种适应性强，生长强健，这是植物美的决定因素，同时又能典型地反映地方特有的动人风光。

如果在华中不用地方植物区系中的代表植物，而要大力创造白桦、云杉、白皮松的北国风光；或是要创造白兰花、凤凰木、椰子等南国景色，那不仅仅是不现实的空想，而且这些个别植物即使引种成功，也不可能生气蓬勃，反而造成园景没有生气，由于这些生硬做法造成很大损失，在各地的例子是很多的，但是这并不排斥为了丰富园景，也应该进行必要的引种驯化工作。例如广州的白兰、桉树、芒果和凤凰木等等，在200～300年以前，也是由外地引入的。芒果还是最近引种的，现在广泛栽植的葡萄和石榴，是汉朝时由阿富汗引入我国的。苹果也是由西方引入的，可是现在都成了我国的重要乡土植物。

3. 立地条件与原有植被

植物立地条件，是由光、温度、湿度、土壤等条件综合决定的，园林布局的艺术效果，必须建立在适地适作的可靠的基础上。

如果把阳性的玫瑰种在庇荫的林下，把喜排水良好的苹果种在沼泽地上，把喜酸性的山茶树种在盐碱地上，把喜好水湿的乌桕树种在干旱山地上，就不能发挥其固有的观赏特性，不能创造生机蓬勃、色彩鲜明的植物景色。同时，在生产上，也不可能有什么收益。

树荫下的金银花会比树荫下的月季更美好，而盐碱地的柽柳会比盐碱地上的山茶更美观，园林布局要综合的运用植物群落的原理，使各种不同生态要求的植物，构成互相有利的成层结构，一方面可以高度发挥空间效果，另一方面，又可以收到生气蓬勃，景色丰富的植物群落的自然活泼之美。所以处理园林种植设计的，应该充分掌握生物学特性及立地条件的统一关系，创造高度艺术感染力的植物景观，但是这也并不排斥在一定程度上的通过培育，可以改造植物的遗传性的一定作用，来创造更理想的园林景色。

园林种植布局，还应该把原有的树木和植被，很好地组织到构图中去，使其发挥最大作用，而不应该作为原来树木不够理想而全部伐去，重新栽植，这一点，《园冶》中说得很好："多年树木、碍筑檐垣，让一步可以立基，砍数丫不妨封顶，斯谓雕栋飞楹构易，荫槐挺玉难成。"

北京玉渊潭公园湖边的两行林带，是园林现状中最受珍视的风景要素，应该发挥它在布局中的作用，由于这些林带把很好的开阔的湖景环抱起来，增加了空间布局的艺术评价，提早了四十年实现这种效果的时间。

但是构图尽最大可能保留原有的树木，并不意味着丝毫不加改造和疏伐。适当的和必要的择伐与改造是必要的，玉渊潭公园的林带，首先是保留下来，其次是为了提高艺术效果，也必须进行逐年林分改造的工作。

4. 植物的生长发育规律

园林植物的种植构图，必须熟练地掌握植物的生长发育的规律。

园林中，应以快速生长的树木为骨干，为主体，而以慢长树为辅，以便迅速造成园林风景效果。在远景规划中，则又应重视慢长树的演替，合理的运用植物快长和慢长的规律，组织远近期演替的不同风景构图，发挥因时制宜的构图原则，例如近期以杨树柳树为基调，中期以平基槭、胡桃等为基调，而远期以松柏为基调，不仅全园要依据树木生长速度来考虑远近期的布局，即以一块密林地或树群的设计，草地上孤植树的设计，也必须考虑植物的生长发育规律。

大片的油松林在三十年到五十年以后所造成的"万壑松涛的景色是迷人的，但是五年到八年内的这片油松林，恰是像苗圃一样，在夏季仍然是烈日当空，不能令人产生三、五十年松林的那种诗意。但是如果是大片的毛白杨林，那么只要有五年的时间，在早春时一片新绿，在夏季时绿茵如盖，清风徐来，这种白杨林近期美好的风景，是三、五十年后的万壑松涛所不能代替的。”

老年的桧柏，树冠圆润，姿态盘曲，与假山能够取得高度的调和，因而在新建假山园林时，老年的桧柏必须保留，使成为假山构图中的重要组成部分。但是如果新建假山园林，原地并无老年桧柏，因而配植幼龄桧柏，这种幼龄桧柏的形体成尖塔形，与轮廓富于曲线的假山石成了尖锐的对比，形成了不可调和的生硬构图，桧柏这种破坏构图统一性的生硬对比，要继续到二、三十年之久，如果不熟悉这种生长发育规律，统一的布局，就难以实现。

熟悉植物的物候期，对园林艺术的季相布局，也有很大的影响，由于这方面另有专门的章节（即植物的季相构图）要讨论，这里不再重复。总起来说，园林艺术构图要熟练地掌握植物的生物学特性，才能达到因时造景的要求。

（二）物质技术条件方面

1. 园林植物的种苗条件方面

近期应该依据现有苗圃及附近野生可以供给的苗木作为设计的依据，不要认为只要当地可以生长的植物，都可以大为应用。但是又不能完全为现有的种苗束缚整个设计，所以园林的种植设计：一方面近期设计不能脱离现有种苗条件去考虑，必须按现有种苗设计；但是远期设计，则必须根据当地可以实现的更理想的树种，来更替近期的设计，按照这远期设计作出育苗的规划使园林布局逐年完美起来。

大面积的一般地区，应以繁殖栽培容易，移植容易，又合乎要求的植物为主：重点地区，可以应用比较珍贵的树种。在种苗大小上，大面积一般地区，以应用三、四年生苗木为主，重点地区，可以移植大树。

2. 工程建筑设施，应该就地取材

宋朝汴京（今河南开封）宋徽宗建艮岳万寿山所用的假山石，由苏州太湖运去，根据《汴京遗迹志》记载：“宣和五年，朱勔于太湖取石，高广数丈，载以大舟，挽以千夫，凿河断桥，毁堰折墙，数月乃至……”后人认为宋徽宗建造艮岳的这种不顾当时的经济条件与人力物力的做法，对宋朝的亡国也有很大影响。

因此，园林的造景，必须以就地取材为主。

以假山而论，北京北海静心斋的假山，所用的山石为北京附近房山县所产的房山石，苏州园林的假山，所用的山石为就近太湖所产的太湖石，而广州园林的假山，所用的山石为就近英德县所产之英德石。这些假山，在艺术上都各有千秋，由此看来，石料对于假山艺术构图并不是起最主要的决定性作用的，当然石料对于假山的艺术构图是能够起到一定的作用，否认这种作用也是不对的。

园林建筑用材，江南产竹的地区可以用竹材建筑，南京玄武湖公园的竹结构建筑别具一种风格；在砖瓦缺乏的高山地区，可以采用就地的石材建筑，例如庐山的建筑多用当地的岩石砌筑；在林区开辟森林公园，可用就地不去皮的木材建筑，以

树皮代瓦，这种就地取材做法，不仅不会降低园林艺术水平，反而容易与环境取得调和，使园林风景带有浓厚的地方色彩，具有一种独特的风格，从而提高风景艺术水平。

在园林种植设计方面，则更应该以采用地方树种为主，前面已经讲到，不再赘述。

3. 施工养护的技术条件

园林的规模与艺术水平，与当时社会的经济条件，生产力水平，有着密切的联系。我国1959年国庆，北京10个月的时间内所建的十大建筑，无论从规模与艺术水平来看，使封建社会遗留下来的宫殿建筑，都黯然失色，这就充分反映了社会主义社会与封建社会物质技术条件的鲜明对比。

但是园林艺术的要求，如果大大地超过当时社会物质技术力量的水平时，那就不可能实现。

首先园林的艺术布局与规模，不能脱离当时当地的经济条件与技术的可能性来考虑，园林中的地形地貌的巨大创造，大规模的大树移植，与当时当地园林机械化的水平及科学技术水平有密切关系，设计应该根据施工技术条件来考虑。即使是一般性的园林，其设计也必须依据当时当地劳动力的多寡来考虑，园林建成后，园林的植物景观，必须保持四季如春，万紫千红，生机蓬勃的面貌，但是这种面貌的保持，须有大量的劳动力来进行经常的养护管理工作，例如北京颐和园，经营的陆地面积约为60公顷，全园职工人数为700余人。

如果科学技术水平大大推进，则建设与养护园林的投资，劳力可以大大减低。

所以园林的设计，不能脱离当时的经济条件，物质条件与科学技术条件去孤立考虑，园林的艺术水平与这些条件有密切的联系，但是也并不是说，经济条件与物质力量愈雄厚，科学技术愈发达，园林艺术水平就一定愈高，同样的物质力量，同样的技术条件之下，园林艺术水平仍然会有巨大的差异，这种差异就是由园林工作者发挥巨大的创造性劳动所决定的。

三、园林艺术布局在空间和时间上的规定性

园林首先是我们生活的现实环境之一，是空间和时间统一的客观存在形式；其次，在艺术上，园林是空间和时间综合的艺术。

从园林的卫生防护功能和满足文化休息和物质福利生活等主要的功能作用来看，例如园林对小气候的改善、防风、隔声、防尘的作用，只能在一定的空间关系中才能发生作用；园林对于温度的作用，常常是夏季需要庇荫，而冬季则需要阳光充足；园林的用地比例与面积定额，园林的服务半径，园林的周年使用率，园林游人数量与设施的定额等等，对园林的空间与时间上，都要求有高度的规定性。

这里要深入分析的是园林艺术布局中，对于空间和时间的规定性，但是艺术布

局对时间与空间的关系，不能与园林满足实用功能要求的空间与时间割裂开来。

客观世界的空间与时间是无限的，艺术所反映的空间和时间则必须通过感官传达，而感官的感受传达不其无限的，是有一定的规定性，艺术布局，排斥空间和时间的偶然性。

例如空间艺术的绘画，首先有规定的视点：（在绘画上有一点透视、两点透视和散点透视之分）把对象与观赏者的空间关系固定起来；其次，绘画景物是在固定的长与宽的画幅中来布置的。因此，空间的规定性是绘画艺术的前提；作为时间艺术的音乐来看，必须根据时间单元来划分音形、片段、乐句乐段而构成乐章；作为空间时间综合艺术的戏剧来看，首先是规定了舞台空间与观众相对关系，其次是规定了必须在一定时间内演完，并按时间单元划分为几幕几场。

但是由于园林的两重性，它不仅是艺术上的空间时间，同时它又是现实中的空间和时间，因此，园林中的空间和时间与游人的关系要固定起来，要比音乐、绘画、戏剧复杂得多。画家画一丛树，只要从一定距离、一定时间、一定方向，看去美观就行了。可是在园林中的树丛，必须近看好、远看也好、春天看好、冬天看也好，不仅要一面看好，而且要面面看都好。在绘画中，春天的花，秋天的红果，是永远鲜艳的，可是在园林中，花有谢的时候，果有落的时候。在建筑和雕塑艺术方面，建筑和雕塑材料，可塑性很大，作品一经完成后，布局关系就永远确定。可是园林就不然，植物是园林艺术表达的主要题材，植物是随着时间和生长发育乃至衰老，不断地改变着个体的体形、色彩和大小，同时，又不断地改变着植物与植物之间的相互消长关系。因此，园林构图中的时空关系是错综复杂的，但是这绝不意味着园林空间时间布局是无能为力的，相反地，园林的时间空间构图，比其他艺术，展开了更为广阔的天地，出色的园林布局，将对人们引起巨大的空间时间的艺术感染力，现实的空间时间美是艺术美取之不竭的源泉。

空间时间的规定性，并不意味着园林空间时间的局限性、园林空间的规定性，不能把它理解成园林必须在四周用围墙包围起来的狭隘范围内去布局，那种布局方式，是古代封建社会遗留下来的现象，使园林空间与周围环境割裂开来，而形成孤立地与周围没有联系的园林空间。

园林的最小艺术感受单元为固定视点的静态空间构图。

例如坐在颐和园内谐趣园的饮绿亭，所感受的谐趣园画面，就是这种静态构图。

坐在颐和园知亭春所感到的万寿山、西山景色，也是静态空间构图，这种视点固定的静态构图，与绘画有很大的共同性。这时只有视线所及的四周景物，才对布局起作用，在视线以外的景物，就在布局的规定性以外，不必予以考虑。同时还可以有意识地把视界范围起来，使布局达到最完美的境地。

可是许多局部静态空间不是孤立的，是互相联系的，因此在两个空间过渡与转折时，就出现了新的规定性。《园冶》中提到的借景就是这种手法，“借者，园虽别内外，得景则无拘远近，晴峦耸秀，绀宇凌空，极目所至，俗则屏之，嘉则收之”。

中国园林，常常把全园划分为许多既有联系而又自成局部的许多相对封闭空间。

在许多游人逗留最久的地方，例如休息建筑、茶室、主要进口，全园的布局中心等主要地点，应该安排最好画面的前景；反过来，有最好前景的地点，应该布置足以逗留大量游人的广场、平台、休息建筑及公共游览建筑。

园林中当游人视点一动，画面就立刻变化，随着游人视点曲折起伏的移动，景色也随着步步变化，这种景色变化的动态在艺术布局上，不是毫无规律的，而是必须既有变化，而又有合乎节奏的规律，有起点、有高潮、有结束，这种动态构图的节奏规律，不是杂乱无章的，必须在时间的规定性之下来安排，离开时间的规定性，就无法安排这种动态布局。

园林中的动态布局与静态布局，我们有专门一节，来进行详细讨论，这里不再重复。

其主要内容有：

静态布局，风景透视，不同视角、不同视距对风景的不同感染，透景、障景与对景，园林景深的处理，园林开朗空间与封闭空间的处理等等。

在动态布局方面，有连续布局，季相交替布局，植物远近期演替布局等具有时间规定性的布局原则。

四、主景、主调突出及配景，配调的对比与陪衬

园林布局，首先要从内容出发到主题突出，而不是首先去孤立考虑脱离内容的主景问题。

园林的主题，是园林的中心思想及中心内容，园林布局必须使这个主题压倒一切，布局从整体到局部，都要围绕这个中心命题安排，使主题能够鲜明地反映出来。

例如植物园的主题，宣传及研究植物界的发展、演化和分布的自然规律从而进一步掌握征服自然，改造自然的生物科学的理论与方法。

因此植物园的规划设计从分区规划，地形地貌处理，植物排列分布，建筑布局，都要围绕这个主题来进行。

柏林苏联红军烈士纪念碑的主题是：纪念苏联红军，为了歼灭法西斯匪徒，拯救全人类光辉的未来的国际解放斗争的英雄胜利以及苏维埃人民对为了全人类幸福而贡献了自己生命的阵亡儿子的深切怀念。

这个纪念性园林，用建筑和雕塑的语言，表达了这个崇高的主题。

具体到一个园林的布局，在大面积园林中，常常把整个园林根据功能与艺术构图的综合要求，区划为许多可以单独成一完整静态布局的单元，也就是说区划为许

多个既有联系，又自成一个局部的景区，这种局部可以称为“景区”，把许多“景区”以导游线联系起来，就成为连续序列布局。

在整个园中，许多局部中间，应该有主要局部和次要局部之分，也就是说主要“景区”应该突出。主要“景区”有时也称为布局中心。

例如，上海虹口鲁迅公园以鲁迅墓为布局中心，北京陶然亭公园以中央岛为布局中心，杭州花港观鱼公园以金鱼园为布局中心。

每一“景区”无论是主要局部或次要局部，都是一个在一定空间规定性之下，在整体之下的相对独立布局群体。这个群体，本身又有主体与配体之分，其中在布局上，主体应该突出，任何景，或主体，也都有相对独立而又从属于总体布局的主题。

例如整个颐和园，有许多分区，如佛香阁区、苏州河区、谐趣园区、仁寿殿区、龙王庙区等等；其中以佛香阁区为主要“景区”（主要局部，构图中心），其余为次要“景区”，在每个局部中，如佛香阁建筑群中，以佛香阁为主体，谐趣园局部中以涵远堂为主体。

在动态连续序列布局，则有起点（起景）、高潮及结束（结景），其中高潮应该突出。

全园的色彩上和树种规划上，则应有基调、配调与主调，其中主调应该突出。

颐和园苏州河两岸的自然林带中，以油松为基调，春天以山桃为主调，秋天以红色的平基槭为主调，以柳树为配调。

整个园林绿化工作，以至每个具体园林，所谓“普遍绿化，重点美化”的原则，也就是主景突出的布局手法的原则。

园林造景中，从整体布局到局部设计，要做到主景突出，排斥任何偶然因素的存在，但是俗话说得好：“牡丹虽好，仍须绿叶扶持”。如果只有牡丹，没有绿叶，那么牡丹也失去了光辉。有了绿叶，由于绿叶的对比和陪衬，牡丹就显得更为红艳了。

例如颐和园的万寿山，虽然建筑体形雄伟，色彩富丽堂皇，主景突出是没有问题的，但是如果没有天际线丰富，层层叠叠的西山、玉泉山远景作为背景；没有平静辽阔的昆明湖作为近景对比，没有龙王庙长桥作为对景，那么万寿山的风景效果就不可能提高到现在这样的高度。

因此，在布局中为了更好地使主景突出，配景也是必不可少的，但是配景不能喧宾夺主，对主景应该起到“烘云托月”的作用，配景的存在能够使主景“相得而益彰”时，才能对构图有积极意义，如果对主景起扰乱作用的配景，就应该坚定抛弃，构图中要排斥偶然因素的存在。

配景对突出主景的作用，不外乎两个方面，一方面是从对比方面来烘托主景，例如以水平如镜的昆明湖面以对比方面来烘托竖向画面丰富的万寿山；以蓝色的湖水，蓝色的远山，蓝色的天空从对比方面来烘托万寿山金黄色华丽建筑群，这些都是从对比方面来烘托主景，使主景更为突出。另一方面，是从类似方面来陪衬主景，例如西山淡淡的山形，玉泉山及其建筑和宝塔，则从类似的方面来陪衬万寿山，作为陪衬的西山玉泉山。在轮廓上，比主景要概括，在色彩上，色相的饱和度，都要比万寿山平淡得多，这些就使主景显得更为丰富，这是从类似方面对主景的陪衬。

在园林布局中，视点固定在局部的静态构图中，最简单时，由主景、背景和配景三个部分组成。全园整体动态布局中，例如反映全园高潮的局部为布局中心，全园的起景和结景，作为副景，其余配合的局部，作为配景，详细内容留在动态布局中再去分析。

全园的色彩，树种规划上及连续构图中，最简单的，有主调、基调、配调之分，丰富的则有主调、副调、基调、配调之分。

在整个园林中，许多局部如果为规则式布局时，则其形成的中轴线，亦要有主次之分。

如果为自然式园林，则其导游线须有主次之分，把全园的主景布置在主要导游线的高潮上。

为了使主题与主景突出，现在把在园林与建筑艺术中所常用的一般方法，择要介绍如下：

（一）主景升高

为了使构图的主题鲜明，常常把集中反映主题的主景，在空间高程上加以突出。当然，主景升高，只是使主题突出的许多因素的一个因素，如果没有综合运用其他多方面的手法，孤立的升高主体，那是没有生命的形式主义的手法。

北京天安门广场的人民英雄纪念碑，在综合的艺术构图中，也采用了空间高程突出的因素，使人民英雄纪念碑永垂不朽的主题得到鲜明的反映。

德国柏林的苏联红军烈士纪念碑构图中，在高度运用艺术综合和空间构图原则时，使反映了歼灭法西斯和拯救人类未来的崇高思想主题的解放战士铜像，居于构图中轴终点的制高点上。

升高的主景，由于背景是明朗简洁的蓝天，因此富于表现力的主景，能够鲜明地衬托出来，而不受任何配景的干扰。但是升高的主景，在色彩上和明暗上，必须和明朗的蓝天取得对比。

在园林的地形地貌处理，堆山和种植设计中，主景升高也是传统的艺术手法之一。

中国的假山艺术构图中，长期运用了“主峰最宜高耸，客山须是奔趋”的传统手法。

园林中形体雄伟和色彩华丽的孤立树或树丛，最好栽植在升高的土丘上，而蓝天作为背景，这样既便于排水，又有利于植物的生长发育，又能够突出主景。

我国古典园林，如颐和园的布局中心佛香阁和北海布局中心白塔，都运用了主景升高的手法来强调主体，但是主体所反映的思想主题，乃是宣扬宗教迷信色彩，以达到巩固皇帝的封建统治为目的。因此，布局的艺术技法，必须与社会主义的内容统一起来。但是古典园林的某些个别手法，仍然可以学习。

（二）中轴对称

在园林或建筑布局中，在主体的前方两侧，常常配置一对或一对以上的配体，来强调和陪衬主体，由对称群体形成的对称轴，称为中轴线，主体总是布置在中轴线的终点。

用中轴对称的办法来强调和陪衬主体，是规则式园林布局最常用的突出主景的综合手法中的一个手法。

1959 年国庆十周年，首都新建的天安门广场，全国农业展览馆、民族文化宫、北京火车站等园林和建筑的构图，都运用了规模宏大的中轴对称的处理手法。

天安门广场在综合运用了其他许多艺术手法的同时也运用了宏伟的中轴对称的手法，使象征我们全国人民的政治力量和革命精神的天安门，显得更为庄严和壮丽。

柏林苏联红军烈士纪念碑，也运用了中轴对称的手法，来突出主体，在中轴的起点安置了构图的副体，悲痛的“祖国——母亲”的雕像。在中轴的终点安置了构图的主体，直捣法西斯老巢的解放战士铜像，苏维埃人民对自己阵亡儿子的深切哀悼与苏军直捣法西斯老巢，拯救人类未来的战争的英勇胜利，使这一个思想主题得就更集中的反映。

中轴对称强调主景的艺术效果是宏伟、庄严和壮丽。

纪念性园林，或纪念性园林的构图中心，常常运用中轴对称的手法来突出主体，上海虹口公园的构图中心鲁迅墓，和广州起义烈士陵园的构图中心，哈尔滨的防汛纪念塔，锦州市辽沈战役革命烈士纪念塔，都采用了中轴对称的布局来突会主景。

中轴对称布局中的对称配体，有“绝对对称”和“似对称”之分。

颐和园佛香阁中轴两侧的东西配殿与建筑群，北京故宫中轴线两侧的配殿都是属于绝对对称的布局。天安门广场中轴线右侧的人民大会堂和左侧的中国革命历史博物馆，在体量、体形、色彩与建筑风格和形式大致相似，但一经细致分析，则又各有不同，这种并不严格的对称，而又大体相似的布局，称为拟对称布局。柏林苏军纪念碑的旗门是绝对对称的，但是在旗门前面跪着战士铜像，其中一个是青年战士，而另一个是老战士，这两位战士的雕像则是拟对称的。

在混合式园林构图形式中，在严整中轴对称建筑群主轴两侧的配景（包括建筑物、地形、地貌、雕塑、种植类型等）。多运用绝对对称，离中轴线稍远，则过渡到拟对称的布局。离开中轴线很远，超过了局部静态构图视场感受的规定范围以外的（即空间的规定性），则运用完全不对称的布局。

（三）轴线与透景线相交的焦点

规则式园林，常常把主景配置在园林纵横轴线的交点上，或是放射轴线集中的焦点上。北京市的布局中心——天安门广场，布置在城市纵横主轴的交点上，柏林苏军纪念碑的母亲雕像布置在入口副轴与主轴的交点上，法国凡尔赛宫苑中，如阿波罗喷泉、农神喷泉、花神喷泉、酒神喷泉等，也都布置在轴线的交点上，使主景突出。

自然式园林，常常把主景配置在全园主要透景线集中的焦点上，来突出主景，例如西湖风景区规划，以西湖的和平墩（原凤凰墩）作为风景区的焦点。

北海白塔，布置在全园透景线集中的焦点，圆明园福海中的蓬岛瑶台，作为福海四周透景线集中的焦点。

（四）对比与调和

对比是突出主景的重要技法之一。

园林中，作为配景的局部，对主景要起对比作用。

在全园布局上例如颐和园进门，仁寿殿局部的构图为严整规则的中轴对称布置，这对于到了昆明湖边看万寿山、西山的自然山水风景，起了强烈的对比作用，由于进口局部的规则处理的对比，格外提高了自然山水风景的感染力。

配景对于主景、线条、体形，体量、色彩、明暗、动势、性格，空间的开朗与封锁，布局的规则与自然，都可以用对比作用来强调主景。

首先应该从规划上来考虑，次要局部与主要局部的对比关系，其次考虑局部设计的配体与主体的对比关系。

昆明湖开朗的湖面，为颐和园水景中的主景，有了闭锁的苏州河及谐趣园水景作为对比，就格外显得开朗。

在局部设计上，白色的大理石雕像应以暗绿色的常绿树为背景，暗绿色的青铜像，则应以明朗的蓝天为背景，秋天的红枫应以暗绿色的油松为背景，春天红色的花坛应以绿色的草地为背景，使其从色彩和明暗上，和主景对比，湖畔栽植垂柳和水生鸢尾，则与平静的湖面在线形和性格上有对比。

单纯运用对比，能把主景强调和突出。但是，突出主景仅是构图的一方面要求，构图尚有另一方面的要求，即配景和主景的调和与统一。因此，对比和调和常是渗透起来综合运用，使配景与主景达到对立统一的最高效果，进一步的探讨，留在下一节去谈。

（五）动势集中

园林构图，在空间上有一定的规定性，最常见的是：“四面有景皆入画”的环拱四合空间，四面为景物环抱起来的构图空间，在游憩和风景艺术上有很高的评价。

大规模的园林如热河的避暑山庄，是四面为群山环抱起来的园林空间；小规模的园林如苏州留园、拙政园、狮子林，北京颐和园的谐趣园，北海的静心斋等，都是四面为景物环抱起来的闭锁园林空间。

在这种环拱的园林空间构图中，主景常常布置在环拱空间动势集中的焦点上，杭州西湖，古代庙宇和现在的休息、疗养建筑，园林公共建筑的布置，其朝向都是面向湖心的。因此，这些风景的动势都是向心的，因此西湖中央的主景孤山，便成了“众望所归”的构图中心，所以主景格外突出。

圆明园中的福海，在空间的构图上，基本上是学习了西湖的处理手法，福海中央的蓬岛瑶台是主景，福海四周布置了平湖秋月、雷峰夕照、南屏晚钟等等风景点，这些风景点都朝向福海中央的蓬岛瑶台，动势集中于主景。因此，强调了主景。

自然式园林中，四周由土山和树林环抱起来的林中草地，也是环拱的构图空间，四周的配植其动势应该向心，在动势其中的焦点上，可以布置主景，如园林建筑，树丛、孤立树等等，环拱的假山园林，主峰可以布置在四周客山奔趋的构图中心。

（六）渐层（级进）（Gradation）

在色彩中，色彩由不饱和的浅级到饱和的深级，或由饱和的深级到不饱和的浅级，由暗色调到明色调，由明色调到暗色调所引起的艺术上的感染，称为渐层感。

园林景物，由配景到主景，在艺术处理上，级级提高，步步引人入胜，也是渐层的处理手法。

颐和园佛香阁建筑群，游人进入排云门时，看到佛香阁的仰角为28°，进一层到了排云殿后，看佛香阁仰角为49°，石级上升90步，再进一层，到德辉殿后，看佛香阁时，仰角为62°，石级上升114步。

游人与对象之间，关系步步紧张，佛香阁主体建筑的雄伟感随着视角的上升而步步上升。

把主景安置在渐层和级进的顶点，把主景步步引向高潮，是强调主景和提高主景艺术感染的重要处理的手法，此外空间的进一重又一重，所谓“园中有园，湖中有湖”的层层引人入胜的手法，也是渐层的手法。杭州三潭印月，为湖中有湖，岛中有岛。颐和园的谐趣园为园中有园。

（七）重心处理

静止和稳定的园林空间，要求景物之间，取得一定的均衡关系，为了强调和突出主景，常常把主景布置在整个构图的重点上。

规则式园林构图，重点常常居于构图的几何中心，例如天安门广场中央的人民英雄纪念碑，居于广场的几何中心。

自然式园林，重心就不一定居于几何中心，北海静心斋中心沁泉廊，就布置在自然式园林空间的自然重心上。

中国传统的假山园林，主峰切忌居中，就是不应当把主峰布置在构图的几何中心，而应该稍有所偏，但是虽然偏于一方，必须是布置在自然空间的自然重心上。

四周为树林环抱的林中草地，在自然式园林的闭锁空间中，作为主景的孤立树或树丛，就不应该在草地的几何中心，应该略有所偏，但四周景物必须配合主景而有变化，使重心落于主景上。

（八）抑景

唐志契在《绘事微言》中说："善露未始而不藏，若露而不藏，便浅而薄。"

中国园林艺术的传统，反对一览无余的景色，主张："山重水复疑无路，柳暗花明又一村"的先藏后露的构图。

西方园林，其主轴常常直达进口，游人进园就可以立刻看到全园的精华所在，西方园林的构图中心和高潮，主要是采用主轴和透景线来强调，使主景一开始就"露"出来，法国凡尔赛宫苑就是一个例子。

中国园林的主要构图和高潮，并不是一进园就展开眼前，而是采用欲"扬"先"抑"的手法，来提高主景的艺术效果，中国园林空间布局，反对一览无余的布局方法。

中国园林的空间构图，受陶渊明的《桃花源记》的影响很大。

"……忽逢桃花林，夹岸数百步，中无杂树，芳草鲜美，落英缤纷，渔人甚异之，复前行，欲穷其林。林尽水源，便得一山，山有小口，仿佛若有光，便舍船从口入。初极狭，才通人，复行数十步，豁然开朗，土地平旷，屋舍俨然，有良田、美池、桑竹之属，阡陌交通，鸡犬相闻……"

以上是桃花源描写的情况，其中豁然开朗，别有洞天的处理主景方法，在中国古典园林中运用得很多。

苏州拙政园是一个典型的例子，进了腰门以后，对门就布置了一座假山，把园景屏障起来，这种在门口屏假山屏障起来的办法，称为抑景，使主景不一下暴露，可以提高主景的艺术感染。游人进门，迎面来了一座假山阻挡，便有"疑无路"的感觉，可是假山有曲折的山洞，仿佛若有光，游人穿过了山洞，所得的印象是豁然开朗，别有洞天的境界，使主景的艺术感染大大提高。杭州文渊阁的进门假山，也是这样做法。

苏州留园的做法，便又不同，游人在进门以后，走了长长的一段光线不亮的穿廊，来到留园的主景：以涵碧山房、明瑟楼为主体的山水区时，走廊到了主景所在，忽然在正面墙上开了一排漏窗，使游人不能畅观主景，只能在漏窗中若隐若现、若断若续的看到一些主景，这种没有把主景一下暴露无遗，使游人隐约看到一点，觉得风景如画，别有洞天，而又不能一下畅观，游人还得曲折前进，才能窥其全貌，这种引人入胜的办法，也称为“抑景”。抑景的作用大大提高了主景的艺术感染。

柏林苏联红军烈士纪念碑，母亲雕像处，并不能一下看到碑池的全景，当游人慢慢向旗门走去，由于高3米的旗门台座，把母亲雕像为主体的空间，与以解放战士铜像为主体的碑池空间完全分离起来，在游人走近台座时，甚至连碑池的主体铜像也看不到了，一直要至游人走上台座的平台上，深深地吸一口气，眼前豁然展开一片碑池的空间，全部碑池开朗而富于艺术感染的完美构图，完整地展开在游人面前。这种以旗门来分隔空间，提高主景的艺术的巨大感染的方法，也是抑景的做法。

五、矛盾统一和多样统一

园林构图的整体性和统一性是必要的。园林动态布局中，主要景区和次要景区，静态布局中，主体与配体，都需要有同一性，因而能够共处于一个统一的构图体中。

列宁说：“对立的统一（一致、同一、合一）是有条件的，一时的、暂时的、相对的，正如发展运动是绝对的一样。”

总的来说，园林构图中，主景与配景，主体与配体，是统一着的矛盾的两个方面，因此矛盾的两个方面，既要互相有共同性，在形象上要有“通相”，矛盾着的双方又要互相转化，这样才能统一起来。园林中使许多不同功能要求和不同艺术形象的局部，求得一定的共同性与相互的转化，这种构图上的技法，称为调和或协调。

但是构图内的一切组织部分，如果只有共同性，只有通相，而没有差异和矛盾，没有对立性时，构图虽然是统一的，但是必须显得十分单调和缺乏生气。艺术所要反映的客观世界，不是要反映绝对的统一和静止，而是要反映自始至终运动着的矛盾的世界，是要反映在相对统一状态下的绝对运动的形式，为了求得布局生动，具有生气蓬勃的形象，凡是布局整体内的一切局部，除了具有一定“通相”以外，还必须具有矛盾对立的“殊相”，这种构图体内互相烘托而使构图动人的对立性，在艺术上称为“对比”，在艺术构图中，对比调和是相反相成，相辅而行的。构图中，既要调和，又要对比；既要均衡，又要运动，但是对比和运动是绝对的，而调和与均衡是相对的。在调和中求对比和在过分对立中求调和的构图法则，称为矛盾统一，或多样统一的构图法则。

例如以颐和园中的谐趣园的布局为例，其中许多亭台楼阁，曲廊水榭，在色彩上、风格上、法式上、建筑材料上，都是相同的，因此具有很大的共同性，所以十分调和。但是其中每一个单独的建筑、在体形和体量上，在平面、立面、屋顶等形式上，又各有不同。单就其中亭子而论，谐趣园有四个亭子，每个都不一样，在调和之中有鲜明的差异和对比，所以构图显得生动活泼。谐趣园的局部构图中，整个园林布局，显得十分均衡，因此，构图是统一的，可是这样均衡显然不是死板的没有动势的均衡，而是充满着运动的，不对称均衡。在进口至洗秋亭形成的轴线，左边比重大，右边比重轻，是不均衡的，构图充满了动势，因而引导游人依逆时针方向向主体建筑涵远堂前进，到饮绿亭时，所形成轴线左右的构图，是完全不对称的，南侧建筑多，北侧少，因而引人继续依逆时针方向前进，可是从建筑距离轴线的远近和体形的变化造成的综合感觉仍然是均衡的。

以植物配植为例，如果把两株大小，高矮完全相同的尖塔形钻天杨配植在一起，因为一点差异也没有，两株树虽然显得调和，但是没有对比，因此，构图就显得死板。如果把一株尖塔形的塔柏与一株树姿盘曲的龙爪柳配植在一起，这两株树，一株常绿，一株落叶，一株针叶，一株阔叶，一株体形简单细长，一株体形开展而扭曲，两者对比很尖锐，可是二者毫无通相，其构图就不够调和。

如果把两株油松配植在一起，由于同是油松，共性很大，调和是没有问题的；在对比方面，按照清朝画家龚贤说法：“二株一丛，必一俯一仰、一倚一直，一向右、一向左”这样的二株松树作为一个树丛，就既有对比，又有调和，而成为一个多样统一的构图了。

就园林的种植布局来看，杭州花港观鱼公园为例，全园应用了200多个树种，因此，在树种的多样性上是没有问题的，游人进园，四时有不谢之花，丰富多采，观览不尽。但是花木一多，就容易杂乱无章，不容易取得调和，该园在全园的树种上，选用了常绿大乔木广玉兰作为基调，作为分布全园数量最多的优势树种，这样全园就有了共同的基调，其他许多树种，就不是全园散乱分布，而是根据不同的景区，而有不同的主调，这些不同的景区由于有林带及土丘分隔起来，把视线阻挡起来，因此，各个景区在构图统一体下，可以有相对独立性。两个不同的景区之间的不同树种，不会互相干扰，当两个封闭空间交界的地方，则双方的树种就有交错过渡，并不是截然分界，这样就造成了既多样，又统一的构图。

园林构图的多样统一原则，从规划到设计，牵涉范围较广，调和与对比原则，是多样统一的基本原则，静态构图中动势的对立统一，就是“均衡”，体量的对立统一原则，就是比例，动态构图的多样统一原则，就是节奏，现在把这些具体手法，择要举例说明。

（一）对比与调和

对比与调和是对立统一的艺术手法，不仅在园林规划中要运用，在园林设计中也要运用。在处理园林中主景与配景间的相互关系时，并不是采取一切对比，或一切调和的绝对办法。而是在某些因素，采取对比的方法；而某些因素，则采取调和的手法；在对比手法中以对比为主，包含了调和的因素；在调和手法中，以调和为主，也包含了一定的对比。

从规划上来分析：

1. 地形地貌的对比与调和

中国古典园林，反对园林景色平淡无奇，主张以地形地貌对比强烈的山水风景，作为园林的风景主题，（中国的风景画，也称为山水画），大型皇帝宫苑，如承德避暑山庄、北京颐和园，都是很巧妙地利用了山水对比，创造了动人的景色。即使在平地造园的圆明园，也用人工改造了地貌，从而创造了对比强烈的自然风景。

小型地宅园林，如苏州的狮子林、留园、拙政园等等，也都创造的地形地貌对比的山水风景。

其中圆明园的做法，填挖土方量太大，像避暑山庄与颐和园以利用自然地形为主的手法，就很值得今天深入学习。

创造这种地形地貌的对比，必须首先从最大限度满足园林的多种功能的要求下来进行，同时必须因地制宜，利用自然条件为主，而以适当的改造为辅。

在平坦地区，要加强这种对比，在处理低洼地时，最好挖为鱼池，可以养鱼生产，并可划船垂钓，取出土方，最好加于原标高最高的地方，这样就增强了平坦地的对比。

在种植时，也要加强这种对比，在原地形高的地方，应该栽植乔木，在地形低处则栽植灌木或草本，这样对于木本植物的排水也好，对景色变化也更丰富。

在园林中，地形地貌上，缺乏对比的较多，但是在对比中，仍要注意到对立的面的过渡，山形坡度须有陡有缓，有平坦有起伏，水岸坡度有陡有缓。

园林中的水景，因为是水景，所以调和是没有问题的，为了避免类同与千篇一律，园林中水景的对比与多样性就显得非常重要。

首先是动水与静水的对比，其次是水面大小的对比，水体形式要有差异，要有溪有瀑，有河流、池沼、湖泊之分，水岸要各不雷同，水中要有岛有堤，使不同水体各有特色。

2. 建筑构筑物与自然地形地貌、植物的对比与调和

园林中的建筑与构筑物，一般来讲都是规则的、人工的、直线的，而地形地貌及植物，一般来讲是自然的，因而对比是比较尖锐，两者的过渡与调和就比较重要了，其具体办法有：

建筑方面：利用天然地形势来布置建筑，不作大规模生硬的土方平整工作，建筑群布置在平面布局与立面布局均采取不对称均衡的布局，与自然地形取得调和，这样在立面上和平面上，就不致出现很长的直线，与自然的地形、树木就容易调和。

在建筑物墙面与地面相交的基础部分及建筑本身墙面，穿廊形成的转折处的直角部分，以自然的石组或树丛加以缓和角隅的对立性。

靠近建筑部分的地形地貌多采用规则处理，植物也用对称行列栽植，加以规则修剪，离开建筑物较远则采取自然式。

建筑本身，例如一个园中，有许多功能相同的建筑物，那么这种建筑物的共同性是没有问题，因而形式上要求多样，当然这种多样性是不能超过功能的制约的。例如颐和园中西堤有六个桥，每个有不同的形式，颐和园有亭子大小不下几十个，可是都是大体相似而又各有特点。

有一个园林中，遇到许多功能不同的建筑，由于内容决定形式，形式的差异是必然的，因此，就得求其有共同的风格。例如，公园中有餐厅、茶室、露天剧场、游泳池、展览馆、电影院等不同功能的建筑，则必须在风格上，求其共同，求其调和。

在线形的对比与调和的处理方面，以颐和园西山万寿山与昆明湖的构图为例来说明。

昆明湖在静态时，为水平如镜的平面，富于水平线的表现力，玉泉山宝塔的垂线与昆明湖的水平有着鲜明的对比，但是玉泉山宝塔层层重檐的水平线与昆明湖的水平线，又具有共同性，所以调和；如果玉泉山宝塔是没有屋檐的圆锥体，构图就不见得调和了。佛香阁的垂线以及屋檐的水平线，也同样与昆明湖既有对比，又有调和。

在体量上，西山与万寿山的竖向体量与昆明湖的水平体量，取得了很大的对比，但是水中的倒影与波光与西山远山的波动的天际线，又取得很大的调和。

（二）均衡与稳定

人们从自然现象中意识到一切物体要想保持均衡与稳定，就必须具备一定的条件：例如像山那样，下部大，上部小；像树那样下部粗，上部细，并沿四周对应地分枝出叉；像人那样具有左右对称的体形等。除自然的启示外，也通过自己的生产实践证实了均衡与稳定的原则，并认为凡是符合于这样的原则，不仅在实际上是安全的，而且在感觉上也是舒服的。

实际上的均衡与稳定和审美上的均衡与稳定，是两种性质不同的概念。前者属于科学研究的范畴，所运用的是逻辑思维的方法；后者属于美学研究范畴，所运用的是形象思维的方法，在这里主要研究审美上的均衡与稳定。然而，审美上的均衡与稳定的观念是从人们的经验积累中形成的，而经验又来源于实践，故两者又都共同地遵循大体相同的原则，这就意味着仍可借助于逻辑思维的方法说明许多属于审美上的均衡与稳定的问题。

以静态均衡来讲，有两种基本形式：一种是对称的形式；另一种是非对称的形式。对称的形式天然就是均衡的，加之它本身又体现出一种严格的制约关系，因而具有一种完整统一性。而且人类很早就开始运用这种形式来建造建筑并获得明显的完整统一性。

但是人们并不满足于对称的一种形式，通过生产与艺术实践发现用不对称的形式来保持均衡。不对称形式的均衡虽然相互之间的制约关系并不像对称形式那样明显、严格，但要保持均衡的本身也就是一种制约关系。而且与对称形式的均衡相比较，不对称形式的均衡显然要灵巧活泼又生动得多而被广泛采用。

除静态均衡外，有很多现象是依靠运动求得平衡的，例如旋转的陀螺、展翅飞翔的鸟、奔驰的动物、行驶的自行车等就属于这种形式的均衡，一旦运动终止，平衡的条件将随着消失，因而人们把这种形式的均衡稳称之为动态均衡。

在园林构图中除从静态角度来考虑问题外，非常强调时间和运动这两方面的因素，因人对园林景观的观赏不仅仅是固定于某一点上，而是在连续运动的过程来观赏园林景观及其生动有韵律的均衡形式。

和均衡相连的是稳定。如果说均衡所涉及的主要是园林构图中各要素左与右、前与后之间相对轻重关系的处理，那么稳定所涉及的则是园林景物整体上下之间的轻重关系处理，稳定原则是下大上小、上轻下重。但自然界中也不乏不稳定中显现稳定的寄景，如承德避暑山庄外上大下小的棒槌峰，庐山风景名胜区的舍身崖，园林中在假山叠石时也往往堆成悬崖削壁之势以险奇制胜。故随着科学技术的进步和人们审美观的发展变化，表现美的稳定形式也会千姿百态。

（三）比例与尺度

任何物体都存在着三个方向即长、宽、高的度量，比例所研究的就是这三个方向度量之间的关系问题。所谓推敲比例，就是指通过反复比较从而寻求这三者之间最理想的关系。在园林中，无论是要素本身、各要素之间或要素与整体之间无不保持着某种确定的数和制约关系，如果恰到好处，有了和谐的比例，便可以引起人的美感，否则就会导致不协调。

怎样才能获得美的比例呢？从古至今，已有许多人进行过探索和研究，但结论却众纭纷说。一种看法认为只有简单的合乎模数的比例关系才容易被人们所辨认，因而是富有效果的，认定像圆、正方形、正三角形等具有确定数量之间制约关系的几何图形可以用来作判别比例关系的标准和尺度。至于长方形，其周边虽然可以有种种的比率而仍不失为长方形，但最理想的长方形应是符合“黄金分割”的比率，称“黄金比”。大……a；小……b。

$b : a = a : (a + b)$，以 b 为 1 时，则 a 大概是 1.618……

黄金比，从古代希腊以来，就作为美的比例的典型，到 19 世纪中叶，德国学者柴京（Eeising）又根据前人的研究再次确认它的重要性。

另外达·皮扎（Leonando da Pisa）研究出一种一种近似黄金比，叫费邦纳齐级数（Fibonacii Series）的关系。这种级数是第三项以下各项数字，都等于该项数字前面两项数字之和。

例如：1、2、3、5、8、13、21、34、55、89、144、233、377……。

这种数列比，如 8/5 = 1. 6、13/8 = 1. 625、21/13 = 1. 615 都是近似黄金比（1. 618……）的数列，因而具有美的比例。

还有一种看法认为若干毗邻的长方形，如果它们的对角线互相垂直或平行（即它们是具有相同比率的相似形），一般可以产生和谐的效果。

现代著名的建筑师勒·柯布西耶把比例和人体尺度结合在一起，提出一种独特的“模度”体系。他的研究结论是：假如人体高度为 1. 83 米；举手后指尖距地面为 2. 26 米，肚脐至地面高度为 1. 13 米，这三个基本尺寸的关系是：肚脐距地高度是指尖距地高度的一半；由指尖到头顶的距离为 43. 2 厘米，由头顶到肚脐的距离为 69. 8 厘米，两者的商为 69. 8 ÷ 43. 2 = 1. 615，再肚脐距地 113 厘米除以 69. 8 厘米得 1. 618，这两个数字一个接近，另一个正等于黄金比率。利用这样一些基本尺寸，由不断地黄金分割而得到两个系列数字，一个称红尺，另一个称蓝尺，然后再由这些尺寸来画成网格，这样就可以形成一系列长宽比率不同的矩形。由于这些矩形都因黄金分割而保持着一定的制约关系，因而相互间必然包含着和谐的因素。

但也有不少学者对用几何分析方法来解释古典建筑的比例问题持怀疑态度。他们指出：由于控制点的位置不够明确，有时选用台基以上，有时选在台基以下，这样，通过控制点连线所形成的几何关系，即使与某些简单，肯定的几何图形巧合，也未必能说明什么问题。从而也否定其中包含着一些合理的因素。

然而，人们还不能仅从形式本身来判别怎样的比例才能产生高的效果。譬如以柱子为例，西方古典柱式的高度与直径之比，显然要比我国传统建筑的柱子小得多，能不能以此证明前者过细或后者过粗呢？都不能。西方古典建筑的石柱和我国传统建筑木柱，应当各有自己合乎材料特性的比例关系，才能引起人的美感。如果脱离了材料的力学性能而追求一种绝对的、抽想的美的比例，不仅是荒唐的，而且也是永远得不到的。由此可见，良好的比例，不单是直觉的产物，还应是符合理性的。美不是事物的绝对属性，美不能离开目的性，从这个意义讲，“美”和“善”这两个概念是统一而不可分割的。

除材料、结构、功能会影响比例外，不同民族由于文化传统的不同，在长期历史发展的过程中，往往也会以其所创造的独特的比例形式，而赋予建筑和园林以独特的风格。

总之，构成良好比例的因素是极其复杂的，它既有绝对的一面，又有相对的一面，要学会善于处理各方面的关系。

园林构图中和比例相联系的另一范畴是尺度。尺度所研究的是园林中建筑物的整体或局部给人感觉的大小印象和真实大小之间的关系问题。比例主要表现为各部分数量关系之比，是相对的，可不涉及到具体尺寸。尺度则不然，它直接关系到真实大小和尺寸，但又不能把尺寸的大小和尺度的概念混为一谈。尺度不是指要素真实尺寸的大小，而是指要素给人感觉上的大小印象和其真实大小之间的关系。从一般道理上讲，这两者应当是一致的，但实际上，却可能出现给人不一致的印象。如果两者一致，则意味园林景物或建筑的形象正确反映了其真实大小；如果不一致，则表现园林景物或建筑的形象歪曲了其真实的大小。这时可能出现两种情况：一是大而不见其大，即实际尺寸很大，给人的印象却不如真实的大；二是小题大做，即本身并不大，却以装腔作势的姿态装扮成很大的样子，结果失掉了应有的尺度感。然而对这种不一致也并非一无可取之处，人们往往通过有意识地处理形成超过它真实大小的感觉，从而获得一种夸张的尺度感达到某种艺术意图。

为了使园林中建筑物形成正常的尺度观念，人们依靠建筑中必须满足功能要求的一些要素如栏杆、扶手、踏步、窗台、坐凳等基本保持恒定不变的大小和高度的及某些定型的材料构件去和建筑物的整体和局部作比较，来获得正确的尺度感。但遇到建筑物的体量过大，单纯依靠这些要素和材料构件来显示其整体尺度则是十分不够的，这就还应考虑到因为建筑物的整体是由局部组成的，整体的尺度感固然和建筑物真实大小有着直接的联系，其中局部对于整体的影响也是很大的。局部愈小，通过对比作用可以反衬出整体的高大。反之，过大的局部，则会使整体显得矮小。

如北海的琼华岛，从北岸望去，山大、湖面大、殿堂大、楼阁宏丽、游廊长、白塔高，很合大比例尺度，表现出宏壮阔的景象。北岸布置快雪堂、静心斋等园中园，大中有小，以小衬大，显示皇家宫苑的气势。而静心斋的景物建筑体量小、地小、山石小、桥小自成系统符合小巧的比例尺度，使人感到亲切轻巧。

在园林的人工造景常有夸大尺度感的利用，如颐和园从佛香阁至智慧海的假山蹬道，处理成一级高差 30～40 厘米，走不了几步，使人感到很吃力，产生山比实际高的感受。

（多样统一中节奏部分移入动态构图中去谈）

第三章　园林静态空间布局与动态序列布局

一、园林静态空间布局

（一）风景透视

1. 不同视距，不同视角，对风景的不同感染

（1）景物的视宜视距

视力：正常眼睛，最明视的距离为25厘米，在距离500米时，尚能看清房屋的窗格与树枝，如果要识别出花木的类型，或雕像的轮廓时，距离就要缩短到250～270米左右。

视域：正常眼睛，静止时能看到的总视场、垂直方向的视角为130°，水平方向的角度为160°，根据眼球网膜的构造，以距离视神经连接处不远的黄斑处，视觉最为敏感，黄斑占视网膜的面积不大，视场为9°～7°范围以内的景物，可以映入黄斑，景物映象离开黄斑越远，鉴别率愈低，在60°视场映象边缘，视网膜的鉴别率，只有黄斑处的0.02倍（即2%），黄斑的中央微微凹入，称为黄斑中央凹。以此为中心，作一中视线，以中心所构成的圆锥形视光锥，称为视域，视域超过60°时，所见景物，便模糊不清，因此在透视图中，不画超过60°视域的景物，因此种画面，超过我们的视觉经验，所以画出来会感觉不像，一般只画30°以内的景物。

正常平视情况下，可以不须转动头部，而能看清景物的整体时，垂直视场为26°～30°，而水平视场为45°。在陈列厅内布置展览品时（如雕像、绘画等），须严格按照垂直26°这个视场范围来布置，视点距离须按陈列品高度的2倍，宽度的1.2倍来安排。在这个视场范围的景物映入网膜，能够使人看清整个物象而不必转动头部。如果超过了这个视场，则景物的整个映象，不能清晰地反映出来，因此不能不影响我们转动头部去观察，这样对景物的整体印象就会不完整。在园林中布置展览画廊应该按这个要求来布置。

景物的最适视距：园林中的主景，如雕像、建筑、艳丽的花木及树丛等主景，最好能映入游人垂直视场30°和水平视场45°的范围内，在这个范围，供游人逗留鉴赏主景的地点，必须安排一定的空场，休息亭榭，花架等以供游人逗留及徘徊鉴赏。

其距离的计算如下文。

因此，视距为景物宽度的1.2倍。

根据以上情况，景物高度大于宽度时，应依据其垂直视场来计算，景物宽度大于高度时，则需依据其宽度和高度综合来计算，总之在中视静观的条件下，以使景物水平视场不超过45°，垂直视场不超过30°为原则。北京颐和园的谐趣园内由饮绿亭平视涵远堂其仰角为13°，则正好垂直视物为26°，古代建筑师，对于建筑布局的视距，是费心安排过的。

但是园林景物不可能像展览馆陈列的美术品那样固定来鉴赏，还得允许游人对景物在不同距离的情况下来鉴赏。

前苏联建筑师梅尔切斯建议，关于设置纪念碑再雕像时，要考虑到垂直角为18°、27°及45°时的各情况，垂直视角18°时的视距，即为雕像高度3倍的地方；27°时的视距，即为雕像高度2倍的地方；45°时的视距，即为雕像高度1倍的地方。首先在这些地方，应该留有足够的空场供游人逗留，不要布置绿化，在纪念碑和雕像本身，当垂直视角为18°时，纪念碑应该能够很好的和周围景物一起被观察到；当垂直角为27°时，则足以保证视力点达到雕刻，雕刻可以整个被观察到了满足观察者的视界；当视角为45°时，则应该能够清楚地见到雕刻所有的细部为原则。

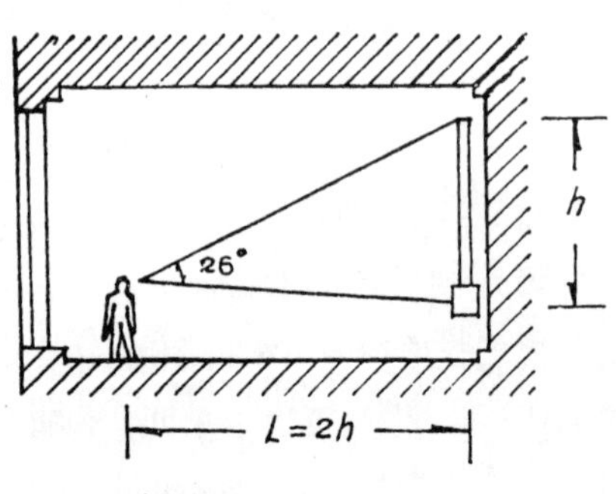

陈列厅外的规矩：竖向的视距＝展览品高度的2倍

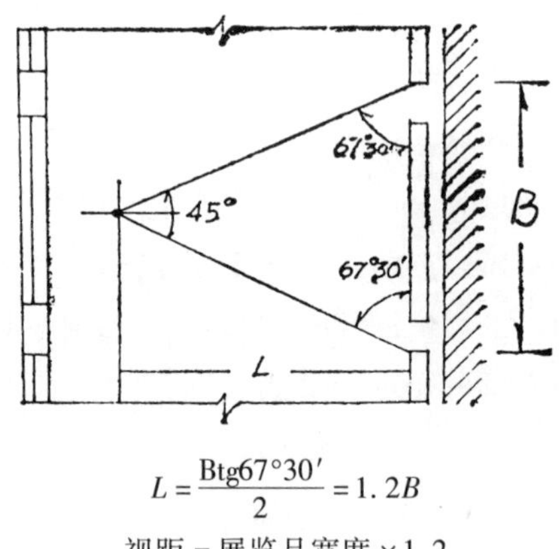

$$L=\frac{B\text{tg}67°30'}{2}=1.2B$$

视距＝展览品宽度×1.2

在垂直视场为30°时，其合适视距如下计算：

$$D=\text{ctg}\alpha(H-h)=\text{ctg}\alpha(\text{物象高}-\text{人眼高})$$

$$\text{视距}=\text{ctg}\left(\frac{30°}{2}\right)(\text{物象高}-\text{人眼高})$$

$$=\text{ctg}15°(\text{物象高}-\text{人眼高})$$

$$=3.7\times(\text{物象高}-\text{人眼高})$$

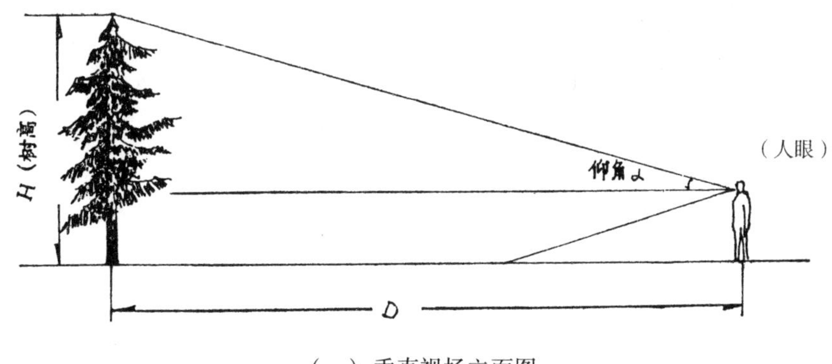

（一）垂直视场立面图

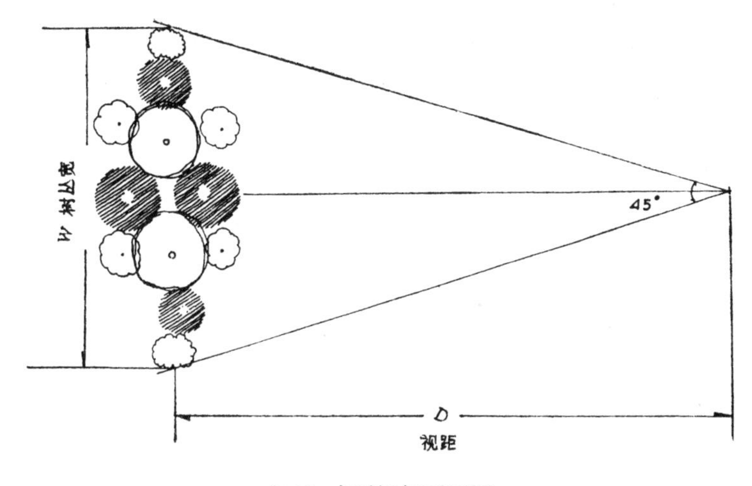

（二）水平视场平面图

粗放估计，巨型景物，则视距为景物高度的 3.5 倍。

小型景物，则视距为景物高度的 3 倍。

在水平视场为 45°时，其合适视距如下计算：

$$
\begin{aligned}
D(\text{视距}) &= \text{ctg}\left(\frac{45^\circ}{2}\right) \times \frac{W}{2} \\
&= \text{ctg}22^\circ30' \times \frac{W}{2} \\
&= 2.414 \times \frac{W}{2} = 1.2W
\end{aligned}
$$

（W 为树丛宽度）

园林中的主要公共建筑，具有华丽的外形时，应该在距离建筑高度 1 倍的地方、2 倍的地方、3 倍的地方、4 倍的地方布置一定的空场，以供游人在这些不同视角的条件下，来鉴赏建筑物，一般封闭广场，广场中心纪念物及四周建筑物高度与广场直径之比为 1∶3～1∶6，其主要原因，亦由合适视距所决定。

（2）不同视角的风景感染

上面关于平视条件下，对于主景应考虑其不同垂直视角的鉴赏距离。

在园中，除了有意识安排景物，在平视条件下的视距，使游人舒适地鉴赏景物以外，为了造成景物的特殊感染，还把主景安排在仰视条件，或俯视条件下来鉴赏。园林中，由于游览路线的上坡下坡，使视点起伏变化，因而风景就跟着而起变化，由于视点垂直方向的变化，就有平视风景、仰视风景、俯视风景之分。

平视风景的感染力：平视风景，中视线水平向前，游人头部不必上仰下俯，可以舒适地透视远景，而不感疲劳。所以平视风景的感染力是静的，没有紧张的感觉。平视风景，由于与画面平行的诸直线，与地面垂直的诸直线，都没有消视现象，因而对景物高度和宽度的感染力比较薄弱，仰视风景由于与画面不平行的诸直线均有消视现象，远景近景差异很大，因此，对于空间深度的感染力特别强烈。

总的说来，平视风景给人的感染力是平静的、安宁、深远、没有情绪上的紧张状况，所以在安静休息处，休息亭榭、休养、疗养所的地方，应该选择有视线可以延伸到无穷远的平视风景。

仰视风景的感染力：当景物高度很大，视点距离景物很近，当仰角超过13°时，就要把头部微微仰起，才能很满意地鉴赏景物。

如果视距不断接近，则仰角不断增加，景物映象，无法落入垂直视场26°范围内，因而不得不把头抬起来仰视风景，当仰角超过30°时，即视距为景物高度减去人眼高度时的1.7倍时，则此种仰视的紧张局面就愈来愈突出。颐和园内，从排云殿以后，几处地方可以看见佛香阁，其仰角分别为49°、62°至80°、这种仰视风景，加强了佛香阁高耸入云的风景感染。

仰视风景最主要的特点是中视线上仰，不与地平面平行，因而与地面垂直诸直线，均产生消视现象，所以对景物高度的感染力特别强烈，如果在距离10米的地方，看一座高50米的纪念碑，那么，纪念碑下部特别显得庞大而上部就因消视而体积逐步缩小。

仰视风景，也称为虫览画面，如同昆虫的视界，可以使景物显得特别雄伟，使主景具有伟大气魄。

在颐和园佛香阁建筑群中，在德辉殿后面仰视佛香阁时，仰角为62°，觉得佛香阁高入云霄，如同神仙宫阙，那些石级也好像云梯一样步步上升。当然佛香阁是封建帝王运用仰视风景的特殊感染作用，为其封建迷信的主题服务，其主题是必须给以批判的。

在园林中，为了强调主景崇高伟大，可以把游人的视距安排在主景高度的一倍以内，不使游人有后退的余地，这是一种运用错觉，使对象显得雄伟的艺术上的经济手法。

中国假山，为了造成假山的雄伟和高耸入云的效果，并不从假山的绝对高度着眼。因为单纯增加绝对高度，必然大大增加土方量，增加投资，而且过分大型的假山，也很难典型地反映自然界的真山水。所以古典造园中抛弃了这种不经济的做法，而是把视点安排在很近的距离内，使视点不能后退，因而突出了仰视风景的感染力，使游人产生高山大川缩景的错觉，觉得山峰高耸入云，所以假山不能布置在四周空旷的草坪中央。

这种错觉的运用，在强调建筑、纪念碑等主体的伟大效果时也可运用。

仰视风景对游人来说，在情绪上比较紧张，所以在安静休息的亭榭前方，不宜用仰视风景作为对景。

俯视风景：当游人视点位置很高，景物展开在视点下方，如果视线水平向前，景物不能映入60°视域以内时，景物的下部便不能鉴别清楚，则不得不用俯视来观察，这时中视线不与地面平行，而与地面相交，因而与地面垂直诸直线也就产生消视现象，由山顶俯视峡谷的谷底，就是这种风景，景物位置愈低，就显得愈小，俯视风景给人的感染力是攀登惊险高峰以后，征服了自然的那种“登泰山而小天下”的英雄气概和喜悦感。

中国风景中，常常在天然形势险要，俯视景深很深的峡谷，河川的山上，布置桥亭、建筑等等，居高临下，创造俯视景观，在登上泰山山顶、华山北峰峰顶、黄山清凉台和鲫鱼背、峨眉金顶都是这种风景。这种俯视景观，称为鸟瞰画面。

在园林中，也很巧妙地创造这种风景的错觉，北海琼华岛北部的假山建筑群，北海静心斋中假山上的枕峦亭，都有这种风景，在传统假山堆叠时，树立孤峰时，讲究起脚宜小就是强调了这种垂直深度的风景效果。

在大型园林和风景区，要很好地利用自然地形的起伏安排游览基地，造成仰视、俯视和平视风景，使风景富于变化。例如杭州西湖风景，由长期历史的积累，使整个风景区，在仰视、俯视和平视风景最有特色的地点，都形成的著名的风景点，其中宝石山的保俶塔、灵隐的韬光、玉皇山顶、吴山山顶等风景名胜，都是很好的仰视和俯视风景。平湖秋月、湖心亭、三潭印月、曲院风荷、柳浪闻莺等名胜，都是很好的平视风景。

2. 对景、透景与障景

在考虑城市园林系统规划时，在城市附近视力所及的古迹名胜，或风景评价很高的天然风景，都应该用“对景”和“透景”的办法，引入城市园林系统艺术布局的视界里面来，城市内部艺术评价很高的建筑、纪念性建筑、古迹名胜和园林风景，在考虑整个城市的建筑艺术布局时，也要运用“对景”和“透景”的办法，使得能够互相观望，以丰富城市的景色。

在个别园林，进行详细规划时（即总体设计时），首先对于园林的古迹名胜，应该运用“对景”与“透景”的办法，引入园林构图的视界里来；同样，在安排园林内部风景评价很高的园林局部时，必须相互取得对景，使各有美好的前景可以鉴赏，除了在平面布局上，取得对照外，在空间布局上，要使两者能够互相透视观望，不致为其他景物所屏障。

现在将对景与透景的具体要求说明如下：

对景：从个别园林的规划来看，首先是与园外的主要风景点和古迹名胜取得对景。在园内，应该选择透视外景画面最精彩的位置，用作供游人逗留的场所，例如安排休息的草坪、休息亭榭、茶室、餐室、露天舞池、展览馆、休息广场等等，这些外景可对的风景点，其中的局部建筑布局，在朝向上，应该与远景相向对应。

其次是园林内部布局，各主要风景点，在设计时，就应该考虑相互的对景关系，使能相互观望，互相烘托，增加双方的风景艺术评价。

杭州西湖孤山，与西湖对岸的雷峰夕照，互为美好的对景，吴山与保俶塔互为美好的对景，北京颐和园内的知春亭、夕佳楼与园外的西山、玉泉山取得美好的对景。

园内对景，如北京颐和园内的万寿山、佛香阁建筑群与湖中龙皇庙岛上的涵虚堂互为对景；颐和园内谐趣园中的饮绿亭与涵远堂，互为对景；苏州拙政园内的远香堂与雪香云蔚亭互为对景；留园内的涵碧山房与可亭互为对景。园林内的对景。可以分为严格的对景与错落的对景两种，严格对景，两个风景点的建筑群的主轴，方向一致，位于一条直线上。建筑的朝向，则是正面相向，一度不偏。如谐趣园中饮绿亭与涵远堂的对景，属于严格的对景。错落对景就比较自由，有时是两个互为对景，风景点的建筑朝向虽然是正面相向，两者的主轴方向虽然一致，但不在一直线上，例如，颐和园佛香阁建筑群与昆明湖心岛上的涵虚堂的对景即是。有时，两个风景点的建筑群，其朝向不是严格的正面相向，而是某种偏斜，因而其中的轴线方向是不一致的，所以也不可能在同一直线上。例如，苏州拙政园中的香洲与见山楼的对景便是。

新建园林发扬了古典园林中的对景手法，北京陶然亭公园中抱冰堂与陶然亭，云绘楼与陶然亭均互为对景。杭州花港观鱼原文娱厅与丁家山刘庄互为对景。

互为对景的园林建筑，一方面要作为就地游人文化休息的现实生活场所，首先要满足游人生活福利等实用功能要求，另一方面，又要作为对面游人鉴赏的画面来处理，双方要保证在最好的视角上相互观望。

在城市园林系统规划中，在综合解决城市生产、生活、交通等主要功能要求的前提下，某些城市干道、运河，也可以组织对景；园林内部的河流及园路，就更有可能与园外园内的主要风景，组织对景。规则式的直线园路与河流，一个方向只能有一处对景；自然式的河流与园路，则应随着河流与园路方向的转换，而安排多处对景，以供散步或划船的游人沿途观览。

透景与障景：在园林的平面规划上，虽然安排了对景，可是由于种植或其他高于游人视线的地上物的阻挡，则互为对景的风景点，仍然不能互相透视，因此在平面规划的阶段，在处理对景时，要把园内外主要风景点的透视线在平面图上表示出来，在透视线范围内景物的立面空间关系上，要保证没有阻挡视线的景物。因此，在作图时，透景线的设计，既要在平面图上画出；同时，又要作出断面草图。以核对相互的透视关系。

为了使对景能够互相透视，互为对景的风景点，如果双方或其中任何一方的位置，处在高地上，其标高高出于前景时，则不必开辟透景线。因此，布置对景时，在位置的选择上，所在地的标高，与透景关系很大，应该很好考虑。

其次是在大面积的水面，河湖沿岸，应该很好的处理对景与透景，因为在水面上的对景，不可能有前景阻挡，所以不必开辟透景线。

如果互为对景的风景点，处在平地的同一标高的情况下，前景又不是水面，则必须在两者之间开辟透景线，在透景线的范围内，不能栽植高于视点的乔木，不能布置高于视点的其他景物。如果对景双方距离很远，则必然与乔木的种植发生一定的矛盾，在这种场合下，不能孤立地考虑景观。因此，互为对景的风景点，为了很好的相互透视，首先应该在风景点位置的高程上解决，其次是最大限度利用水面、道路、广场、游憩草坪，以及在卫生上或文化休息要求上，不栽乔木的场地，来通过透景线，这样就比较现实。反过来，视界广阔，前景没有什么阻挡的场所，也应该很好的安排对景。

因此，在安排透景线时，规则园林，常常与直线的园路、规则的草坪、广场、水面统一起来；自然式园林，则常常与河流水面、园路、草坪统一起来安排，这样可以避免降低园林中乔木的栽植比例，在非常特殊的场合下，如风景区森林公园，原有树木很多，通过周密的安排，可疏伐少量衰老或不健康的树木，以达到开辟透景线的作用。

透景线除了保证能够透视“对景”以外，在互为对景的两个风景点之间，在透景线两侧的沿线风景，必须作为对景的配景来加以很好的布置，以提高“对景”的艺术效果。

园内园外的美好风景，在规划时，必须创造最大的可能性，使其能够互相透视，这种风景处理手法，明代的造园家计成称为“借景”。他说“借者，园虽别内外，得景则无拘远近，晴峦耸秀，绀宇凌空，极目所致，俗则屏之，嘉则收之”。所以园林中的对景与透景，在我国园林传统手法中的渊源是很早的，对美好风景的借景，只是一个方面，在园林规划时，遇到在主要风景点视界内，出现与局部景色不调和的景物时，则应该用近景把不调和的远景屏障起来，这种做法称为“障景”。事实上，任何一个风景点，其四周的景色，总有可取的部分，也总有不可取的部分，把风景点的建筑布局，朝向可取的远景，称为对景，把可取的远景透入风景点的视界里来，则称为透景，把不可取的远景屏障起来，则称为障景。因此，对景、透景与障景是相互联系，相辅而行的，颐和园苏州河北岸的土山，把园外不佳的景物屏障起来，就是障景。

作为障景的近景，有时利用建筑，有时利用土山、假山，有时利用乔、灌木，有时综合运用，其中以用植物作为屏障最为经济。

3. 对景的画面处理、添景、夹景、框景与漏景

园林规划设计，在平面与断面的规划上，解决了对景、透景与障景以后，在技术设计阶段，对于透入构图视界以内的对景，还必须进行艺术加工，使所对的远景，更富于艺术感染。

因为远景距离较远，轮廓的概括性虽强，但缺乏细部的感染力；有时远景前方，设有近景、中景的陪衬，缺乏空间景深的感染力；有时由于远景视界广阔，在广阔的视界中一时很难选择最富于画意的构图。由于这些原因，对远景的艺术加工，就十分必要，在这方面，我国传统园林中的经验是十分丰富的。现在把对景的画面处理手法，择要说明如下：

添景，当风景点与远方的对景之间，为一大片水面时，或中间没有中景、近景的过渡时，则对于风景点的整个前景来说，缺乏空间深度的感染力。景深的感染，在园林风景评价中，占有很重要的地位，为了加强这景“景深”的感染力，就需要添景。

例如，在颐和园昆明湖东南岸，远望万寿山，万寿山前是一片单纯的水面，山后也没有背景的衬托，在景深上没有层次之分，因而景色单调。如果在湖边的一株高大垂柳之下，透过来万寿山的远景，那么，万寿山就因为倒垂柳丝作为装饰而生动起来。在一枝海棠花下，透过来的北海白塔风景，也格外生动。杭州西湖，在一株巨大香樟下透过的宝石山远景，也是一个生动的例子。

通常均以大的乔林来作为添景，在树种上，既要体形巨大又要花叶美观，在红叶树中，如乌桕、柿子、枫香；常绿阔叶树中，如香樟、榕树等等；花木及果树中，如银杏、木棉、玉兰、凤凰木等等；均为添景的优良树种，在各地的适宜树种，种类繁多，不胜枚举，这里只作简单的介绍。

夹景，远景在水平方向视线很宽，而其中又并非全部景色都很动人，因此，常用夹景的办法，把左右单调的风景，用树木，土山或建筑物屏障起来，只留中央合乎画意的远景，从左右配景的夹道中透入游人视域，称为夹景。夹景在河流及道路上应用得最多，从颐和园后山的苏州河中划船，远方的苏州桥主景为两岸起伏的土山和美丽的林带所夹峙，构成了明媚动人的夹景。

框景，是把真实的自然风景，用类似画框的门、窗洞、框架，或由乔木树冠抱合而成的透明罅隙，把远景范围起来，便游人产生错觉，把现实风景误认为是画在纸上的图画，因而把自然美、升华为艺术美。

造园家李渔对于框景的运用有独特见解，他曾经设计一种湖舫，在密闭的舱房内，左右开两个扇面窗，他说：“坐于其中，则两岸的湖光山色，寺观浮屠，云烟竹树，以及往来樵人牧竖，醉翁游女，连人带马尽入扇面之中，作我天然图画。”又说：“以内视外，固是一幅扇面山水，而以外视内，亦是一幅扇头人物。”又说：“同一物也，同一事也，此窗未设以前，仅作事物观，一有此窗，则不烦指点，人人具作图画观矣”！他又在家内创设尺幅窗和无心画，他说：“遂命童子裁纸数幅，以为画之头尾及左右镶边，头尾贴于窗之上下，镶边贴于窗之两旁，俨然堂画一幅，而但虚其中，非虚其中，欲以屋后之山代之也。坐而观之，则窗非窗也，画也，山非屋后之山。即画上之山也。不觉狂笑失声，妻孥群至，又复笑予所笑，而无心画尺幅窗之制从此始矣！”

在设计时，游人与景框间的距离，须保持在景框直径的两倍以上，而游人视点的位置，最好处于景框的中心，这样才能使整个画面映入游人26°视域以内，而产生远景如画的错觉。

苏州园林，如拙政园和留园，框景的处理，非常成功，颐和园龙王庙有一对月洞门，收入的画面是西山玉泉山的远景，无锡蠡园长廓的尽头，有一个月洞门收入的画面是明朗的太湖风光。除了各种形式的门窗可作景框以外，其余如亭、榭、敞廊、花架的框架；门楼、桥梁的拱券和框架；假山的山洞，乔木枝叶交抱而成的自然空框；以至人工整形的绿门，都是很好的景框，同时，在与景框相对的园林局部，必须设计或安排理想的对景。在自然风景区，如有天然的岩洞，亦应安排对景。在森林公园原有密林内，亦可选择对景最美的地点，疏伐部分树枝或小树，构成框景。

中国园林，常以围墙和穿廊来分割空间，在围墙上或穿廊侧墙上，开辟通至另一空间的月洞门，在与月洞门取得对景的白粉墙上，则布置峭壁山或安置山石，栽植花木，在门外远处看来，则和一幅画在宣纸上的山水画和花鸟画无异，可是当游人走入月洞门时，则又好像跑进挂在墙上的图画里去一样，因而造成了“画中游”的错觉，在古典园林中，如果以月洞门或假山山洞作为框景时，常常在门口题上“画中游”或“别有天洞”的横额，来点明这种造景。

漏景，是由框景进一步发展而来的，中国园林中，在围墙和穿廊的侧墙上，常常开辟许多美丽的漏窗，来透视园外的风景。

漏窗的窗棂，有的为几何图案；有的则是葡萄、石榴、老梅修竹等植物题材构成的，最初，人们由于生产和美化居住环境的需要，在屋前窗下，栽植了既有收益，又很美观的花木，当远景从果实累累的葡萄枝叶间，从火红的石榴花间隙里，从玲珑的老梅枝柯间，或是疏朗的竹影中透漏过来，造成一种特殊动人的情景，这样在窗外用植物作为前景的漏景，是漏窗的一种起源。人们对于由窗前花木构成的漏景，留下了难忘的印象，因此，当窗前没有老梅的时候，便常常在窗子上，用人工来塑造一株老梅，来模拟这种情景，用植物题材来制作漏窗窗棂的起源，也许就是这样，造园家李渔，对于老梅漏窗的制作，在《一家言》中，已有详细的论述。

园林中的漏景，除漏窗前栽植花木的漏景以外，更重要的，是在建筑院落以外的更广泛的场所，以垂直郁闭度很低，透光性很大的林带，树群或树丛，把远景屏障起来，使远景从林木枝叶的缝隙里透漏过来。例如，北京颐和园玉澜堂南首昆明湖边的一丛桧柏林，把西山万寿山远景屏障起来，这丛桧柏林，错落多致，从疏朗的枝干间，透漏过来的万寿山远景，显得格外的吸引游人。

在森林公园进行风景疏伐时，要很好安排漏景，在一般园林进行种植设计时，也要很好注意漏景。

作为漏景屏障的树种，在窗前栽植时，体形可以较小，在其他场合时，体形应该高大，同时，又要树姿动人，色彩美丽，枝叶又不过分郁闭，树丛或林带的排列，要求其长轴与游人视线垂直，与远景平行，树木的分布，应成带状，不要前后参差太甚。

适合于窗外作为漏景框的植物中，美观的植物有竹、石榴、老梅、海棠、葡萄、紫藤、蔷薇、木香等等。其他场合，应用的高大乔木，更为广泛，不再举例。

4. 园林景深的处理

（1）留出最大的透景距离

在处理风景点的前景时，要尽可能选择有深远透景线的方向作为前景，透景线本身的绝对深度大，风景的景深感染力就强。景深感染力强的园林风景，就能引人入胜，感觉园林空间无穷深远。苏州拙政园在绝对长度最大的两处地位，安排了两条透景线，就觉得园林景深十分深远。

例如陶然亭公园，主要进口通向湖边的两个广场，都有很深远的透景线，主要风景点如云绘楼、露天舞池前方，也都有很深远的透景距离。杭州花港观鱼公园的原文娱厅，前景的透视景深也很深远，可以直达北面栖霞岭的岳坟。反过来，透视距离深远的地点，应该很好安排风景点，以供游人游憩。

园林景深的绝对深度大，固然重要，但是在某种场合，由于其他因素的限制，前景的绝对深度并不很大，则需要运用其他办法，来加强景深的错觉，现把其他运用办法，简述于下。

（2）前景的层次安排

园林景深的绝对透视距离虽大，如果前景只是一片空旷的水面或草地，则在感觉上，并不能引起空间深远之感，相反，如果前景的绝对透视距离并不很大，而在前景中展开的景物有近景、中景、远景的分层结构，层层叠叠的景色，把前景的深度分成无数等级，因而引起空间深远的错觉。苏州拙政园自小沧浪至见山楼透景线两侧的景物，分为七层，因而觉得空间格外深远。

同一道路，两旁不栽行道树，看起来没有像栽了树以后那样深远。因此，在透景线两侧，道路两侧、河流两侧的开朗的湖面，在不同的视距上，要分层穿插景物，以加强景深的感染力。

（3）色彩及明暗处理

园林中，为了加强景深的感染力，在色彩或明暗方面，运用空气透视的原理，可以加强景深的感觉，具体手法，在园林色彩及明暗处理一节中已经讨论，这里不再重复。

（4）其他错觉的运用

在某些特殊情况下，主要是小型园林中，由于前景受到一定条件的限制，景深很小，在这种情况下，在古典园林中，常采用实中有虚的方法，来造成景深的错觉，例如北京北海静心斋中，由静心斋北面透视沁泉廊的景深很浅，设计者从对面假山中引入一股泉水，从山洞中流出，自沁泉廊下溢出，使人们联想到泉水后方还有层层远山，因而就忘掉了眼前空间的局促，同时，在这有限的空间深度下，又用透空的敞廊，把它分为可以透视的两重空间，再有，在后面围廊的墙上，开了许多长窗，也是引起空间深度错觉的措施。

此外，如苏州留园，在厅堂或穿廊等处的窗外，不到2～3米就是其他建筑的墙面，窗外门外视距很短。在这种情况下，古代造园家，在窗外白粉墙前，种上竹子芭蕉植物，配上几块山石，构成一幅图画，使人忘去视线的局促，有时，在对面假山上开一个山洞，洞口设上虚门，都能引起这种错觉。

（二）园林的空间分隔；园林中开朗风景与闭锁风景的处理

1. 开朗风景与闭锁风景的特征

（1）开朗风景

凡是在视域以内地面上的一切景物，都在视平线的高度以下时，则眼前的风景，便是开朗风景，面对开朗风景，视线可以延伸到无穷遥远的地方，双眼的中视线平行向前，交点位于远极面，因而视神经不易疲劳，开朗风景的艺术感染是：壮阔豪放，心胸开朗，目光宏远。

李白诗："登高壮观天地间，大江茫茫去不还"，便是由开朗风景所引起的情感。

在开朗风景下，如果游人视点位置很低则与地面透视成角很小，所以远景模糊不清，看到的只是大片单调的天空，则风景的艺术评价不高，但如果不断的提高游人的视点位置，则游人与地面远景的透视成角加大，远景的鉴别率也就大大提高，所以视点位置愈高，开朗风景的艺术评价愈高。中国相对高度很高的许多高山，如黄山、庐山、华山、泰山等，在历史上很早就为游人喜爱的名胜，与登高远眺开朗风景是分不开的。

王之涣《登鹳雀楼》诗："白日依山尽，黄河入海流，欲穷千里目，更上一层楼。"就道出了视点高度与开朗风景的艺术评价有很大的关系。

园林中，如果四面都没有高出平线的景物屏障时，则四面的视界都十分空旷，四面的风景都是开朗风景，这种空间，称为开朗空间。

（2）闭锁风景

凡是在游人视域以内，游人视线不能延伸到地平线，在地平线以上，被许多高出视平线的近景屏障起来，看不到地平线，这种风景，称为闭锁风景。景物高出视平线部分，与视线所成的仰角越小，则闭锁性也愈小，仰角愈大，则闭锁性也随着增大。另一种情况，高出视平线景物的闭锁性与视线所成仰角有关以外，还与景物与游人的距离有关，高出视平线景物的距离愈近，闭锁愈强，距离愈远，则闭锁性愈小，因而景物的仰角虽大，如果距离很远，则可以减低其闭锁性，反之，则增强其闭锁性。

园林中，如果四面都被高出视平线的景物（例如土山、树木、建筑等）环抱起来时，则称为闭锁空间，也称四合空间。

闭锁风景，近景感染力强，四面景物琳琅满目，观览不尽，这是闭锁风景的优点，但是游人久留则视线闭塞，容易疲劳。

2. 开朗风景与闭锁风景对立统一的规划设计原则

开朗风景，缺乏近景的感染，而远景又因和视线的成角小，距离远，因此，色彩和形象不够鲜明。所以园林中如果只有开朗景色，虽然给人以辽阔宏远的情感，但久看必然觉得单调，因此希望园林中有一部分闭锁风景以供游览，但是闭锁的四合空间，如果四面环抱的土山、树丛或建筑，与视线所成的仰角超过15°，景物距离又很近时，则有井底之蛙的闭塞感，在这种情况下，又希望能有开朗的景观。

所以园林中的空间构图，不能片面强调开朗，也不能片面强调闭锁，同一园林中，既要有开朗的局部，也要有闭锁的局部，在开朗风景中需添设近景的感染，在闭锁风景中又要透视远景，开朗风景与闭锁风景两者共存可以相得而益彰。颐和园中，既有开朗的昆明湖又有闭锁的谐趣园与苏州河，昆明湖因谐趣园和苏州河的对比，而益形辽阔，谐趣园和苏州河因昆明湖的对比，而倍觉幽静。北京北海公园中，既有开朗的北海又有闭锁的静心斋濠濮涧，双方互相烘托，提高了园林的风景评价。

过分开朗的风景，则又要寻求闭锁性。例如辽阔的太湖风景在无锡一带因为湖中有远近诸山，使开朗景色中有近景的感染，所以觉得风景格外美好。杭州西湖风景，三面有山环抱，有了一定的闭锁性，但四周的山不高，仰角只有2°～3°，所以风景仍然过于开朗，但是由于湖中又有苏白二堤和三潭印月、孤山、湖心亭等风景点，增加了闭锁的近景，因此风景达到了开朗与闭锁的统一，艺术评价很高。

过分闭锁的风景则又要寻求开朗，中国的闭锁园林空间，大抵皆以水池为中心，游人视线在水中可以延伸到无穷远，可以打破过分闭锁的感觉。颐和园中的谐趣园，北海的静心斋，无锡惠山寄畅园，苏州留园、拙政园、狮子林，都是如此。

其次是在闭锁空间中运用透景和漏景，来打破过分的闭塞性。例如颐和园乐寿堂前的四合院，在南面走廊上开有漏景风窗，透入昆明湖开朗景色，苏州沧浪亭园墙上开有很多漏窗，杭州三潭印月，四面有林带环抱，构成了闭锁空间，但是四周的林带，不是紧密结构，都是高大的乔木组成，株距也很大，因而四面都可以透漏远景，就不会造成过分闭塞的感觉。

在园林设计时，开朗水边或大草坪上，应该布置一些孤立树或树丛，来打破开朗风景的单调，在闭锁的林中空地，或密林中，则又须开辟透景漏景线，来打破过分的闭塞性。

3. 闭锁空间仰角的风景评价

关于闭锁空间的大小和周围景物高度的比例关系，与风景的艺术评价关系很大。

杭州西湖，三面为群山环抱，其仰角为2°~3°，感到美中不足的是，觉得在比例上山不够高，北京颐和园昆明湖边看西山远景，其仰角为4°，山高与湖宽的比例，就要比杭州西湖的好些，北京怀柔水库，由大坝向西望，三面为群山环抱，其仰角为4°30′~5°，就山高与湖宽的比例来说，其风景评价又要比昆明湖为高，这是大型园林闭锁空间与仰角关系的状况。

小型园林风景，如颐和园内的谐趣园，四周环抱的建筑物，由饮绿亭向四周观察，主要建筑物的仰角在5°~13°的范围内变化，四周的树木的仰角也不超过18°，闭锁空间的横向距离为80余米，纵向距离为30余米，这种闭锁空间，觉得很美，苏州拙政园内，远香堂前面的闭锁空间，四周建筑物的仰角在5°~10°之间变化，树木仰角也很少超过18°，空间的大小为南北50余米，东西100余米。苏州留园，以涵碧山房为主体的闭锁空间，其四周的建筑仰角为7°~11°，南北与东西的长宽都为60余米。拙政园和留园的闭锁风景，其艺术评价是很高的。苏州园林，如狮子林，以修竹阁为中心，环视四周建筑物及假山，其闭锁仰角约为19°左右，这种空间，就有过分闭塞之感。

大体上，闭锁空间的仰角，从6°起，风景评价逐步提高，到13°为最好，超过13°以后又渐渐下降，至15°以后就感到过于闭塞，从四周景物高度与闭锁空间长与宽的比例来看，当空间的直径大于四周景物高度10倍的时候（仰角约为6°左右），风景评价较低，当直径小于四周景物高度的10倍，从直径相当于四周景物高度的10倍起，至直径为四周景物高度的三倍止，其风景评价逐步提高，但直径小于四周景物高度的三倍，则空间显得过分闭塞，风景评价又降低（直径为四周景物高度三倍时，其仰角为18°）。许多著名的城市广场，四周建筑的高度与广场直径之比，也都在1∶6到1∶3之间变化，主要原因，系由于仰角为13°的景物，正好映入游人26°的垂直视场以内，游人可以不必仰起头部，而可以完整地鉴赏前景，如果仰角超过18°，则景物映入游人26°垂直视场以外，超过这个仰角游人必须仰起头部，才能观察到完整的前景，这样就容易引起视力的疲劳而感到空间的闭塞。

在设计林中空旷草地，或水面四周种物树群，林带时，四周土山及林木的高度与空旷草地或空旷水面的直径之比，也要求在1∶3~1∶10之间变化，一般树木高度，约为20米左右，因此在通常四周没有土山的情况下，空旷地或草坪其直径最好在60米到200米之间变化，最多也不超过270米，这样草坪或空旷地四周栽植的植物，视力还能识别。

园林空间，不是单纯的艺术空间，空间艺术布局要在与功能要求不相矛盾的前提下来创造性地发挥，千万不要单纯从空间布局的形式其出发，脱离了园林多方面的功能要求，走上形式主义的道路。

二、园林动态序列布局

（一）连续风景序列布局

1. 连续风景序列的连续方式与节奏

园林风景，由许多局部构图组成，当游人从一个局部游览到另一个局部，自始至终，经过许多局部，从开始到结束，必然给游人一种整体的印象。这些局部，如果没有联贯性，相互之间没有联系的话，那么，整个园林，就不成为一个统一体，也就不成为一个完好的园林布局。因此，各个局部，只做到自成为多样统一的单独局部是不够的，当各个局部，经一定游览路线而连贯起来时，局部与局部之间，必须既有变化和对比，又有过渡和转化，使游人从开始到结束的游览过程中，也要感到一种主从分明的多样统一规律，这种规律体现在动态之中，是与游人的视点运动联系起来的，这种随着游人运动而变化的风景布局，称为风景园林动态序列布局。

当游人沿着河岸，或是曲折的林荫路向前走去时，视点沿着曲折起伏的园路不断变化着，两侧的景色，一面不断地一重又一重地层层展开，一面又不断地一重又一重地消逝，这时游人见到的画面，不可能用一定的视点凝固起来，而是连续出现的，两岸的层层山，迭迭水，萦迂曲折，好像音乐中的音群或乐句一样，不断地反复演凑，最后组成一个完美的乐章。这种视线与景物保持了一定的相对关系，但是又在前进中相对地沿着一定轨迹，变换着相对的位置，这种运动着的连续的风景，称为风景序列。这种有始有终，有开始有高潮有结束的多样统一的连续风景，称为连续风景序列。一组连贯起来的建筑组群，一条很长的花境或带状花坛群，都是连续风景序列布局。

序列布局，景物如何连续排列，是布局的中心问题。例如一条道路，两旁的行道树，从头到底，都栽一种树木好呢？还是一株杨树，一株柳树间隔起来种好呢？还是每株树都不相同好呢？这就是连续序列的多样统一问题，如果道路两旁的树木每株都不一样，则杂乱无章，多样而不统一；如果一条道路，三里五里，不断延长下去，永远是一个树种，也会觉得单调，就会觉得统一而不多样。

因此，在风景序列布局中，景物如何连续，如何变换，景物连续演进的多样统一原则又是怎样？是这里要讨论的中心问题，连续风景演进的多样统一规律与时间艺术的音乐作曲中，“音响形象”的多样统一规律，有类似之外，音乐的多样统一规律，称为“节奏”，在园林的动态构图中也就借用这个名词，园林连续风景布局的节奏，由下述各种具体手法组成。

（1）断续

在园林连续布局中，最简单的风景连续方式是单纯的不间断的直线连续。例如不间断的直线道路，不间断的直线绿篱，不间断的直线围墙，这种自始至终没有间断，没有曲折，没有起伏的简单连续，是没有节奏的连续景物。没有节奏的连续景物是不可能达到多样统一的艺术要求的。

为了连续风景，产生节奏，使连续的景物有断有续，是必要的。宋朝画家李成说："密树稠林，断续防他刻板。"说明连续不断的林带是刻板的，所谓刻板就是不生动，就是缺乏节奏，反之，若是使林带有断有续，就可能产生节奏。

园林中的带状花坛、花境、绿篱、林带、建筑群，在与生产环境保护，文化休息等功能要求不发生矛盾时，应该有断有续，使连续风景产生节奏变化。例如，道路花园中央的带状花坛，不采取连续不断的方式，而分割成许多个较短的带状花坛，使之富于节奏。

（2）起伏曲折

园林中的连续土山，连续建筑群，连续的林带，园林中的道路，常常用起伏和曲折的变化，来产生构图的节奏，园林中的河流及湖岸，则用曲折来产生节奏。例如颐和园苏州河两岸的土山和林带，富于曲折和起伏，林带由油松构成的林冠线有起有伏，河流两岸的林缘线也有曲折变化，因而沿苏州河走去，感觉构图有动人的节奏。

例如苏州拙政园，自远香堂至香洲的立面图可以看出建筑群起伏和断续构成的节奏。

中国古典园林中的园路，要求峰回路转，不仅在平面上有曲折，而且在竖向上有起伏，而且成功地创造出丰富的节奏来。例如北海静心斋的园路，苏州留园中部水池周围的游廊，都是很好的例子。

（3）反复

连续风景中出现的景物，既不能永远不变，又不能刻刻不停地变化，许多不同的景物，常常与其他景物交替着反复出现，这样就既有变化，又不致太杂乱无章。"反复"又可以分为"简单反复"、"拟态反复"、与"交替反复"三种。

例如园林中的行道树、栏杆等等，均属于简单反复。但是连续的花坛群，每一个花坛的外形，完全相同，不断的连续反复，构成连续花坛群，例如苏军烈士纪念碑中央五个烈士墓上的摆有花圈的连续花坛群，就是例子，简单反复的节奏庄严有力，一般作为配景来处理。

在一个花境设计时，常常用一个花丛作为单元，不断反复出现，就构成为连续的花境，例如由玉簪、萱草、紫花鸢尾三种多年生花卉组成一个花丛，把这个花丛不断反复，就可以组成一个花境，这种反复为简单反复。

如果用两个花丛，第一个花丛为玉簪、萱草和紫花鸢尾，第二个花丛为玉簪、射干、黄花鸢尾，这两个花丛，差异很小，以射干代替萱草，以黄鸢尾代替紫鸢尾，在形态上差别较小，但又在色彩上有了变化，用这两个相似花丛轮流反复出现，也就组成了一个花境，这种反复，称为"拟态反复"。

如果两个花丛，第一个花丛仍为玉簪、萱草和紫花鸢尾，第二个花丛为宿根福禄考、景天和耧斗菜，与第一个花丛完全不同，用这样两个完全不同的花丛交替反复，也可组成花境，这种反复，称为交替反复。

在自然式的林带设计中，以油松、平基槭、海棠、山楂，组成第一组树丛，以油松、栓皮栎、苹果、山楂，组成第二组树丛，以油松、白皮松、侧柏组成第三组树丛，以海棠、山楂、毛樱桃成第四树丛，如选择第一组树丛不断反复组成林带为简单反复，第一组与第二组轮流反复，则为拟态反复，第三组与第四组交替反复时，则称为交替反复。

在行列式栽植时，如颐和园昆明湖边，一株柳树一株榆叶梅间隔栽植，则称为交替反复。

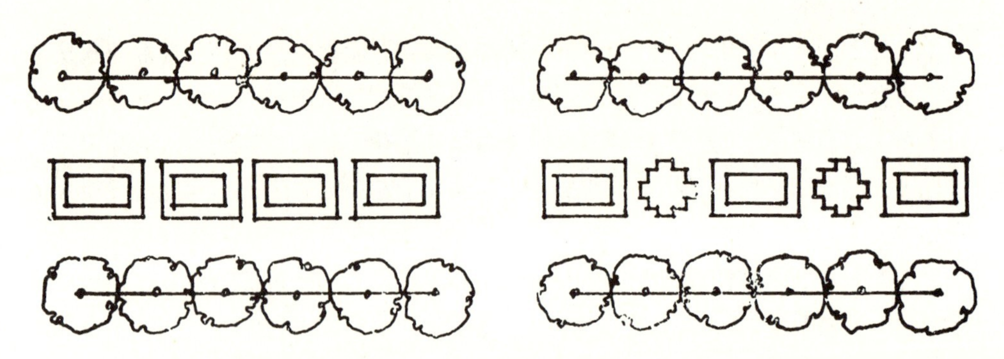

简单反复连续花坛群　　交替反复连续花坛群

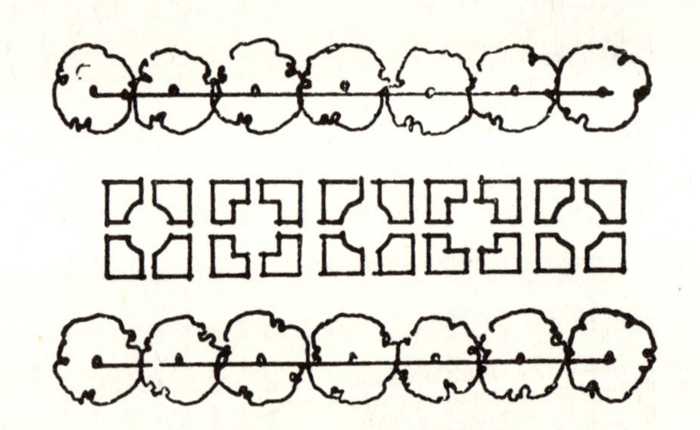

拟态反复连续花坛群

（4）空间的开合

游人在园林中前进，有时前景为开朗风景，有时前景又为闭锁风景，空间一开一合，也可以产生一种节奏感，例如游人在颐和园苏州河中划船，不仅两岸的林冠有起伏，林缘线有曲折，河流本身又有弯曲。同时，河流的宽度也随着变化，由于河身时宽时狭，又由于两岸土山林带的屏障，因而使空间时而开朗，时而闭锁，因而产生空间开合的节奏感，颐和园苏州河由开朗的昆明湖至半壁桥，空间为之一合，过了半壁桥，空间又稍开，然后到了绮望轩（已毁），空间又为之一收，过了绮望轩，空间又为之一放，然后到了苏州桥空间又为之一收，如此一收一放，一开一合地前进，使连续风景产生多样统一的节奏。

圆明园的水系构图，这种空间开合的节奏感更为丰富，自前湖开始，经过许多大大小小，有开有合的局部园林空间，最后到达开朗的福海，作为连续序列布局的结束。

2. 风景序列的主调，基调与配调

连续风景演进时，仅有断续起伏曲折、反复、空间开合等节奏变化，对于整个布局来说，还是不能达到真正的统一，贯串在整个连续布局中的主体是什么，其他景物如何来陪衬和烘托这个主体，又是连续风景的一个主要问题。

在静态布局中，有主景、背景、配景之分，其中主景必须突出，背景从烘托方面来烘托主景，配景则从调和方面来陪衬主景。把一个静态布局反复演进以后，就构成连续序列布局，连续的主景构成了布局的主调，连续的背景构成了布局的基调，连续的配景构成了布局的配调。

在连续布局中主调必须自始至终贯穿整个布局，基调也必须自始至终贯穿整个布局，但是配调则可有一定变化。

在整个布局中，主调必须突出，基调和配调在布局中也不是可有可无的，不是偶然存在的，必须对主调起到烘云托月，相得而益彰的作用。

以种植设计为例，例如颐和园苏州河两岸的林带，以油松、海棠、平基槭、山楂、紫丁香等树种组成的树丛为基本单元，把这个基本单元不断地进行拟态反复连续（基本单元中，树种不变但每种树木的数量，株行距排列组合的位置均有变化，这种反复也可称为拟态反复）。这两旁的林带，春天以粉红色的海棠花为主调，以紫红花的丁香，平基槭嫩红的新叶与黄绿色的山楂为配调，以油松为基调；秋季则以红叶的平基槭为主调，油松为基调，其余为配调；冬季则以油松为主调，其余均为配调；其中油松、平基槭、海棠三个树种，必须自始至终贯穿在整个苏州河两岸（目前平基槭、油松、贯穿在苏州两岸，但春景缺少海棠等主调）。基调与配调，好像是音乐中的伴奏或和声，而主调则是音乐中的主题。

如果苏州河两岸春天的主调，一段为海棠，一段为碧桃，一段为梨，一段为丁香；作为基调的常绿树，一段为油松，一段为云杉，一段为桧柏；那样，整个构图就显得杂乱而不统一。

在花境设计和带状花坛设计中也是一样，作为花境基调的背景绿篱，不能一段为黄杨，一段为侧柏，一段为女贞，整个绿篱必须以一个树种贯穿到底，整个花境如以鸢尾为主调，则鸢尾必须自始至终贯穿于整个花境中，作为配调的滨菊、石竹等，则可以变化。

种植设计中的主调，并不是固定的，由于季相的变换，主调也就随着变换。

下面要讨论的是连续序列布局“转调”问题：

任何一个连续布局，不可能无休止地永远以一个主调连续下去，因此当构图演进到一定阶段可以分段的时候，原来的主调就可以逐渐收缩，转入另一新的主调，一般大型连续性的布局常常分为许多段落，关于连续布局的分段，在下面另外讨论。关于转调的问题，一般可以分为两种情况，第一种是缓转调，第二种是急转调，缓转调采用逐步过度的形式。例如一个以油松为主体的树丛，不断用拟态反复演进的林带，到了转调时，在作为反复单元的树丛中，原主调油松的成分逐渐减少，新主调白皮松的成分逐渐增加，然后油松又稍稍增多，白皮松稍稍减低，然后油松比例更大的下降以至不见油松，全部为白皮松代替，最后，油松在白皮松丛中再零落的出现几株就不再出现了，这时白皮松完全代替了新的主调。这种转调，称为缓转调，缓转调在连续构图分段不很显著的场合下也可应用。

急转调时，必须很好与构图的分段相结合，例如连续花境每隔 10 米有一绿篱分隔时，则每隔一段的主调可以变换。例如一段以芍药为主调，另一段以月季为主调，再一段又可以芍药为主调。

又如在连续构图中，有空间开合的分段结构时，处理转调就比较有利。例如，苏军纪念碑以母亲雕像为主体的第一空间，在色彩上以花岗石的淡灰色为基调，到了旗门，把空间分隔为二，旗门为淡红色花岗岩磨光而成，过了旗门以后，以解放战士铜像为主体的空间，广场的地面以红色和白色月桂叶的马赛克铺装。这两个构图空间，由母亲雕像开始，像复杂交响乐一样在空间中逐步展开，构图好像以哀悼的曲调开始，渐渐转到以解放战士铜像为结束的曲调的胜利凯歌。转调的转折地点是旗门，由于旗门把两个局部分割为在视觉上不相干扰的两个空间，因此，在色彩上采取了急转调的手法，也不致使构图不调和。

在种植上，也是一样。圆明园中，每一个空间，都可以有不同的主调。在颐和园苏州河中，作为主调的树种和基调的树种，可以始终不变，但作为配景的树种，可以根据河流空间的一开一合来转调。每一个空间，可以有不同的配调，因为两个不同的空间，游人虽可以连续前进，但两个空间在视线上不能全部透视，使两个对比强烈而不同景区，不能在同一视域内同时看到，因而不能产生因过分的对立而不调和的现象。陆游诗：“山重水复疑无路，柳暗花明又一村”。就是这种急转调的连续风景。

直线规则式园路，不能用缓转调的办法更换树种，必须用急转调，主要在道路转折或交叉处来转调和变换树种。

自然式的曲折园路，须应用缓转调的办法，在道路曲折或交叉处逐渐变换树种，不能突然更换树种。

3. 连续序列布局的分段，及其发生、发展和结束

园林静态构图，在空间上不是无边无际的，在空间的三次元上是有一定的规定性的。在动态布局时，在第四次元的时间处理上，不是无始无终的，也是有一定的规定性的。一个序列布局必须有开始、有发展、有结束，一个连续布局，在整个演进过程中，不允许平铺直叙，从头到尾都没有变化的。

连续构图，除了在整个演进过程中，在节奏上，自始至终要有主调、配调和基调之分。同时，在连续构图的结构上，要有阶段之分，各个阶段在构图中，要体现出风景的开始，发展和结束的时间艺术的构图特征来。

在戏剧中，把整个剧本分为几幕几场，每一幕每一场戏，是全部戏剧中的一个段落。这些段落，都自成为一个相对独立的局部，但是幕与幕，场与场，对整个剧本说来，相互之间，有联系有呼应，有主次之分，根据剧情的发展，则又有序幕、转折、高潮、尾音之分。

园林连续构图，在风景展开的演进过程中，通常可分为三个主要段落，即："起景"、"高潮"和"结束"三个阶段。

以颐和园的佛香阁建筑群为例，以排云殿为主体的局部为整个连续构图的"起景"，以佛香阁为主体的局部为整个连续构图的"高潮"，以智慧海为主体的局部则是整个连续布局的"结景"。其中的"高潮"是整个连续布局的"主景"，是布局中主题思想集中表现的主要局部，其中的起景与结景，是陪衬和烘托高潮（主景）的配景，是布局的次要局部。这种连续序列布局，分为三个阶段，可以称为三段式的序列布局。

还有一种情况，把三段式布局的"高潮"与"结景"结合起来，风景演进到"高潮"就作为布局的结束。

例如德国柏林的苏军烈士纪念碑，以母亲雕像作为主体的局部是构图的"起景"，以解放战士雕像作主体的局部是构图的"高潮"，同时，也是构图的结束，介于"起景"与"高潮"中间的旗门，是两个局部的转折与过渡的部分，不是构图中的主要段落，这种构图称为二段式的序列布局。

中国园林的"起景"和与高潮相结合的"结景"，在艺术处理上，可以引用清朝画家王昱在《东庄画论》中，对山水画的"起"和"结"的论点来说明。他说："一起，如奔马绝尘，须勒得住而又有住而不住之势；一'结'如众流归海，要收得尽而又有尽而不尽之意"。以颐和园为例，在进园以后，到达昆明湖边，万寿山、玉泉山、西山诸风景奔来眼底，真有："一'起'如奔马绝尘"的气势；到了全园的高潮佛香阁时，居高临下，湖山如画，昆明湖一望无际，则又达到了"一'结'如众流归海"的境界。

连续序列布局发展的形式，不外乎三段式和二段式两种，其中二段式，系由三段式简化而成，复杂的连续序列布局，在细节上，还有许多穿插，但是就整个布局关键性的段落来看，仍然可以归纳为三段式和二段式两种，最复杂的连续序列布局的发展形式，可以用下列概念表示：

三段式：序景——起景——发展——转折——高潮——转折——收缩——结景——尾景

二段式：序景——起景——发展——转折——高潮（结景）——尾景

连续序列布局的形式，可以有规则式和自然式之分。

规则式的连续序列，景物沿着明显的中轴线展开，轴线两侧的配景，左右对称，前面所提佛香阁建筑群与德国柏林苏军烈士纪念碑，都是规模宏大的规则式连续构图。

一般道路公园，也是规则式的连续序列构图。

大型的规则园林，如法国巴黎的凡尔赛，其纵横放射的每一条轴线，都构成了完整的规则式连续序列布局，全园以主轴构成的连续构图为主景，副轴构成的连续布局为配景。

自然式的连续序列，景物沿着园林的自然式主干道，自然曲折的河流及水系展开，如北京颐和园后山苏州河便是。

（二）季相交替布局

园林植物，由于物候期的变化，植物随着季节的推移而时刻变换着外貌。植物题材是园林构图的主题，由于植物的季相变化，也就引起了园林风景面貌的季相变化。在风景构图中，对于这种景观的季节变化，并不是听任自然，不经安排的，把园林景观在一年四季中的变化，根据园林多种功能的综合要求与艺术节奏结合起来，作出多样统一的安排，就是园林季相构图，季相的变化是一年一度，周而复始，重复出现的，因而称为季相交替构图。

以北京地区植物的物候变化来看，构成园林华丽季相的露地花木的花期演变如下：

3月下旬开花的有黄色的蜡梅与迎春，4月上旬开花的有粉红的山桃和金黄的连翘，4月中旬开花的花木很多，重要的有榆叶梅、杏、毛樱桃、玉兰、海棠等，4月下旬开花的有紫荆、丁香、海棠、樱桃、碧桃、梨、苹果、李、紫藤等，5月中旬开花的有牡丹、黄刺玫、文冠果、江南槐、丁香、紫藤等，5月中旬6月上旬开花的有山楂、太平花、白玉堂、玫瑰、月季、洋槐、江南槐等，6月中旬开花的花木、就逐渐稀少，有珍珠梅（6月中旬~7月中旬）、紫薇（7月中旬~9月下旬）、木槿（7月下旬~9月下旬）、合欢（6月中旬~7月下旬）、凌霄（6月下旬~9月下旬）。至9月下旬以后，就没有什么开花的花木了。

从落叶树的荣枯和叶色的季相变化来看，北京4月上旬最早发叶的乔木为柳树、青杨、山桃等；发叶和形成树冠最晚，要到5月中旬才发叶的乔木有：合欢、洋槐、桑、枣、黄连木（楷树）、板栗等；落叶最早，在10月下旬就开始落叶的乔木有：白腊、枣、臭椿、小叶杨、胡桃、柿、栗、合欢等等；落叶最晚，迟至11月中下旬落叶的乔木有七叶树、毛白杨、皂荚、柳树、朴树、苹果等；其中发叶早，落叶晚的有柳树、苹果、杨树等；发叶晚落叶早的乔木有：合欢、枣、柿、臭椿、白腊、君迁子、板栗、胡桃、桑等。

落叶树一年四季的叶色变化，也是很丰富的。春天，柳树的新叶是鹅黄色的，青杨的新叶是嫩绿色的，黄连木的新叶是嫩红色的，栓皮栎的新叶是土黄色的；至盛夏钻天杨、加拿大杨的叶色是墨绿色的，毛白杨、银白杨、桂香柳的叶色是粉绿色的，杨柳、合欢、洋槐的叶色是草绿色的；至秋季，从10月中、下旬起，银杏、白腊、钻天杨的叶色变为金黄色，平基槭、黄栌、野漆、柿子、山楂、大果榆、梨、黄连木、小檗、地锦等叶色变为暗红或橙色，槲树、板栗、栓皮栎等叶色变为灰褐色。

在果实方面，从5月中下旬起红了樱桃，8月中旬起紫了葡萄，从8月下旬起，海棠果熟了，到了9月中、下旬，艳红的苹果和紫红的山楂挂满了树梢，9月下旬10月上旬，橙色的柿子在树顶闪着耀眼的光芒。

所以园林中的许多植物，从开花到结果，从展叶到落叶，像交响乐一样，刻刻变化着。从色彩、光泽和体形，都像音乐一样流动着。从大型的风景区，到小型的花园的规划，从大型密林疏林到小型花坛花境的植物搭配，在季相构图上，都要做到不能偏荣偏枯，一年四季，要做到有序曲、有高潮、有结尾。每一个园林，每一种种植类型，在季相布局上，应该各有特色，应该各有不同的高潮。有的园林，可以春花为高潮，有的园林，可以秋实为高潮。

在具体的植物搭配上，早春黄连木的嫩红新叶与嫩绿的青杨搭配起来，白色的珍珠花（*Spiraea thunbergii*）与大红的贴梗海棠搭配起来，金黄的连翘与红色的榆叶梅搭配起来，5月间黄色的棣棠、黄刺玫与紫色的丁香搭配起来，可以得到季相的华丽对比，在一个树林或是一片混交的密林，要把此起彼落的色彩交替安排好。为了把季相构图安排好，每一地区，对于园林植物的物候期，应该有详细的记录。

在园林季相构图中，既要做到“春季早临”，又要挽留秋色晚归。在北京地区，就总的情况看，4月上旬，从柳树和青杨绿了、碧桃和榆叶梅开花起，展开了季相构图的早春序幕；从4月下旬到5月下旬，开花的植物愈来愈多，季相构图发展到群芳争艳，百花齐放，春色满园的高潮；从9月下旬到10月下旬，进入硕果累累，霜叶如火的丰收景象，作为季相构图的最后结束。

在园林系统规划时，如城乡住宅街坊、机关学校、工矿企业、广场街道、别墅、休养疗养所等大小园林，及区域性公园，应该做到四季美观，重点照顾春秋两季。全市性公园，则在一般地区，仍然要照顾四季美观，以满足附近居民的需要，但全园在季相构图上，必须有其与其他全市性公园所不同的特色。例如杭州西湖风景区四周的风景点的规划，在季相布局上，就各有其特点，孤山以初春的梅花为主，曲院风荷以夏季的荷花为主，花港观鱼以暮春的牡丹为主，苏堤春晓以早春的桃花为主，雷峰夕照以晚秋的红叶为主，满觉陇以中秋的桂花和板栗为主。

在森林公园和天然风景区各风景点，不必要求四季照顾反而以特出季节特色，更能吸引游人，例如杭州满觉陇，到了中秋，桂子飘香，板栗成熟，大量游人，蜂拥而来。

在大型的公园中，在进出口，游人集中的公共建筑附近，构图中心等地区，要求四季美观，在安静休息区的大面积地区，可以与专类花园结合起来，规划许多具有季节性特色的专类景区，使园林的构图中心，随着季节的推移而轮换。

季节性的风景点，季节性的园林局部，面积不能太小，因此在发展生产上，有重要的意义。杭州附近最吸引游人的季节性园林一有初春超山的梅花，那里是满山满谷的梅林，生产梅子，在重点地方，栽植若干重辨的花梅，每年的收益十分巨大。第二处就是中秋满觉陇的桂花和板栗，桂花和板栗的收益也是很大的。

夏季的季节性园林，可以以荷花为主题，荷花的收益是很大的，春季可以用生产香精的玫瑰为主题，建立玫瑰园。生产水果的苹果、海棠、梨等为主题，春季可以观花，秋季可以观果。秋季红叶黄叶为主题的季节园林，可以以乌桕、柿子、银杏、山楂、板栗等为主题，既有生产，又能观赏红叶黄叶。只有与生产密切结合，季节性的风景点才有可能发展起来。

除了规划以外，季相交替，在各种种植类型的安排上，也十分必要。

同一个花坛，有一年四季的季相安排，同一个花境，同一个花群，同一个条林带，同一片疏林或密林，同一条园路的路旁栽植，同一个建筑四周的种植设计，都要安排一年四季的季相构图，不能一季开花，一季萧条，呈现偏荣偏枯的现象。同时各种种植类型的季相设计，必须根据植物生长期的物候期和生态要求设计。各种种植类型的具体季相设计，在各类种植设计中去详细讨论。

第四章　园林色彩布局

一、色彩的概念

色彩：日常语言中所指的“色彩”一词，系指所有可见波长的色光，在我们视网膜上所引起的一切色觉，不论其色相如何、色调如何、饱和度如何，统统称为色彩。白色、灰色、黑色，是物体对日光中各种色光全部反射，等量部分反射及全部吸收时所呈的现象，这种现象，通常称为无色。

色相：在日光的可见光波长的范围以内的各种一定波长的单色光，都能引起我们的“色觉”，单色光的波长不同，色觉也就不同，单色光能引起我们相应色觉的属性，我们就称为该色光的色相。例如波长为0.52微米的单色光，能引起我们绿的色觉，那么，绿色就是这种色光的色相。

色度：色度也称为色相的纯度，或饱和度。以太阳光波中其一波长单色光的“光流量”作为标准，称为饱和的光流，这种某一色相饱和的光流量，如果没有被其他色光中和，或没有被其他物体吸收时，所引起的色觉，便是“饱和色相”或“纯色”。

色调：色调也称为调子，或色相的明度，某一饱和色相的色光，当被其他物体吸收，或被其他相补的色光中和时，就呈现该色相各种不饱和的色调。同一色相，可以分为明色调、暗色调和灰色调。

亮度：有时也称为光度，色相的亮度，是指各种饱和度相同而波长不同的色光，对人眼所引起的主观亮度是不相同的，人眼对不同色光的敏感度是不相同的；色相亮度，还随着人眼的白日视觉和黄昏视觉之转变而有所不同。例如白日视觉，绿色亮度最强，亮度顺序为：绿、黄、橙、青、红、紫。黄昏视觉色相亮度的顺序为：青、绿、蓝、黄、橙、紫、红。

二、色彩的感觉

色彩对人们的感觉是极为复杂的，这与园林色彩构图关系很密切，必须对它有所了解，如果形而上学地，孤立地先从色彩这一角度钻牛角尖时，往往会得出互相矛盾的结论。如同样的红色有人看后很兴奋，觉得它有象征革命、热情、欢腾、强烈、勇敢、喧闹、浓艳的意味；而有人看后很害怕，感到恐怖、骚动与不安。因此，我们去研究色觉时，一方面要从色彩本身容易引起人们思想感情的客观反映和一般规律出发，另一方面又必须和具有色彩表现的物体和艺术品的内容及思想主题，人们的联想影响，艺术传统的影响，民族的喜好，阶级感情的不同联系起来综合考虑，才能正确的理解。

我们看到鲜红的石榴花和鲜红的血迹，感受绝不相同，就是与物体的内容联系起来有关；我们民族习惯以素服黑纱表示对死者的哀悼，以白和黑表示悲痛的气氛；而前苏联欧洲民族习惯，以红和黑表示哀悼和悲痛；日本民族习惯，以绿色表示哀悼和悲痛，这就与民族风俗习惯有关。再举红旗为例，革命的人民看到后，莫不精神抖擞，情绪高昂，把它当成革命、光明、幸福的象征，而反动派看到后，感到恐惧、丧胆、毁灭，这就与阶级情感分不开。

下面把色觉的一般规律，作简单的介绍以供在处理园林的色彩构图时做参考：

（1）色彩的温度感觉

属于橙色系的色相，由于色光的波长较长，伴随的温度效应高，如红外线能产生高温，所以波长大的色光所引起的色觉也引起我们高温的感觉，另外加上我们日常生活中对火光、阳光的联想也增加对橙色系的热感，所以橙色系又称暖色系。

属于青色系的色相，由于色光的波长较短，伴随的温度效应低，所以波长小的色光也引起我们低温的感觉，加上我们生活中，对冰色、水色、夜色、阴影的联想，使我们对青色系产生冷感，故青色系又称为冷色系。在色轮中，以橙色为中心的一半色彩为橙色系，以青色为中心的一半色彩，称为青色系。

一切色相均有暖色和冷色之分，色相中的绿色，在温度感觉上居于暖色与冷色之间，温度感适中，故有“绿杨烟外晓寒轻”的诗句，对绿色形容的很确切。

在园林中运用时，春秋宜多用暖色花卉，严寒地带更宜多用，而夏季宜多用冷色花卉，炎烈地带多用了，还能引起退暑的凉爽联想。在公园举行游园晚会时，春秋可多用暖色照明，而夏季的游园晚会照明宜多用冷色。

实际运用时，如春秋想多用暖色花卉，而材料有限，或夏季想多用冷色花卉而种类少，在这种情况下，可加配白色的花，因白色具有加强邻近色调的能力，又不会引起减暖冷的作用，另外对比的两个补色配在一起时，温度感觉可以中和，例如早春将冷色的花卉（紫色的三色堇、紫色鸢尾等）与橙色花卉（金盏菊、黄色的三色堇）配合则不觉寒冷。

（2）色彩的距离感觉

由于空气透视的关系，暖色系的色相在色彩距离上，有向前及接近的感觉；冷色系的色相，有后退及远离的感觉。大体上同一色相饱和度大的则近前，饱和度小的则退远，同一色相最明色调及最暗色调近前，灰色调则退远，饱和的两个补色配在一起，色面的主观距离接近。

在园林中运用如实际的园林空间深度感染力不足，为了加强深远的效果，做背景的树木宜选用灰绿色或灰蓝色的树种，如毛白杨、银白杨、桂香柳、雪松等。

（3）色彩的运动感觉

橙色系色相伴随的运动感觉较强烈，而青色系色相伴随的运动感较弱，中性的白光照度愈强运动强烈，灰色及黑色的运动感觉逐步减弱，白昼色彩的运动感觉强，黄昏则较弱。

橙色系易引起骚动的感觉，青色系易引起宁静的感觉。

同一色相的明色调运动感强，暗色调运动感弱。

同一色相饱和的运动感强，不饱和的运动感弱。

亮度强的色相运动感强，亮度弱的运动感弱。

互为补色的两个色相组合时，运动感最强烈，两个互为补色的色相共处在一个色组中，比任何一个单独的色相，在运动感上要强烈得多。

在园林中运用，如在文娱活动场地附近宜多选用橙色系花卉色相对比强，大红、大绿色调的成分多，以烘托欢乐活跃、轻松、明快的气氛；而在安静休息处和医疗地段附近，就不宜多选对比过于强烈的花卉，以免破坏安静的气氛。

（4）色彩的方向感觉

橙色系的色相，有向外散射的方向感，青色系的色相有向心收缩的方向感。白色及明色调呈散射的方向感；黑色及暗色调，呈吸收的方向感；亮度强的色彩呈散射的方向感，亮度弱的色相呈吸收的方向感。饱和的色相较不饱和的色相散射方向感为强；饱和的两个补色配置在一起，方向呈较强烈的散射。

在园林中运用时，如在草坪上布置花坛或花丛等，宜选用白色的、饱和色的、亮度强的色彩的花卉种类，这样可以以少胜多与草坪取得均衡。

（5）色彩的面积感觉

运动感强烈、亮度强、呈散射运动方向的色彩，在我们主观感觉上有扩大面积的错觉，运动感觉弱、亮度低呈吸收的运动方向的色彩，相对地有缩小面积的错觉。

橙色系的色相，主观感觉上面积较大，青色系的色相主观感觉上面积较小。

白色及色相的明色调主观感觉上面积较大，黑色及色相的暗色调，主观感觉上面积小。

亮度强的色相，面积感觉较大，亮度弱的色相，面积感觉小。

色相饱和度大的面积感觉大，色相饱和度小的面积感觉小。

互为补色的两个饱和色相配在一起，双方的面积感更扩大。

物体受光面积感觉较大，背光则较小。

园林中水面的面积感觉比草地大，草地又比暴露的土面大，受光的水面和草地比不受光的面积感觉大，在面积较小的园林中水面多。园林的色彩构图，白色和色相的明色调成分多，也较容易产生扩大面积的错觉。

（6）色彩的重量感觉

不同色相的重量感与色相间亮度的差异有关，亮度强的色相重量感小，亮度弱的色相重量感大。

红色、青色较黄色、橙色为厚重。

白色的重量感较灰色轻，灰色又较黑色轻。

同一色相中，明色调重量感轻，暗色调重量感最重；饱和色相，比明色调重，比暗色调轻。

色彩的重量感对园林建筑的设色关系很大，一般说来，建筑的基础部分宜用暗色调，显得稳重，建筑的基础栽植也宜多选用色彩浓重的种类。

三、色彩的空气透视与色消视

同样的红色，近距离看和远观，给人的色光感也是有变化的，这是因为人们通过很厚的空气层，透视远处的色彩时，产生了色彩的空气透视所致。

由于空气的分子散射，在天气晴朗清澈无尘的空气是蓝色的，透过空气层的阳光，有一大部分短波长的青、兰、紫色光被散射到空气中，一切远景都笼罩了一层透明的蓝色的空气层，好像在远景前方挂了一幅透明的蓝色的帷幕，所以远景便呈蓝色。在舞台设计时，为了表现布景的空气深度，常常在布景的前方，挂上一层蓝色的透明轻纱，使观众神往于风景深远的幻觉。

在园林中通过一片水面来看远方景物，尤其在早晚空气湿度大，水面有薄雾时，景物有退远的错觉，色彩对比也较柔和。

白天当人们顺着阳光正面或者是背光欣赏远景时，距离愈远，彩色物面反射到眼中的色光，因为要透过很厚的空气层，所以色光本身也容易受到空气中微粒的散射，而大大减低其亮度，同时空气层愈厚，蓝色愈深，所以景物愈远愈倾向于蓝色，我们看最远的远山与天空的蓝色不易分辨，结果是远景受光物面，除减弱其原色相饱和度外，尚倾向于蓝色。即远景受光部分为减退饱和的原色相，加空气的色相之混合色，而背光的阴影部分，则全部反映空气的蓝灰色，远景背光处及阴影处的色光，全部为空气的散射所填，表现的蓝色较受光处更饱和，更明显。

清早和黄昏的情况，因为空气的散射光短波长色光很弱，透过的阳光呈红色和橙色，同时受光的物面，反射的也以红光为主，所以远景看起来，受光处呈亮红紫，背光处呈蓝紫色。唐诗："坐爱枫林晚"就是描写秋天红色的枫林，在傍晚投射了太阳光的红光，格外显得红润可爱的情景。北京的香山，红叶多分布在东坡，以早晨或午前，有阳光照射时，效果最佳。

色消视：景物愈远，受光物面所反射的色光，因为要透过很厚的空气层，受到微粒的散射，所以亮度就减弱，色相的饱和度也大大减低，最后便为空气本身的色彩所淹没，这样景物的色相由于距离增加而消失的现象，称为色消视。故当景物愈远，色相的饱和度愈减低，色相的对比愈不朝明，色彩的运动感也随之减缩，色彩显得容易调和；而景物愈近，则色相愈饱和，亮度愈强色相的对比也愈强，色相的运动感也强烈。

暗色调的色彩愈远就愈增加其明度，最后变为与空气同色的明灰色调；明色调的色彩，愈远就愈减低其明度，最后也变为与空气同色的明灰色调。

总的说来，远景在色调上是明朗的，没有重的暗色调，在色调的对比是缓和起来了，色相的饱和度是减退了，远景的色相与色调最后与空气同色，但空气的色彩又随着日光投射的方向和角度而有所改变。

了解了色彩与空气透视的关系，可以有意识的利用它来丰富园林景色的变化和增加艺术美感，如唐人钱起诗："竹怜新雨后，山爱夕阳时"就道出了雨后和傍晚时看那些景物能引人入胜。另外，如果在园林风景中，要强调空间的深远，在布置园林景物，尤其是种植植物时，就可以考虑作为近景的植物宜选光暗对比强烈（如大叶类的法国梧桐），叶色属于明色调和色相饱和的种类；而作为远景的植物，宜选光暗对比柔和（如细叶类的柳树）叶色属灰色调和色相不饱的种类；如近于灰蓝色调的云杉、山杨、银白杨、桂香柳等作为远景或远方背景，可以加强空间的深远感。

但为了强调远方主景或焦点，使主景有突出前方的感觉时，则可以用饱和补色对比的色相，去装饰远景，看起来距离就会拉近。

四、组成园林色彩构图的因素

色彩是物质的属性之一，因此，组成园林构图的各种要素的色彩表现，就是园林色彩构图，归类起来，也可分为三大类，即

（1）天然山石、土面、水面及天空的色彩；

（2）园林建筑、构筑物、道路、广场、假山石等的色彩；

（3）园林植物和动物的色彩。

其中以园林植物的色彩最为丰富多变。

（一）天然山石、土面、水面及天空的色彩

天然山石及天空的色彩都是天然形成的，不是园林工作者所可以任意塑造的。

在某些情况下，天然的山石和天空的色彩往往成为园林色彩构图的重要因素，故我们必须对这些素材的色彩表现的特点和它在园林的运用有所了解，才能有意识地加以利用，使它们在园林色彩构图中起到应有的作用。

天然山石、土面和天空的色彩，在园林色彩构图中，一般都是拿它当背景来处理的，以远看为主，常见的天然山石的色彩多属灰白、灰、灰黑、灰绿、紫、红、褐红、褐黄等为主，大部分属暗色调，少数属明色调，如汉白玉、灰白的花岗岩等。因此，我们在以山石为背景，布置园林的主景时，无论是建筑或植物等，都要注意与山石背景的色彩要能起对比和调和，大体上在暗色调山石为背景布置主景时，主景的主体物的色彩宜采用明色调，容易起到好的作用。如浙江一带山上建的庙宇，外墙都涂成橙黄色，与山林的暗灰绿色有比较明显的对比，看起来很美观。另拿香山的碧云寺为例，碧云寺的红墙、灰瓦和白色的五塔寺与周围山林的灰黑、暗绿色，有明显的对比，远远就映入游人的眼里，吸引人们前往观看，而香山里面有一绿色琉璃塔，虽然在明度上与四周的山林有变化，但因在色相上比较类似，就不及碧云寺那样容易被人发觉和引人注目。在园林里，除特殊情况外，很少单纯成片裸露的天然山石作为背景，而是与植物配合在一起。山石形态色彩好的要显露出来，一般的或不好的尽可能披上绿装，远山的色彩，因空气透视关系，一般呈灰绿、灰蓝、紫色相，对比不明显，比较调和。

天空的色彩大家很熟悉，晴天以蔚蓝色为主，多云的天气以白灰为主，阴雨天以灰黑色为主，以早晨和傍晚天空的色彩最为丰富多彩，故早霞和晚霞往往成为园林中借景的对象之一，天空的色彩大部分以明色调为主，故在以天空为背景布置园林的主景时，宜采用暗色调为主，或者与蔚蓝色的天空有对比的白色、金黄色、橙色 、灰白色等，不宜采用与天空色彩类似的淡蓝、淡绿等颜色。天空的蔚蓝色彩由于空气透视的关系，越接近地平线越浅，渗入白色和黄色的成分越多，在园林和广场上设青铜像时，多以天空为背景，效果较好。北海的白塔和天安门广场上的人民英雄纪念碑，以天空为背景，因仰角大，晴天效果比较好。叶色暗绿的树种如油松、椴树等，种在山上以天空为背景，效果也好，如颐和园后湖的油松等。

在实际运用时，还要考虑到地方的气候特点，如阴雨天多的地方，以天空为背景的景物就不宜采用灰白的花岗岩。

水面的色彩，除本身发蓝，但其发蓝程度与水质的清洁和水深有关之外，主要是反映天空及水岸附近景物的色彩。水平如镜水质很清的水面，由于光和分子的散射，它所反映的天空和岸边景物的色彩，好像透过一层淡蓝色的玻璃而显得更加调和及清晰动人，而在微风吹来，水波荡漾的时候，景物的轮廓线虽然不清楚，色彩的表现却更富于变幻，同时能引起人们的巨大的艺术感染力，如看江中夜月比抬头看天空的月亮更耐人寻味。

园林中水面的色彩表现贵在水质的透明程度，水质透明度大，能清澈见底，那是最好不过，这要在有泉源或有自来水源的小池沼和溪流比较容易做到，在大的自然水面一般不易做到，故对大水面也只要求有适当的透明度就可以，要做到这一点就要控制水藻类的生长和污水的污染。如果园林中的水面污浊不清，就会大大降低风景效果，如颐和园的水面比北海的和陶然亭的水面水质清，给人的感受也就更好。

在以水面为背景或前景布置主要景物时，应着重处理主景与四周环境和天空的色彩关系。

（二）园林建筑、构筑物、道路、广场、假山石等的色彩

这些园林要素在园林构图中，所占的比重一般来说不是很大，但由于这些园林要素和人们的生产生活游憩等活动，关系极为密切，往往是游人在园林游览活动最频繁的场所，故这些园林要素的色彩表现对园林色彩构图，起着重要的作用。另外，用于这些园林要素都是人工建造的，色彩可以由人工来设置，故又是园林工作者，可以匠意独运的广阔天地之一，在实际工作中，一方面要掌握构成这些要素的各种材料的色彩表现，才能用起来得心应手；一方面也应就地取材为主。

园林建筑、构筑物（包括纪念性构筑物、雕塑等）的色彩是构成这些对象美观与否的因素之一，如果色彩选配得当，可达到锦上添花的效果，反之，如不加注意，将会大大损坏这样对象给人的美感。

一般来说，在设色时，可以注意以下几点：

（1）与园林环境的关系既要取得协调又有对比，在水边宜取米黄、灰白、淡绿、以雅淡和顺为主，山边宜选取与山色土壤露岩表面相近的色彩，以取就协调或有对比，在绿树丛中，宜用红、橙、黄等暖色调或在明度上有对比的近似色。

纪念性构筑物，雕塑的色彩则宜选与四周环境与背景有明显的对比效果较好，因这些对象一般色面较小，对比虽强烈，但也容易调和。

（2）要结合所在地的气候条件来考虑设色，在炎热地带应少用暖调，而在寒冷地带宜少用冷调。

（3）园林建筑和构筑物的设色应能表达功能效果，做到表里一致，形式与内容统一，以表示其应有的风格，如游憩性的园林建筑、亭榭、廊、茶室等的设色，以能激发人们愉快、活泼、兴奋、动人、安静等的思想情绪比较相宜，从一个建筑和构筑物本身来说，则要照顾到因所处的部位不同，其设色也要慎重对待。

（4）适合群众的爱好，我国南北各地人民群众对色彩的选择和爱好有共同的优良传统，也存在地方色彩的差异，故在考虑园林建筑等的设色时，也要走群众路线，根据一般反映，暖色调是大家所喜欢的。如北京 1959 年兴建的十大建筑，都是采用淡色暖调为主，光彩动人，为大家所称赞。

道路、广场与假山石的色彩：园林中的道路、广场与假山石的色彩，多般为灰、灰白、灰黑、青灰、黄褐、暗红等色，色调比较暗，沉静，这也与材料有关，在运用时，也要注意与四周环境相结合的关系。一般说来，不宜把道路、广场处理

得很突出、刺目，而处理成比较温和和暗淡。如在自然式园林的山林部分，宜用青石或黄石（黄褐色）的路面，而在建筑附近，可用青色的水泥和灰黑的沥青路面，通过草坪的路面，宜采用留缝的冰梅纹石板路面。

假山石的色彩宜选灰、灰白、黄褐为主，能给人以沉静、古朴稳重的感觉。如果因园林材料限制，可利用植物巧妙地配合，以弥补假山石在色彩上的缺陷。

（三）园林植物和动物的色彩

在园林色彩构图中，动物是少数，有的园林没有动物，故可以不去考虑。不过对豢养了一定数量的动物的园林来说，就要注意到这些动物的色彩与四周环境的关系。宜有明显的对比，能起到点缀丰富园林的色彩构图。

园林植物是园林色彩构图的骨干，也是最活跃的因素，如果能运用得当，往往能达到美妙的境界，许多名胜古迹的园林，因为有园林植物四季多变的色彩，而构成难能可贵的天然图画，如北京的香山红叶，对提高风景评价起了一定的作用。

关于园林植物的配色问题将在下面探讨。

五、园林色彩构图的处理方法

在园林中处理色彩构图的方法，常用的有以下几种：

（1）单色处理

特点就是做主景的植物、建筑物、雕刻物或其他构筑物本身的颜色与背景的颜色基本相同。在这种情况下，只着重体形的对比，单色处理，多应用在主景形态轮廓丰富及要求配景色彩简洁的园林局部，给人的感受是单纯、大方、宁静、豪迈、有气魄。

（2）多色处理

特点是对组成景物的群体运用多种多样的颜色。例如红石板花架柱子配上白色的花架，栽以淡绿色的紫藤和暗绿色的针叶树为背景。多色处理由于色相和明暗有对比，给人的感受显得比较生动活泼。

（3）对比色处理

对比色的处理因色相明暗对比很强烈，给人的感受是兴奋突出、运动性大、运用不好容易产生失调或刺目。

（4）类似色和渐层处理

特色是从一种颜色逐渐变到另一种颜色的深浅色处理，多用于同一空间的景物相互过渡以取得协调的处理，因色相明暗变化和缓，给人的感受也比较柔和、安静。

具体到观赏植物的配色见下节。

六、观赏植物的配色

（一）观赏植物补色对比的运用

在园林中，无论在种苗价格及养护费用上，花木和花卉比一般的树木及草地，都要昂贵一些，所以花卉和花木在植物比例中，总是占最少数的。为了发挥最少植物的最大艺术效果，花木与花卉装饰中，应该多用补色的对比组合，相同数量补色对比的花卉较单色花卉在色彩效果上要强烈得多，尤其是在灰色的铺装广场上，灰色建筑物前，作用更大，把一些常见对比色的花木和花卉举例如下：

主要为同时开花的，黄与紫的、青与橙的花卉配合在一起。

春季有：

紫藤（*Wistaria sinensis*）与黄刺玫（*Rosa xanthina*）或金盏菊（*Calendula officinalis*）。

三色堇（*Viola tricolor*），黄色的品种与紫色的品种的对比。

紫色三色堇（*Viola tricolor*）与橙色或黄色金盏菊（*Calendula officinalis*）。

鸢尾（*Iris*）种间或品种间黄色与紫色的混合配植。

蓝色的中国鸢尾（*Iris tectorum*）与羊踯躅（*Rhododendron molle*）的对比。

蓝色海葱（*Scilla*）与金盏菊（*Calendula officinalis*）的对比。

蓝色风信子（*Hyacinthus orientalis*）与喇叭水仙（*Narcissus pseudo-narcissus*）的对比。

郁金香（*Tulipa* sp.）品种间灰黄与青紫的配合。

青色矢车菊（*Centaurea cyanus*）与橙色花菱草（*Eschscholtzia californica*）的对比。

夏季有：

玉蝉花（*Iris kaempferi*）与萱草（*Hemerocallis fulva*）的对比。

桔梗（*Platycodon grandiflorum*）与黄波斯菊（*Cosmos sulfureus*）的对比。

粉萼鼠尾草（*Salvia farinacea*）与一枝黄花（*Solidago serotina*）的对比。

蓝色藿香蓟（*Ageratum conyzoides*）与黄波斯菊（*Cosmos sulfureus*）的对比。

在受光的亮绿色草地，浅绿色受光落叶树前面，栽植大红的花木或花卉，亦能得到鲜明的对比，例如在草地上栽植大红的碧桃（*Prunus persica* var. *rubra-plena*）、大红的美人蕉（*Canna*）、大红的紫薇（翠薇）（*Lagerstroemia indica* var. *rubra*）都能得到很好的对比效果，但是大红花卉如果与暗绿的常绿树配植，或与背光的草地与树丛结合，最好加上大量的白花，则能使对比活跃起来。

例子是举不胜举的，要很好地掌握花卉色彩的组合，必须有物候期花期的记录，发现有优美色彩组合的花卉，而又在同时开花时，必须立即记录，脱离开具体季节，具体地域来考虑花卉的色彩组合是十分困难的，所以观赏植物的构图是建立在生物学基础上的。

（二）邻补色对比观赏植物的应用

在花卉中，除补色对比外，可以应用邻补色对比亦能得到活跃的色彩效果。

金黄与大红的五色苋（*Telanthera bettzickiana*）（夏季毛毯花坛用）。

黄色与大红的美人蕉（*Canna*）（夏季）。

青色蝴蝶豆（*Clitoria ternatea*）与大红槭叶鸟萝（*Quamoclit sloteri*）。

橙色的金盏菊与紫色的三色堇。

大红美人蕉与蓝色的大八仙花（*Hydrangea macrophylla* var. *hortensia*）或蓝色的桔梗（*Platycodon grandiflorum*）。

大红的与金黄的半支莲（*portulaca grandiflora*）。

凡同时开花，金黄与大红、大红与青色、橙与紫的花卉，都是邻补色对比的花卉，品种多的花卉，如月季、大丽菊、唐菖蒲、郁金香的品种，也都能找到邻补色对比的花卉。

（三）冷色花卉与暖色花卉运用

夏季炎烈的地区，要多利用冷色花卉，在花卉中蓝色与青紫色的花卉冷感最强；但是这种颜色的花卉极少。尤其是木本植物中，有青色花朵的，是极为稀少的。

常见的仅有：

长春蔓（*Vinca major*）（长江流域以南可以露地栽培）。

大八仙花（*Hydrangea macrophylla* var. *hortensia*）（长江流域以南露地栽培）。

蓝雪（*Ceratostigma plumbaginoides*）（亚热带、热带、露地可栽）。

西番莲（*Passiflora* sp.）（亚热带、热带）。

在华北青花的木本植物几乎没有。所以在观赏植物的引种与育种工作上，应该注意这个问题。

草本植物方面，有青色花朵的，在华北可以栽培的，就比较多。

乌头属（*Aconitum*）（*A. napellus* var. *bicolor* 淡青、*A. fischeri* 深青、*A. napellus* 深青、*A. chinensis*）

百子莲（*Agapanthus umbellatus*）（温室）

牛舌草属（*Anchusa*）

兰矢车菊（*Centaurea cyanus*）

钟花属（*Campanula*）（*C. medium*、*C. persicifolia*、*C. carpatica*、*C. pyramidalis*、*C. versicolor*）

蝴蝶豆（*Clitoria ternatea*）

飞燕草属（*Delphinium*）（*D. grandiflorum*、*D. ajacis*、*D. elatum*、*D. formosum*、*D. Coltorum*）

龙胆属（*Gentiana*）

风信子（*Hyacinthus orientalis*）

兰牵牛（*Ipomoea nil*）

鸢尾属（*Iris*）

六倍利（*Lobelia syphilitica*）

宿根亚麻（*Linum perenne*）

羽扇豆属（*Lupinus*）（*L. polyphyllus* var. *bicolor*、*L. polyphyllus*、*L. perennis*）

葡萄百合（*Muscari botryoides*）

赛亚麻（*Nierembergia frutescens*）

勿忘草（毋忘我草）（*Myerembergia scorpioides*）

桔梗（*Platycodon grandiflorus*）

海葱属（*Scilla*）（*S. bifolia*、*S. sibirica*、*S. peruviana*）

美女樱（*Verbena hybrida*）

较暖色花卉比较起来，在数量上还是很少的，而且多数都在春季开花，尤其在夏季开花的青色花卉则太少了，大抵上，普通栽培的只有牵牛、桔梗、蝴蝶豆、大八仙花等等，因此，青色花卉如何延迟花期，在花卉培育上也是一项重要的科学研究工作。如何选育夏季开花的青色花卉也很重要，目前唐菖蒲的育种工作中已经出现了蓝色的新品种是很可喜的。

在夏季青色花卉不足的情况下，可以混植大量的白色花卉，仍然不减其冷感。

寒冷地带，春秋宜用暖色花卉，但是春秋尚有大量的青色花卉，不宜与白色配合，亦不宜单独栽植，最好宜与其成补色的花卉混合栽植，则可以减低其冷感，而变为温暖的色调，例如，青色的矢车菊（*Centaurea cyanus*）与橙色花菱草（*Eschscholzia californica*）配合就消除了冷感，但是青色矢车菊与白色矢车菊配合，虽有很好的亮度对比，不过在早春就感觉过分的寒冷，显得不够温暖。

（四）白色花卉的运用

中性色的花卉，除白色以外，其余真正灰色与墨色的花卉是没有的（目前育种工作，如郁金香与唐菖蒲的品种中，也有人致力于灰色品种的育成，菊花及月季，有人致力于黑色品种的育成，在今后是可能的），白色花卉和花木，在观花植物上所占比重很大。

园林景色，喜好明快，如在暗色调的花卉中，混入大量白花可使色调明快起来。

饱和对比补色花卉的混交配合中，混入大量的白花，可以使强烈的对立缓和而趋向于调和的明色调。

暖色花卉中，混入白花不减其暖感，冷色花卉中混入白花不减其冷感。

大红的花木或花卉，在暗绿色的树丛背景之前，色调不够鲜明，或不够调和时，则宜用白色花卉或花木来调和，就普通的举例如下：

早春大红的贴梗海棠（*Chaenomeles lagenaria*）与白色的珍珠花（*Spiraea thunbergii*）配植；大红碧桃（*Prunus persica* f. *rubra-plena*）与白碧桃（*Prunus persica* f. *albo-plena*）朱砂红梅（*Prunus mume* var. *purpurea*）与绿萼梅（*P. mume* var. *viridicalyx*）玉兰（*Magnolia denudata*）与大红山茶（*Camellia japonica*），夏季则银薇（*Lagerstroemia indica* var. *alba*）与翠薇（*Lagerstroemia indica* var. *rubra*）……配合时，效果很好。

花卉中，则白花与大红花卉更不胜枚举，这里就不再详细举例了。

（五）类似色观赏植物的配合

花卉中，如金盏菊（*Calendula officinalis*）与橙色与金黄色两种，如果单纯栽植大片的橙色金盏菊，或单纯的一片金黄色金盏菊，就没有对比和节奏的变化，如果把橙色和金黄色的金盏菊混合起来，成为自然散点式混交的配合，则色彩就显得比单色活跃得多，就觉得格外华丽，例如，大红五彩石竹（*Dianthus chinensis* var. *hedewigii*）、虞美人（*Papaver rhoeas*）、福禄考（*Phlox drummondii*）、凤仙花（*Impatiens balsamina*）、蜀葵（*Althaea rosea*）、金鱼草（*Antirrhinum majus*）、杜鹃（*Rhododendron*）、山茶（*Camellia*）、紫薇（*Lagerstroemia indica*）、蔷薇（*Rosa*）牡丹及芍药(*Peonia*）……，均有很复杂的深浅不同的红色，鸢尾（*Iris*）则有各种深浅不同的紫色及青三色。半支莲（*Portulaca grandiflora*）则有各种深浅不同的红色和深浅不同的黄色，水仙（*Narcissus*）则有深浅不同的黄色，风信子（*Hyacinthus*）则有深浅不同的红色，还有深浅不同的青紫色，郁金香（*Tulipa*）有各种不同的红色和黄色，紫苑类（*Aster*）有各种不同紫色及紫红色，……。

唐菖蒲（*Gladiolus*）、大丽菊（*Dahlia*）、菊花（*Chrysanthemum*），则色彩变化更多，必须很好混合运用，当然，除了混合运用以外，也并不排斥单纯运用。

绿色观叶植物中，叶色的变化也是十分丰富的，萱草（*Hemerocallis*）、玉簪（*Host aventricosa*）的叶色是黄绿色的，长夏石竹（*Diantnus plumarius*）、马蔺花（*Iris pallasii*）是粉青绿色的，书带草（*Ophiopogon japonicus*）、葱兰（*Zephyranthes candida*）则是暗绿深色。各种草地的颜色也不相同，例如，狗牙根（*Cynodon dactylon*）、假俭草（*Eremochloa ophiuroides*）、天鹅绒草（*Zoysia tenuifolia* var.）都略带点黄绿色、结缕草（*Zoysia japonica*）带深绿色、红狐茅（*Festuca rubra*）则带粉青绿色。

木本植物中，大抵上落叶阔叶树带黄绿色，常绿阔叶树带有光泽（有强烈反光）的暗绿色，常绿针叶树带暗绿色，但是，落叶阔叶树中，又有不同，例如，悬铃木（*Platanus acerifolia*）、槲树（*Quercus dentata*）等等，为黄绿色；桂香柳（*Elaeagnus angustifolia*）、银白杨（*Populus alba*）等等，则为银灰绿色或粉绿色，钻天杨（*Populus nigra* var. *italica*）则为深暗绿色。

常绿阔叶树中，大叶黄杨（*Euonymus japonjcus*）则为有光泽的绿色，小蜡（*Ligustrum sinense*）则为缺少光泽的暗绿色，广玉兰（*Magnolia grandiflora*）与枸骨（*Ilex cornuta*）则为有强烈光泽的深暗绿色，蓝桉（*Eucalyptus globulus*）则为粉灰绿色。

常绿针叶树中，雪松（*Cedrus deodara*）与翠柏（*Sabina squamata* cv. *Meyeri*）均为粉绿色，柳杉（*Cryptomeria japonica*）及日本扁柏（*Chamaecyperis obtusa*）等均为浓绿色，桧柏（*Sabina chinensis*）、松类（*Pinus*）……均为深暗绿色。

阔叶树秋季落叶变色的树，叶色是不大相同的。在北方，例如黄栌（*Cotinus coggygria*）为暗红色，平基槭（*Acer truncatum*）为橙色，水曲柳（*Fraxinus mandshurica*）为黄色，银杏（*Ginkgo biloba*）则为金黄色。

这些都是很富于变化的类似色，在配色中必须注意其很细微的变化，这样才可以使色彩富于变化。

总结起来，一个园林设计者，必须很好的细致的记录各种花色和叶色，因为不同种的植物，是不会有相同色彩的花和叶的，所以要详细的加以区别记录。同时不管是植物的花也好、叶也好，都是随着时间而变化其色彩的，在一年四季中变化是很大的，所以不同的季节和时令，必须把同时开花的花色，或同时保持一定色相差异的叶色，成为色彩构图的组合而记录下来，从简单的组合，到复杂的组合，按不同的季节，随时成组的记录下来，以便设计时应用，因为仅仅知道色彩，如果季节不同，纵有很好的色彩构图，也是不可能实现的，因而如果到设计时，仅仅依靠一些零碎的书本资料，是不可能设计很好的观赏植物色彩构图的，这些工作最好在同一地区的植物园内进行，所以园林设计，是有地域性的。

（六）月光下的植物配植

在月光下，红花变为褐色，黄花变为灰白，白花则带着青灰色，淡青色和淡蓝色的花卉则比较清楚。因为举行月光晚会的夜花园，应该多用色彩亮度较强，明度较高的花卉，例如，淡青色淡蓝色、白色、淡黄色的花卉。

所以月光下，花卉的色相是不可能丰富的，为了使月夜的景色迷人，补救色彩的不足，最好多运用具有强烈的芳香植物。

林逋描写梅花的芳香与月光结合的景色有：“疏影横斜水清浅，暗香浮动月黄昏”之句，写尽月夜的动人景色。

自然界的显花植物中，许多虫媒花，由于蛾类都在夜间活动，长期自然选择的结果，许多夜开花，在色彩上大都是白色，淡蓝色或淡黄色，可是都具有浓烈的芳香以吸引昆虫，例如：

夜开花中，各种月见草（*Oenothera*）是淡黄色的，有强烈的芳香，花朵只有在光照极弱的黄昏才展开，晚香玉（*Polianthes tuberosa*），有强烈的芳香，花朵是白色。

木本植物中，如白兰花（*Michelia alba*）、含笑（*Michelia fuscata*）、茉莉（*Jasminum sambac*）、夜香木兰（*Magnolia coco*）、瑞香（*Daphne odora*）、西洋山梅花（*Philadelphus coronarius*）、白丁香（*Syringa oblata* var. *alba*）等等，花都是白色的，而且具有强烈的芳香，蜡梅（*Chimonanthus praecox*）、木犀（*Osmanthus fragrans*），花都是淡黄色的，具有浓郁的香气，尤其木犀，开花正是中秋最明时节，在夜花园中多多应用，最为相宜。

第二篇　园林种植设计

第一章　园林草地及复地植物

一、草地及地被植物在园林中的意义和作用

（一）草地及地被植物的环境保护作用

植物的环境保护作用，在园林的环境保护中，已详细论述，这里只作概括性的说明。

在小气候的改善方面，草地在夏季白天比裸露地面气温要低，在冬季则比裸露地面气温高；草地近地层的空气湿度在白天比裸露地面高，晚上则较低。草地风速比裸露地面降低 10%，所以对小气候的改善，有很大作用的。

许多草地植物及地被植物，具有杀菌素。禾本科植物以红狐茅（*Festuca rubra*）杀菌力最强。草地在修剪时，植物受伤后产生杀菌素的作用更趋强烈。许多其他地被植物，如薰衣草、薄荷、韭菜、风信子等等，也都有杀菌作用。

草地及覆盖植物能大大降低空气的含尘量。而尘土中混有大量的细菌。

草地能减弱城市噪声。

草地及地被植物能减低空气中 CO_2 的含量。

禾本科植物的根系能改善土壤结构，促进微生物的分解活动，促进土壤中有害卫生的有机物无机化。

草地及地被植物，能巩固土壤，减低地表径流，减少水土冲刷，保护露天水体免受污染。

绿色的地被植物，比裸露地面，在阳光照射时，对视觉所起的作用要柔和而卫生。

（二）草地对游人活动的作用

园林中游人，不仅要在室内和室外广场道路上活动，而且也要在露天建筑材料

铺装的道路广场以外的地面下进行活动，活动内容有体育运动、游戏、武术、赛马等积极休息活动；也有散步、阅读、垂钓、日光浴、空气浴、露宿、野餐、欣赏音乐、欣赏风景等安静休息活动。这些活动内容，如果在裸露的地面上进行，不仅不够卫生和清洁，而且也很不舒适，由于裸露的地面要弄脏衣服，扬起大量尘土，因而影响到大量游人在风和日丽的季节，无法在大自然的景色中坐下来浏览景色，因而会使游人得不到应有的休息。

即以北京的颐和园为例，在春假、五一、国庆等节日里，游人如云，在万寿山60公顷的面积里面，最多一天的游人数达到11万人，几乎每6平方米有一个游人，因为没有草地，所以游人几乎找不到可以坐下来休息一会的地方，所有的路上、建筑内、广场上都挤满了人。颐和园要算全国园林中建筑物最多的园林，游人尚且没有休息的地方，如果建筑物稀少的园林，则草地更有重要的意义。

没有草地的儿童游戏场，兴高采烈的儿童，在进行游戏时，满身沾满了尘土，而且灰尘中拥有大量的传染疾病的病源菌，这对儿童的健康是不利的。

铺有草坪的足球场，在比赛中，其扬起的灰尘，仅为裸露球场的1/3～1/6。

园林中如有完善的建筑材料铺装的道路和广场，有铺装完善的园林建筑；如果在其他地面，没有草地的覆盖，则在雨季，不仅游人在游园时泥泞不堪，而且把大量的沾于足上的泥土，带到道路广场上，带入清洁的建筑物内部，弄脏了一切地面，甚至使清洁工作难以进行。在有草地覆盖的情况下，就不会有这种情况。

用草坪来铺装裸露地面，比起用建筑材料来铺装，要算是最经济的一种材料。

许多演出率不高的园林绿化剧场、绿化音乐演奏场，在观众场上，可以用茂密的倾斜草坪代替观众的座位（例如南京中山陵的音乐台，就是一个例子）。运用草坪作为座位，有许多优点。首先是造价低，在露天情况下，比木材的座椅要经久得多；其次是观众人数可以比较机动；同时在不进行演出时，剧场可作为园林风景来欣赏，与四周的自然景色容易调和，使园林建筑与绿化融合起来，富于生意。当然演出率很高，每天有几场演出的剧场，就不能运用这种草坪的观众席。

在露天天然水滨浴场，一般分为水中浴场与滨岸日光浴场两部分。在沿海的天然浴场，其海滨日光浴场为沙滩浴场，但是在水流流速不大的河流湖沼风景区的天然浴场，由于没有沙滩，则可以用草坪作为滨岸的日光浴场。许多比赛的游泳池附近，也可以多设草坪，以供运动员休息。许多游泳池附近，例如北京什刹海游泳池、陶然亭游泳池，用了大量的水泥铺装场地供游泳者休息，但是这种水泥地面在夏季被太阳晒得发烫，不经常洒水，几乎不能立足。如果用草坪代替大部分水泥地面，则要舒适得多，而且造价又比水泥铺装低得多。

（三）草地及地被植物在美观上的作用

简洁的草坪，是丰富的园林景物的基调。如同绘画一样，草坪是绘画的单纯而统一的底色和基调，色彩绚丽，轮廓丰富的树木、花草、建筑、山石等等，则是绘画中的主色和主调。如果园林中没有草坪，犹如一张只画了主调而没有画基调的没有完工的图画。这张未完成的图画，不论作为主调的树木、花草、建筑、地形、色彩如何绚烂，轮廓如何丰富，但由于没有简洁单纯的底色与基调的对比与衬托，在艺术效果上，就显得杂乱无章，得不到多样统一的效果。

明朝杨基咏春草诗有句云：

“嫩绿柔香远更浓，春来无处不茸茸，……
近水欲迷歌扇绿，隔花偏衬舞裙红。”

写出了草地在园林造景中的作用，在北京地区，当垂柳与青杨还没有吐出嫩叶，山桃尚未放花的季节，可是羊胡子草已经在园林图画中，抹上了大笔青翠如洗的新绿，告诉游人，生意蓬勃的春天已经悄悄地来了。

裸露的地面，没有新意，在色彩上显得单调而枯燥，在一年四季中，没有季相的交替变化，因而经常来园的游人，因景色没有变化而感到厌倦。如果在园林中全部裸露的土面上，铺上草地与覆盖植物，这些地被植物，随着季节的变化，春华秋实，荣落交替，就会使经常来园的游人，感到每次来园，都有新意。

（四）草地及地被植物的其他作用

在土壤自然安息角以下的土坡及水岸，草地及地被植物是最经济而合适的护坡护岸材料。

在城市街道、广场等地，经常要维修的地下管道上的地面，用草地铺装，最为方便。

许多预留的建筑基地，在近期用草地或草本地被植物绿化，也最合适。

在地下有工程设施（例如化粪池、油库），其上面的覆土厚度在 30 厘米以内时；或地下为岩层、石砾而土层厚度不到 30 厘米时，只能用草地来绿化。土层厚度在 15 厘米以上时，就可以建立草坪。

综合以上情况，在公共园林中，例如各种公园、动物园、植物园、城市的街道广场上，一切人流量很大的道路广场，要用完善的建筑材料铺装起来，而在建筑、铺装的道路广场以外的一切裸露土面，都应该用草地或覆地植物覆盖起来。

在工厂企业、机关学校、居住街坊、在重点美化部分，也应该做到不裸露土壤，而在一般地区，则应尽量利用土地，种植农作物和蔬菜，把地面绿化起来。如果由于劳动力不足，荒废的土地，或重点地方，无力全部铺种覆地植物，则原来在地上自然生长的野生草本地被植物，从卫生的观点和美化要求来看，也都必须保留下来。一般人流不集中的裸露地面，除荒漠地区，大抵都能自然形成野生植被，虽然不如人工铺设的草坪美观，但比裸露土面，既有利于卫生，又较美观。

许多地方认为野草是孳生蚊子的场所；或者认为野草是不整洁的。由于以上两种偏见，而把对城市居民的保健很有利的地面自然覆盖植物，用许多人工来刮除，这实在是一种错误（实际上蚊子的孑孓是在静止的浅水中孳生出来的，与野草无关）。

（五）园林中草地的涵义

在自然界，某些地区由于降水量少，或气温低，以致森林难以形成，只能生长草本植物群落，如果降水量再减少，或气温再降低，由于生理性干旱加剧，在那种情况下，就连草原也不能形成，只能是一片荒漠了。因而在自然界，在干旱地区，在高寒和北方寒冷地区，存在着大面积的草原。

其次，在自然界中由于生长期短促，土壤瘠薄，温度冷热变化剧烈等原因，也能形成草地。

在降水量和气温都高于草原地带的地区，由于地形条件的作用，若土壤中所含盐类较多，也可以出现干草原，甚至荒漠，在水泛地，也可以出现沼泽性草地。

在森林气候的地区，在植被演替过程中，受人类经济活动的干扰，例如砍伐、火烧、放牧、割草、撩荒等原因，也可以形成草地。

由此看来，只要选择适应地方气候的草种，在园林绿化中，建立草坪，是不会有太大困难的。

自然界的草地和草原，种类很多，是由单子叶草本植物群落形成的，也有由双子叶草本植物群落形成的，那是一种粗糙的自然植被类型。

园林中的草坪，和大自然的草原和草地，在某些意义上，有相类似的地方。但是园林中的草地，是人类为了满足社会物质和文化生活的需要而创造出来的，是人类劳动的产物，因此和自然界的草地和草原也有其根本不同的地方。

西方园林中，草坪的最早应用，就文献可考的，开始于中世纪城堡式庄园和寺院庭园中。那时的草坪，并不像我们今天所应用的完全由禾本科草本植物组成的致密的绿毯状草坪，而是当时牧草地的一种模仿，草坪上缀满了鲜花，草坪的形式，则是规则式的，中世纪的野营帐幕营地，也是利用草地的。

到了16世纪，庄园的范围扩大了，内容也增加了，在一个庄园中又区划为许多局部小花园，除了一般规则式草地以外，还有专门供体育游戏用的滚球场草坪（Bowling Green），今天所指的真正“园林草坪”，在那时才开始出现。在当时，还应用草皮铺在庭园中的小路上的作为园路。文艺复兴时期的意大利庄园，17~18世纪的法国宫苑，已经大量应用规则式的草坪，来布置花坛，这时的草坪，虽然已经开始作为观赏对象，但仍然还要用花卉和灌木来镶边或加工。到了18世纪英国自然式风景园出现以后，草坪的应用就十分广泛，与牧草地相结合的大面积起伏的自然式草坪，开始在园林中大量的应用，这时致密柔软像绿毯一样的草坪，已经不需要用花卉或灌木来装饰，它本身已独立地成为园林中欣赏的主体。

从16世纪开始，草坪就有两种类型，一为观赏性的草坪，一为户外游戏用的草坪。

当时草坪的建立，主要是从高山牧草地上采取种子，草坪主要是由细叶的禾本科植物，如 *Agrostis*（剪股颖）、*Festuca*（狐茅草）、*Aira*（卷毛草）等组成。

前苏联在1715年彼得第一时代，也应用了草坪。

我国草坪在园林中的运用，根据司马相如《上林赋》的描写（“布结缕，攒戾莎”）则在汉武帝的上林苑中，已开始布置结缕草（约在公元前100余年）。到第5世纪末年，根据南史齐东昏候本纪的记载；“帝为芳乐苑，划取细草，来植阶庭，烈日之中，便至焦躁，”那时已有明确的栽植草坪的记载，至第6世纪南北朝梁元帝，有咏细草的诗：“依阶疑绿藓，傍诸若青苔，蔓生虽欲遍，人迹会应开。”则当时已有如绿毯一样的草坪，而且把草坪作为观赏的主体了。13世纪中叶，元朝忽必烈为了不忘蒙古的草地，因而在宫殿内院种植草坪。

到了18世纪热河的避暑山庄，已有面积达500亩左右的疏林草坪（即万树园），系由羊胡子草（*Carex rigescens*）形成的大片绿毯草坪，同时，避暑山庄养了大群驯鹿，就以这片草地作为驯鹿的牧场，同时皇帝又在草坪上演骑、试马、观武、放焰火、观灯、野宴。乾隆曾因为这片草地的美好而专立石碑加以赞美，其中有：“绿毯试云何处最，最惟避暑此山庄，却非西旅织裘物，本是北人牧马场。”等诗句来赞美它。

由此看来，说我国古代园林中没有草坪的说法是错误的。事实恰恰相反，在园林中种植草坪，在我国要算是最早的了，只是到18世纪以后，草坪在我国园林中的应用，没有像西方欧洲许多国家那样普遍和突出而已。

在现代园林中，草地有两种概念：

1. 草地：园林中所称的“草地”，系指广义的草地而言，这样草地和自然界的草地又有所不同，自然界的草地，系泛指一切草本植物群落而言，其中包括单子叶草本植物和双子叶草本植物。包括华丽的花卉，也包括开花不华丽的禾本科、莎草科植物，有单纯的，也有混交的。园林中所指的“草地”，一般系指以开花不华丽的禾本科或莎草科植物为主体，有时也混有少量其他单子叶或双子叶的草本植物，一般植株不高。有单纯的，也有混交的，通常不加剪轧，听其自然生长。园林中设立草地，除了水土保持、防尘、杀菌、美观的目的以外，还有一项重要的任务是为了满足游人的游戏和户外活动的要求，因而草地必须能够经得起游人的踩踏，由于禾本科草本植物特别耐踩的特性，因而园林草地总以禾本科植物为主体。

园林中铺设地面的草本植被，如果是开花华丽的多年生草本植物时，则称为花地，不称为草地，以示区别。

所以园林中的草地，系指以禾本科多年生植物为主体的，通常不加修剪，听其自然生长的草本地被植物而言。

2. 草坪：园林中所指的“草坪”，系指狭义的草地而言。“草坪”有如下一些特征：

草坪主要由绿色的中生禾本科多年生草本植物组成，这种草本植被的覆盖度很大，形成郁闭的像绿毯一样致密的地面覆盖层。

草坪必须有茂密的覆盖度，草坪有了茂密的覆盖度以后，才能在卫生保健上、体育游戏上、水土保持上、美观上，以及促进土壤有机质的分解与生产化等等方面，起到最良好的效果。如果草坪的植株是稀疏的，不能把土面全部覆盖起来，这样的草坪，无论在功能方面或美观方面，都不可能发挥良好的作用。

为了保证草坪永远具有鲜绿的、生气勃勃的、致密的地面覆盖层，草坪必须经常加以割剪，并加以适度的滚压。一般草地，在植物生长高大 15 ~ 18 厘米时，植株间生长不均衡的现象逐渐突出。由于土壤性质的差异，水分及肥力的差异，地形的差异，这种植物间生长不均衡的现象是不可避免的；同时，禾本科草本植物，任其生长，其下半部的组织就逐步衰老，叶片枯黄，失去鲜绿色的外貌；其次禾本科植物达到 15 ~ 18 厘米以上时，其上半部的枝叶，常常会发生下垂和倒状的现象，这样也就破坏了平整如地毯一样的外貌。由于以上种种原因，如果草地任其生长，不加割剪，就不可能永远保持致密的、鲜绿的毯状地面覆盖层。

如果把草地经常加以割剪，则植物的生长点降低，临近地面的覆盖层永远是鲜绿而生意旺盛的。草坪经常割剪，不但可以长久保持鲜绿致密的外貌，割下来的草还可以喂鱼，禾本科植物受剪以后，杀菌素的作用加剧，对环境卫生也能起到良好的作用。

在自然界，只有在撂荒地火烧迹地或经过放牧的草原，才能出现这种绿毯状的草坪，动物的放牧，代替了割草机的作用。在其他情况下，就不可能出现这种毯状致密的草坪。所以“草坪”是专指园林中，人们为了进行游憩活动而专门建立的经常割剪的致密绿毯状的禾本科草本植被而言的。

草坪为了保证其毯状外貌除适度修剪以外，还要加以适度的滚压。根据试验，适度的踏压，对减低草坪的高度，增加地上匍匐茎的分蘖，形成草坪茂密而低矮的毯状外貌是有利的。当然游人很多的草坪，就不必滚压。

二、园林中各种草地的类型

（一）根据草地和草坪的用途

1. 游憩草坪：供散步、休息、游戏及户外活动用的草坪，称为游戏草坪。一般均加以刈剪，在公园内应用最多。

2. 体育场草坪：供体育活动用的草坪，如足球场草坪、网球场草坪、高尔夫球场草坪、木球场草坪、武术场草坪、儿童游戏场草坪等等。

3. 观赏草地或草坪：这种草地或草坪，不允许游人入内游憩或践踏，专供观赏用。

4. 牧草地：以供放牧为主，结合园林游憩的草地称为牧草地，普遍多为混合草地，以营养丰富的牧草为主，一般多在森林公园或风景区等郊区园林中应用。

5. 飞机场草地：在飞机场铺设的草地。

6. 森林草地：郊区森林公园及风景区在森林环境中听其自然生长的草地称为森林草地，一般不加割剪，允许游人活动。

7. 林下草地：在疏林下或郁闭度不太大的密林下及树群乔木下的草地称为林下草地，一般不加割剪。

8. 护坡护岸草地：凡是在坡地，水岸为保护水土流失而铺的草地，称为护坡护岸草地。

以上许多类型的草地中，其中以游憩草坪、体育场草坪和观赏草坪为园林中草地的主要类型。

（二）根据草本植物组合的不同

1. 单纯草地或草坪：由一种草本植物组成，例如结缕草草坪、狗牙根草草坪等。

2. 混合草地或草坪（或称混交草地）：由好几种禾本科多年生草本植物混合播种而形成，或禾本科多年生草本植物中混有其他草本植物的草坪或草地，称为混合草坪或混合草地。

3. 缀花草地或草坪：在以禾本科植物为主体的草坪或草地上，（混合的或单纯的）混有少量开花华丽的多年生草本植物，例如在草地上，自然疏落地点缀有番红花（*Crocus*）、秋水仙（*Colchicum*）、水仙（*Narcissus*）、鸢尾（*Iris*）、石蒜（*Lycoris*）、海葱（*Scilla*）、葱兰或韭兰（*Zephyranthes*）、葡萄水仙（*Muscari*）、花酢浆（*Oxalis*）、小雪钟（*Leucojum*）等等球根植物。这种球根植物，数量一般不超过草地总面积的1/3。分布有疏有密，自然错落，但主要用于游憩草坪、森林草地、林下草地、观赏草地及护岸护坡草地上，在游憩草坪上，球根花卉分布于人流较少的地方。这种球根花卉，有时发叶，有时开花，有时花与叶均隐没于草地之中，地面上只见一片单纯草地，因而在季相构图上很有风趣。在体育场草坪上，则不能采用这种类型。

（三）根据草地与树木的组合情况

1. 空旷草地（包括草坪，以下同）：草地上不栽植任何乔灌木。这种草地，主要是供体育游戏，群众活动用的草坪，一片空旷，在艺术效果上单纯而壮阔。空旷草地的四周，如果为其他乔木、建筑、土山等高于视平线的景物包围起来，这种四周包围的景物不管是连接成带的，或是断续的，只要占草地四周的周界达3/5以上；同时屏障景物的高度在视平线以上，其高度大于草地长轴与短轴的平均长度的1/10时（即视线仰角超过5°~6°时），则称为“闭锁草地”。

如果草地四周边界的3/5范围以内，没有被高于视平线的景物屏障时，这种草地，称为“开朗草地”。开朗草地多位于水滨、海滨或高地上。园林中的孤立树、树丛、树群、多布置在空旷草地中。

2. 稀树草地：当草地上稀疏的分布一些单株乔木，株行距很大，当这些树木的覆盖面积，郁闭度为草地总面积的20% ~30%时，称为稀树草地。稀树草地，主要是供游憩用的草地，有时则为观赏草地。

3. 疏林草地：空旷草地，适于春秋佳日或亚热带地区冬季的群众性体育活动或户外活动；稀树草地适于春秋佳日及冬季的一般游憩活动。但到了夏日炎炎的季节，由于草地上没有树木庇荫，因而，无法利用。如果草地上布置有乔木，其株距在8~10米以上，其郁闭度在30% ~60%。这种疏林草地，由于林木的庇荫性不大，阳性禾本科草本植物仍可生长，可以供游人在林荫下游憩、阅读、野餐、进行空气浴等活动（但不适于群众性集会）。

4. 林下草地：在郁密度大于70%以上的密林地，或树群内部林下，由于林下透光系数很小，阳性禾本科植物很难生长，只能栽植一些含水量较多的阴性草本植物，这种林地和树群，由于树木的株行距很密，不适于游人在林下活动，过多的游人入内，会影响树木的生长，同时林下的阴性草本植物，组织内含水量很高，不耐踩踏，因而这种林下草地，以观赏和保持水土流失为主，游人不允许进入。

（四）根据园林规划的形式

1. 自然式草地和草坪：不论是经过割剪的草坪，或是自然生长的草地，只要在地形面貌上，是自然起伏的，在草地上和草地周围布置的植物是自然式的，草地周围的景物布局，草地上的道路布局，草地上的周界及水体均为自然式时，这种草地或草坪，就是自然式草地和草坪。

游憩草地、森林草地、牧草地、自然地形的水土保持草地、缀花草地，多采用自然式的形式。

2. 规则式草坪和草地：凡是地形平整，或为具有几何形的坡地，阶地上的草地或草坪与其配合的道路、水体、树木等布置均为规则式时，则称为规则式草地或草坪。

足球场、网球场草地、飞机场草地、规则式广场上的草坪、街道上的草坪，多为规则式草地。

三、园林草地的草种选择

园林草地，最主要的任务是要满足游人体育活动和游憩的需要。因而选择的草种首先必须能够忍耐游人的踩踏；其次，园林草地占地面积很大，不可能经常进行大规模的人工灌溉，因而选择的草种，需要有抗旱的性能。在极其丰富的草本地面覆盖植物里面，以具有横走根茎及横走匍匐茎的下繁禾本科多年生草本植物，最具备这些特殊的适应性。

（一）国内外草种应用的情况

园林草地应用的草种，大抵有两大类。

第一类是我国和日本常用的草坪。

这一类草坪，主要的特点是草的高度一般在 10～20 厘米以下，地下部有发达的横走根茎，耐踩的性能良好，在游人踩踏频繁时，即使不加割剪，也能自然形成低矮致密的毯状草茅，由于生长低矮，匍匐茎发达、耐踩、不需常加割剪，因而管理上方便。在我国目前割草机械不多的情况下，这类草种就很受欢迎。同时这类草种，适应我国许多地区夏季高温多雨的气候，草地某些地点被破坏时，补植与恢复也比较容易。

缺点是生长比较缓慢，如结缕草、天鹅绒草等，用播种繁殖不易成功，一般均用无性繁殖，或直接移植草皮，因而铺设草坪的成本较高，时间很长，同时这些草坪，一般春天返青很晚，秋天黄枯较早。主要草种为：

结缕草（*Zoysia japonica* Steud.）

分布于我国江、浙、鲁、冀、辽诸省（北纬 30°～42°）（以及日本、朝鲜）以上各地，可以用作体育场草坪、游憩草坪及其他各类型草地，耐踩踏、耐干旱、阳性。但不能用于林下阴性草地，在北京非常适应。

沟叶结缕草［*Zoysia matrella*（L.）Merr］

分布于粤、台、琼（北纬 19°～25°）以及热带亚洲至澳洲。多生长于海岸及沙地，阴性不耐阴，其余性能大抵与结缕草相似，我国华南地区可以用作体育场及游憩草地。

天鹅绒草（*Zoysia tenuifolia* var.）

为细叶结缕草的一种园艺变种，为外来种，最初由日本引入，植株低矮，叶细柔致密如天鹅绒，这种草坪，不必割剪，只要适度滚压或踏压即可形成毯状外貌，可作为观赏草坪、水滨浴场、露天剧场观众座、网球场等草坪，为最精美的游憩草坪。由于不能用播种繁殖，大面积应用有一定困难。阳性不耐阴湿。我国在长江流域及华南均已引种，在黄河以北地区不能露地越冬。

狗牙根［*Cynodon dactylon*（L）pers.］（绊根草）

狗牙根广布于我国黄河以南地区（北纬 22°～36°），世界上其他国家，在北纬 35°到南纬 35°之间的许多地区，均采用狗牙根作为草地。我国黄河以北地区，冬季不能露地越冬。黄河以南地区，则以狗牙根为主要草种，横走的根茎与匍匐茎十分发达，耐踩踏，可以用播种繁殖。印度亦以狗牙根为主要草种，但不耐阴。主要用于体育场及游憩草坪。

假俭草［*Eremochloa ophiuroides*（Munro）Hack.］

分布于我国两广、闽、台、黔、赣、苏、浙等省（北纬 22°～33°）以及印度支那，生长于潮湿草地，具横走匍匐茎而满铺地面，生长势强，阴性，在我国长江以南多雨地区，可作为水边湿地护坡草地。

野牛草［*Buchloe dactyloides*（NuH）Engelm.］

原产美洲，我国武汉及北京均已引种，具有发达的横走根茎及匍匐茎，耐踩性能良好，北京天安门革命历史博物馆所铺草坪即为野牛草，原产于干旱草地，因此在北京适应性良好，生长速度比结缕草快1倍以上。可用播种繁殖，但返青较晚。能耐半阴。

目前我国各地区应用的主要草坪草种大抵为以上几种，但大部均为阳性，不耐阴。均为单纯草地，很少混播草地。

第二类草种：第二类草种是欧洲大陆许多国家常用的草种，其中许多草地，虽然中国也均有原产，但由于这些草种为西洋常用的草种，所以一般称为西洋草种。主要是指早熟禾、狐茅草、剪股颖、黑麦草等草种。这一类草种主要优点是生长速度快，草坪形成快，可以播种，建立大面积草地容易，春季返青早，有些地区可以四季常青。

缺点是夏季高温多湿的地区容易发生病害，横走的地下茎与匍匐茎不如第一类草坪发达，草的高度达30～100厘米。因而要经常用铡草机割草，体育场在5～9月，每周要割草一次，管理很费工，有缺株时，补植很不容易。我国许多地区，夏季高温多湿，同时由于经常要割草，管理不便，所以西洋草种，在我国应用不广。主要草种有：

羊狐茅（*Festuca ovina* L.）

多年生矮小丛生性禾本科草木，须状根系，无地下茎，地上无匍匐茎，高15～50厘米。分布于我国西北、西南诸省以及欧、亚、美洲的温带区域。本种适宜于温带北部的寒冷地区，在干旱山地、沙土、瘠土及不毛之地均能生长；深根性，抗寒抗旱力强。我国西北地区可以考虑用羊狐茅建立草地。

红狐茅（*Festuca rubra* L.）

禾本科多年生草本，高45～70厘米，有匍匐短蔓茎，新叶卷成针状。广布于北半球的寒温地带，我国东北、华北、西南、西北、华中诸省均有分布。耐寒、抗旱性强，能耐阴。宜于沙土干燥、瘠薄土地生长，但装水不良，高温多湿则生长不良。我国东北地区，可以作为草地草坪，播种当年生长缓慢，至第三年才充分发育，再生力强，耐割剪，六年以后生长尚旺盛，遇秋霜尚保持绿色。青海盆地，柴达木盆地皆有分布。

韧叶红狐茅（*Festuca rubra* ssp. fallax Thuill.）

为没有根茎的多年生红狐茅，原产新西兰，能形成良好的毯状草坪，又能与其他草坪很好混合，与剪股颖（*Agrostis*）混合最好，本草种占劣势，因而比例要大。抗旱性强。

欧剪股颖（*Agrostis tenuis* Sibth）

多年生禾本科草木，稍有匍匐茎，高20～36厘米。分布于我国山西及欧、亚大陆之北温带，生长于干燥瘠薄酸性的草原。无论黏土、沙土均能生长；又能持久，能耐阴，潮湿地也能生长，在树荫下生长，其匍匐茎更发达。

红顶草（*Agrostis alba* L.）

禾本科多年生草本，有强盛地下茎，侵占后即不易消灭，高 90～130 厘米。分布于华北、内蒙古、西南、长江流域各省，欧亚大陆之温带。生长势强，能耐寒抗热，喜湿润，以黏壤土及壤土为宜，不能庇荫。

多年生黑麦草（*Lolium perenne* L.）

原产于亚洲温暖地带及非洲北部，引入后在华东生长良好，宜湿润气候，北京能越冬，无根茎、生长快速，为先锋草种，雨量要求 1000～1500 毫米，好湿润土壤，但忌积水，不耐干旱。第 2～3 年生长最旺盛，以后即衰落。

牧场早熟禾（*Poa pratensis* L.）（草地早熟禾）

广布于我国东北、山东、江西、河北、山西、甘肃、四川、内蒙古以及北半球之温带区域，根茎繁生力强，耐践踏，返青早，喜轻松土壤，耐旱。生长于坡地，北京生长良好。

总的看来，世界上以北纬 35°到南纬 35°的地区和国家，以狗牙根为主要的草地草种；在北纬 35°以北，南纬 35°以南的地区，则以狐茅草和剪股颖草为主要草种。

我国目前黄河以南地区以狗牙根为主要草种，黄河以北以结缕草为主要草种（引入的野牛草也很适宜）在淮河以南天鹅绒草可以适应，东北可采用牧草早熟禾，西北可采用羊狐茅。

北京适应的草种有结缕草、野牛草、牧场早熟禾、羊胡子草等等。

（二）耐阴的草种

在林下，庇荫的大树下能够生长的草种比较稀少，但又十分必要，目前我国长江流域等地区的城市，对于林下荫地建立草地的问题尚未解决。

上述草种中，红狐茅（*Festuca rubra*）、欧剪股颖（*Agrostis tenuis*）均能耐适度的庇荫，其中以欧剪股颖耐阴性较强。

此外羊胡子草［Carex rigescens（Fr）Kveez］，为莎草科多年生草本。能够在庇荫林下生长，耐阴性强，但不耐踩踏，分布于我国华北、东北（北纬 36°～46°）各省。热河避暑山庄万树园绿毯草地，就是这一种草地，返青最早。

林中早熟禾（*Poa nemoralis* L.）

欧洲有原产，我国东北、内蒙古、西北、湖北、华北均有分布，生长于森林下及阴湿地，为最耐阴的草种。

普通早熟禾（*Poa trivials* L.）

我国内蒙古，东北湿润地区自生，欧洲北部亦有分布，可在庇荫地栽植。

野牛草［*Buchloe dactyloides*（Nutt）Engelm.］

经北京植物园试验，略耐庇荫，可以试用为林下草地。

（三）观赏草种

一般草种，均可以供观赏，现把观赏价值较高的草种列举于下。

天鹅绒草（*Zoysia tenuifolia* var）

羊胡子草（莎草科）[*Carex rigescens*（Fr）kreez]

糠穗（*Agrostis nebulosa* Boiss et Reut.）

西班牙原产，一年生；圆锥花丛颇美观。

斑叶燕麦草（*Arrhenatherum bulbosum* var. *variegatum*）多年生，原产地中海，高约20厘米，叶有白色条纹，可作镶边植物。

灰叶羊狐茅（*Festuca ovina* var. *gluca*）叶细柔、银灰色，可作镶边植物。

丝带草（玉带草）（*Phalaris arundinacea* var. *picta*）原产于美及欧洲，多年生，高约60厘米，具有白色及黄色条纹，可作镶边植物。

（四）草种的混播

大面积的草地，由于土壤差异很大，地形条件及土壤水分等也均有差异，用一种草种来建立草地，常常出现草地生长的不均匀现象，某些地点繁茂，某些地点生长不良，某些地点出现成片的裸露土面。这是由于任何一种草地，不可能适应各种各样的土壤及各种各样生境的原因。如果用几种对土壤水分适应性不同的草种混播，则可以避免出现以上各种缺点。这是一方面。

另一方面，有许多草种，例如红狐茅虽然很好，形成以后，既经久又致密美观，但生长缓慢，播种以后，要许多年才能形成草地。如果在草种中混有多年生黑麦草，则草地于第二年即能形成，待三年后多年生黑麦草衰落时，则红狐茅开始繁茂。

单纯由一种草地形成的草坪，宜选择具有发达的地下横走根茎及地上横走的匍匐茎的草种，这种蔓生性的草种，能够自然把空缺补上，所以不需要其他辅助草坪。前面提到的狗牙根、结缕草、天鹅绒草、野牛草、假俭草等等，都是这一类草种，适于建立单纯草坪。

混播草坪，由2~3种以上草种混合，其中就不宜混入具有发达匍匐茎的草坪，在混合时，种子必须混合均匀。方能得到均匀的草坪。

混播草坪，通常以用剪股颖（*Agrostis*）及狐茅草（*Festuca*）两种草种混合为主。这两种草种，都是矮生的下繁草类。均耐重剪，其中剪股颖（*Agrostis*）较狐茅草（*Festuca*）生长势更强，更持久。

以76%韧叶红狐茅（*Festuca rubra* ssp. *fallax* Thuill.）的种子与30%欧剪股颖（*Agrostis tenuis* Sibth.）的种子混合播种，效果很好，草地很均匀。

韧叶红狐茅为无根茎的草坪，欧剪股颖能形成短匍茎，但很少形成较长的匍匐茎。在土壤肥沃的情况下，欧剪股颖占优势；但在土壤瘠薄或施肥不足的情况下，韧叶红狐茅就占优势。韧叶红狐茅生长速度比欧剪股颖快，所以如果希望草坪早日形成，则可以用90%韧叶红狐茅种子，10%的欧剪股颖种子混交播种，这样，草坪形成就快。但是二者混合时，如果含量各为50%时，则韧叶红狐茅处于劣势，会慢慢被欧剪股颖所淘汰。

在韧叶红狐茅种子不足时，可用下列比例：

30%韧叶红狐茅（*Festuca rubra* ssp. fallax）

40%爬根红狐茅（*Festuca rubra* ssp. genuina）

30%欧剪股颖（*Agrostis tenuis*）

混合草坪中，韧叶红狐茅为最理想的重要草种，但种子价格较高。因而在遇到土壤为泥炭土或土壤酸性很高时，则在70%的韧叶红狐茅含量中，可以混入细叶羊狐茅（*Festuca ovina* var. *tenuifolia*）。此外也可以混入阔叶羊狐茅（*Festuca duriuscula*）种子（由于种子价格较低），但草坪质量就大为降低。其中30%的欧剪股颖种子，也可以用狍剪股颖（*Agrostis canina*）代替。

在资本主义国家商业出售的混合草种，有时混合的种子较多，但主要分为两大类。一类是多年生黑麦草（*Lolium perenne*）混合草种；另一类是不含多年生黑麦草的混合草种。

多年生黑麦草混合草种，通常含有50%～60%的黑麦草（*Lolium perenne*）的种了，这些混合草种，惟一的好处是快长，能在短期内形成覆盖度很大的草坪，效果快，其次是价格便宜。如果在混合种子中，韧叶红狐茅及欧剪股颖含量达40%～50%时，则草坪面能维持较长的时期；如果韧叶红狐茅含量仅达10%～20%而欧剪股颖含量仅为1%～5%时，则这种草坪，虽然效果快，可是2～3年以后，草坪即损坏，主要是因为多年生黑麦草不耐割剪，寿命短所致。一般质量要求较高的均不用这类混合草种。

不含多年生黑麦草而价格降低的混合草坪，常于韧叶红狐茅及欧剪股颖内混入冠尾草（*Cynosurus cristatus*）、牧场早熟禾（*Poa pratensis*）、卷毛草（*Aira flexuosa*）等草种，并酌量减少韧叶红狐茅及欧剪股颖的含量。但这类混合草坪其质量较单纯草地及韧叶红狐茅混合草坪为差。

所以混播草种，最基本的混合草种为：

70%韧叶红狐茅草

30%的欧剪股颖

遇到酸性较重的土壤，则可用细叶羊狐茅代替韧叶红狐茅，或用卷毛草代替一部分韧叶红狐茅。

在干旱的沙土地：则韧叶红狐茅含量应该增加，欧剪股颖含量宜减少，并适当加入牧场早熟禾的成分。

在庇荫地，则应加入普通早熟禾（*Poa trivialis*）及林地早熟禾（*Poa nemoralis*）。

在极其粗放的草地上：可以用大匍茎剪股颖（*Agrostis stolonifera* var. *gigantea*）代替欧剪股颖。

冠尾草（*Cynosurus cristatus*）除在石灰质土壤及极干旱地区，可以混入应用，一般不宜采用。

在大面积草地上，可以考虑混入三叶草（*Trifolium*），其中以白三叶（*Trifolium repens*）为宜。

混合草种的播种量：

韧叶红狐茅及欧剪股颖混合单种：67.8 克/平方米

欧剪股颖单纯草种 33.9 克/平方米

多年生黑麦草混合草种 17 ~ 33.9 克/平方米

四、园林草地设计要点

（一）草地踩踏与人流量问题

体育场草坪及游憩草坪，游人很多，平均每平方米的草坪，每天能经受多少游人的踏压，在设计上是一个很重要的问题。

无论东方常用的草种和西洋常用的草种，在适度的踏压情况下，草的节间变短，高度减低，草的干物质重量和鲜草重量都增加，分蘖增加，叶的数量增加，匍匐茎的分枝增加，根的数量也有所增加。草皮变为低矮、致密、厚实。所以草坪适度的踏压，不仅没有坏处，反而是有利的。但是踏压如果过度，则草坪就会受到破坏。根据日本多侔及山野边实，对于日本结缕草（*Zoysia japonica*）的踏压频度与生育关系的试验①，其结果如下：每日 3 ~ 5 次轻度踏压，直立茎的分蘖促进，茎的数量增加（每日踏压 3 次，增加 154%），叶的数量增加（每日踏压 3 次增加 107%），叶色加浓，生育旺盛，叶变为细而短，厚度增加，草的高度减低（每日踏压 5 次，高度减低 1/2）。适度的踏压，反而可以形成更矮生而致密优良的草坪。每日踏压 5 ~ 7 次，则草的叶子绿色与光泽有几分减退。

每日踏压 10 次以上时，直立茎生长阻碍，下叶黄枯，叶端破裂，叶梢脱落。踏压次数更多，则土壤固结，地下茎暴露。

由此看来，结缕草在一定单位面积内，每天最多可以允许踩踏 5 ~ 7 次。

在西洋草种方面，根据日本北村文雄及小沢知雄 1961 年的试验报告②指出：

牧场早熟禾（*Poa Pratensis* L.），每日踏压（踏压人重 50 ~ 55 千克）7 次，草的鲜重和干物重量均增加，地上部草的高度减低，分蘖数增加；地下部根的长度减

---

① 日本多侔，山野边实．“日本芝の生育に及は”す踏压の影响——踏压频度と生育上と关系．造园杂志 22（4）：16—20，1959.

② 北村文雄，小沢知雄．西洋芝栽培の基础的研究（第 3 版），生育に及ばす踏压效果及び刈込效果につひて，造园杂志 24（3），6—9，1961.

低，根的数量增加，每日踏压10次则均减低（草的高度、根的长度、每日踏压一次均低）。

两种欧剪股颖（*Agrostis tenius* Sibth.）中，其中的高原剪股颖（*Highland bent*），在每日踏压10次的情况下，阿斯多里亚剪股颖（*Astoria bellt*）在每日踏压7次的情况下，草的鲜重和干物重均增加；地上部草的高度减低，草的分蘖数增加；地下部根的长度，根的数量均增加。

红顶草（*Agrostis alba* L.）在每日踏压4次时，草的鲜重有所减低，但干物重有所增加。地上部草的高度减低，分蘖数增加；地下部根的长度减低而根的数量增加。

狗牙根（*Cynodon dactylon* Pers.）在每天踏压10次时，鲜草及干物重量均增加；地上部草的高度减低，分蘖增加；地下部根的长度减低而根的数量增加。

韧叶红狐茅（*Festuca rubra* L. var. *commatata* Caud），在每日踏压7次时，草的鲜重及干物重均增加。地上部的高度减低而分蘖数增加；地下部根的长度与根的数量均增加。

意大利黑麦草（*Lolium multiflorum* Lam.）在每日踏压4次后，地上部的鲜草与干物重均降低，而地下部的鲜草及干物重均增加；地上部草的高度减低而分蘖数增加，地下部根的长度减少而根的数量增加。

总的看来，意大利黑麦草与红顶草耐踩性能最强，一般每天同一面积上超过4次，对草的生长发育都受到不良影响。

牧场早熟禾、阿斯多里亚剪股颖（*Astoria bent*）、韧叶红狐茅耐踩性能尚好，在每天7次踏压的情况下，对草的生长仍然有利。

狗牙根与高原剪股颖（*Highland bent*）的耐踩性能最好，在每天踏压10次的情况下，对草的生长仍然有利。

因而在游人量较大，或体育场草地，以多选用狗牙根、结缕草、剪股颖、牧场早熟禾等草种为宜。

同时在设计草地时，在单位面积上的游人踩踏次数，最多每天不要超过10次。

当草地受到每天超过10次以上的踩踏时，草的重量减低，地上部分蘖减少，最后甚至地下部的根茎也暴露出来，严重地影响到生长发育，在这种情况下，草地必须圈起来，停止开放，予以一周到十天的休养，就可以恢复。

（二）草地的坡度及排水的问题

草地的坡度：考虑草地的坡度，须从以下几个方面来考虑：

1. 从水土保持方面来考虑

为了避免水土流失，或坡岸的塌方或崩落现象的发生，任何类型的草地，其地面坡度，均不能超过该土壤的“自然休息角”。土壤的自然休息角，因地区和土壤的类型之不同而有差异，这里不加赘述，但一般为30°左右。超过这种坡度的地形，就不可能铺设草地，一般均采用工程措施（如用砖、石、水泥等材料）加以护坡。

2. 从游园活动来考虑

例如体育场草地，除了排水所必须保有的最低坡度以外，越平整越好。一般观赏草地、牧草地、森林草地、护岸护坡草地等，只要在土壤的自然休息角以下，和必需的排水坡度以上，在活动上没有别的特殊要求。

关于游憩草地：规则式的游憩草坪，只要保持必需的最小排水坡度以外，一般情况，其坡度不宜超过 0.05。自然式的游憩草地，地形的坡度，最大不要超过 0.15，一般游憩草坪，70% 左右的面积，其坡度最好在 0.10 ~ 0.05 以内起伏变化。当坡度大于 0.15 时，由于坡度太陡，进行游憩活动就不安全，同时也不便于轧草机进行割草的工作。

3. 从排水来考虑

草地的最小允许坡度，应该从地面排水的要求来考虑，体育场草地，由场中心向四周跑道倾斜的坡度为 0.01，网球场草地，由中央向四周的坡度为 0.002 ~ 0.005，一般普通的游憩草地，其最小排水坡度，最好也不低于 0.002 ~ 0.005。

草地的地下排水管网设计问题，在园林工程中讲述。但地表不宜有起伏交替的地形，以免不利于排水。

4. 从艺术构图来考虑

草地的坡度，除考虑上述诸因素外，还得考虑艺术构图的因素，使草地的地形与周围的景物统一起来，地形要有单纯壮阔的雄大气魄；同时，又要有对比与起伏的节奏变化。

（三）一些重要草地的设计问题

1. 体育场草地

一般进行国际比赛的体育场，都铺设草坪，由于铺设草坪的体育场，在比赛进行中，灰尘较少，其扬起的灰尘量仅为裸露场地的 1/3 ~ 1/6①。雨天可以防止泥泞，可以防滑，摔倒时受伤较轻；对视觉上，球在草地上滚动由于色彩对比格外鲜明，同时运动起来也比较舒适。

1960 年罗马奥林匹克运动场所用的草坪草种为澳洲原产的短穗画眉草（*Eragrostis cylindrica*），斯德哥尔摩运动场应用的草种为牧场早熟禾（*Poa pratensis*），日本运动场多用结缕草（*Zoysia japonica*）。我国北京东郊体育场采用的草种也是结缕草（*Zoysia japonica*）。在纬度南纬 35°至北纬 35°的许多国家，常用狗牙根（*Cylnodon dactylon*），前苏联在干燥砂质土壤上设立稳定的体育场草地，用下列几种草种混播，即：

---

① 本间启．运动场の芝生につひて公园绿地第 22 卷第 4 号，1961.

欧剪股颖（*Agrostis tenuis*）

冠尾草（*Cynosurus cristatus*）

红狐茅（*Festuca rubra*）

前苏联在湿度一般的壤土地上，则采用下列草种混播，即

宿根黑麦草（*Lolium perenne*）

红顶草（*Agrostis alba*）

牧场早熟禾（*Poa pratensis*）

红狐茅（*Festuca rubra*）

其中大量为宿根黑麦草。

我国体育场，在黄河以北地区，以运用结缕草（*Zoysia japonica*）为宜，主要是适应当地的风土条件，生长良好，同时耐踩性能良好，但缺点为种子发芽困难，播种不容易，因而草坪建立费用很高，同时生长缓慢（北京东郊体育场建立草坪投资2万元）。但也可以应用野牛草（*Bachloe dactylides*）或牧场早熟禾（*Poa pratensis*），则可以用播种繁殖，草地建立速度较快。

黄河以南地区，则以狗牙根为宜，狗牙根可以用铺草坪的方法建立，也可以播种建立。

体育场草坪，应当有茂密的毯状草层和相当厚的，十分平坦而坚固的草土，草土的厚度至少须为7厘米，要坚固而又有弹性，草层的高度，不能超过5~8厘米，否则就会妨碍运动的进行，因而草层必须经常割剪和滚压。

体育场草坪，运用结缕草、狗牙根、野牛草等草种时，由于植株不高，匍匐茎发达，地下茎发达，因而对于形成矮性，厚富的草层与坚固而富于弹性的草土具有极大的优点，在管理上既可以减少割草的次数，同时又适用于我国的风土条件。但缺点为：建立草坪须用铺草坪及无性繁殖，生长较慢，冬季色彩较差。

用早熟禾（*Poa*）、黑麦草（*Lolium*）、狐茅草（*Festuca*）、剪股颖（*Agrostis*）等西洋常用的草种时，优点为生长快，草坪形成快，冬季色彩好（黄枯晚，返青早）。但缺点是这些草种，在我国大部分夏季高温多湿的地区不适应，病害很多，同时这些草很高，一般在30~100厘米以上，必须经常割剪，在5~9月生长季节，几乎每星期要割草一次，因而在管理上很不方便，同时草坪损坏部分，补植也很困难。

网球场草坪除上述草种以外，在淮河秦岭以南地区，最好应用天鹅绒草。

2. 飞机场草地[①]

飞机场草坪与足球场草坪相类似，要求稳固坚实的草地。

飞机场面积很大，全部地面，应该有很好的铺装面层。

完善的工程铺装面层，如卵石的、碎石的、混凝土的，由于工程复杂，造价很高，所以只有在机场使用频繁时；或遇到沙土和过于潮湿的黏土，非加固其承重面

---

① А. Г. ГАЛОВАЦ：ГАЗОНЫ ИХ уСТРОЙСТВО И СОДЕРЖАНИЕ

时；或当地自然条件无法建立草坪时，才加以采用。而且这种完善的工程铺装面层，也并不是整个机场全部地面都加以铺装的，也只有使用最频繁的起飞降落的跑道，滑行道及飞机棚旁等地区，加以完善的工程铺装。但是其余大面积地区（面积约为50～300公顷），则均采用草坪作为铺装面层。草坪面层，也能够满足飞机对面层的承重要求。

禾本科植物的地下根茎，能够巩固土壤，形成厚而坚实的地下草土层。这种草土有一种可贵的特性，就是富于天然的弹性。这种地下草土层加上地上稠密结实的草层，能大大加强和改善裸露飞机场的承重面，能保护土壤免被飞机的轮子（及尾撬）压坏；干旱时，飞机起落，可以避免扬起大量尘土及细砂，这种灰尘与细砂对飞机外露的机体件发生十分有害的摩擦作用；灰尘多时，机场上空的能见度大大降低，以致一个飞机降落后，影响到第二个飞机不能立即降落；雨天时，有了草坪的面层，可以避免泥泞和轮子陷落。

飞机场草坪，应具有非常平坦的表面，草地的厚度至少须在7厘米以上，须有强度的弹性：要能够经受住每平方厘米面积上5～7千克的荷重；在飞机起飞降落和滑行时，不会形成深3厘米以上的辙道。草坪地上部的草层应当非常密实，高度应保持在10～20厘米以内，最多不能超过30厘米。草层如果太高，会妨害飞机起飞时的滑跑；同时草层太高，飞行员在降落时，不易正确判断坚实地面的高度，容易造成震动，如果高度适合（10～20厘米），则飞机降落时，能大大减轻颠簸。

所以草坪作为飞机场的铺装面层，具有如下许多优点：

（1）有适宜的弹性。

（2）草坪面层比一切其他工程面层的建立都容易，造价要低很多。

（3）可避免飞机起落时扬起灰尘。

（4）对飞机轮胎的磨损较少。

（5）外貌容易与自然环境调和。

因此对大多数民航机场来说，对少数军用机场来说，良好的草坪，将是飞机场的一种更经久和满意的铺装面层，这种草层，能保证机场的顺利工作。

第二章　规则式种植设计

一、花坛（Parterre、Flower Bed）

（一）花坛的特征及其类型

一般花坛是在具有一定几何形轮廓的植床内，种植各种不同色彩的观赏植物而构成一幅具有华丽纹样或鲜艳色彩的图案画，所以花坛是用活植物构成的装饰图案。花坛的装饰性，是以其平面的图案纹样或花卉开花时华丽的色彩构图为主题的，个体植物的线条美，花和叶的形态美，个体植物的体形美，都不是花坛所要表现的主题。花坛内栽植的观赏植物，都要求有规则的体形。经过整形的常绿小乔木，可以在花坛内栽植，但是自然形的乔木不能在花坛内种植，花坛按其表现主题之不同、规则方式之不同、维持时间长短之不同，而有种种不同之分类：

1. 按表现主题不同之分类

（1）花丛式花坛

花丛式花坛也可以称为“盛花花坛”。

花丛式花坛是以观花草本植物花朵盛开时，花卉本身群体的华丽色彩为表现主题，选为花丛花坛栽植的花卉必须开花繁茂。在花朵盛开时，植物的枝叶最好全部为花朵所掩盖，使达到只见花不见叶的地步，所以花卉开花的花期必须一致。如果花期前后零落的花卉，就不能得到良好的效果。叶大花小，叶多花少，以及叶和花朵稀疏而高矮参差不齐的花卉，就不宜选用。所以花丛花坛，也可称为“盛花花坛”。各种花卉组成的图案纹样，不是花丛花坛所要表现的主题。图案纹样在花丛式花坛内是属于从属的地位，花卉本身盛花时群体的色彩美，在花丛花坛内属于主要的地位。

花丛式花坛，可以由一种花卉的群体组成，也可以由好几种花卉的群体组成。花丛式花坛由于平面长和宽的比例不同，又可以分为：花丛花坛、带状花丛花坛和花缘三类。

①花丛花坛：个体花丛花坛，不论其植床的轮廓为何种的几何形体，只要其纵轴和横轴的长度之比，在1∶1到1∶3之间时，可称为花丛花坛。

花丛花坛的表面，可以是平面的，也可以是中央高四周低的锥状体，也可以成为中央高四周低的球面。当花丛花坛的剖面成三角形时，则称为“锥状花丛花坛”，如果剖面为半圆形时，则可称为“球面花丛花坛”。

②带状花丛花坛：花丛花坛的短轴为1，而长轴的长度超过短轴的3~4倍以上时就称为带状花丛花坛。带状花丛花坛，有时作为配景，有时作为连续风景中的独立构图，其宽度一般在1米以上。与花丛花坛一样有一定的高出地面的植床，植床的周边有边缘石装饰起来。

③花缘：花缘的宽度，通常不超过1米以上，长轴的长度，比短轴的长度要大得很多，至少在4倍以上。花缘由单独一种花卉做成，花缘通常不作为主景处理，仅作为花坛，带状花坛、草坪花坛、草地、花镜、道路、广场、基础栽植等作镶边之用。花缘没有独立的高出地面并用边缘石装饰起来的植床。

花丛式花坛以花卉花朵盛开时，群体的华丽色彩为构图的主题，所以花坛的外形几何轮廓可以较模纹花坛丰富些，但是内部图案纹样须力求简洁，只有同种植物，花期完全一致的华丽花卉，才有可能组成复杂图案。不同种类的开花植物，组成复杂的盛花图案是不容易成功的，所以不同植物结合时，图案应用简单些。

为了维持花丛式花坛花朵盛开时的华丽效果，所以花丛式花坛的花卉必须经常更换。通常多应用球根花卉及一年生花卉，一般多年生花卉不适宜选作花丛式花坛应用。花丛式花坛的植物，在开花以前的苗圃中可以进行摘心，但在开花时，不进行修剪。

（2）模纹式花坛

模纹式花坛也可以称为“嵌镶花坛”，模纹式花坛表现的主题，与花丛式花坛不同。模纹式花坛不以观赏植物本身的个体美或群体美为表现的主题，这些因素在模纹式花坛内居于次要的地位。应用各种不同色彩的观叶植物或花叶兼美的植物，所组成的华丽复杂的图案纹样，才是模纹式花坛所要表现的主题。由植物所组成的装饰纹样，在模纹式花坛内居于主要的地位。

例如，通常模纹花坛所应用的红绿苋（*Alternanthera*），如果一种色彩的红绿苋简单的大片群植，就不可能产生华丽的效果，这与大片的郁金香（*Tulipa*）花群相比较，就显得黯然失色了，但是如果用红黄两种红绿苋组成了毛毡花坛时，成了一幅精美得像地毯一样华丽的装饰图案时，这时与郁金香花群比较起来，就各有千秋了。

模纹式花坛因为内部纹样繁复华丽，所以植床的外形轮廓应该比较简单。

①“带状模纹花坛”：模纹花坛的长轴比短轴长，超过3倍以上时（长轴>3:短轴1）称为带状模纹花坛。

②“毛毡花坛”：应用各种观叶植物，组成精美复杂的装饰图案，花坛的表面，通常修剪的十分平整，使成为一个细致的平面或和缓的曲面，整个花坛好像是一块华丽的地毯，所以称为毛毡花坛。各种不同色彩的红绿苋（*Alternanthera*），是组成毛毡花坛的最理想的植物材料，红绿苋可以组成最细致精美的装饰纹样，可以作出2~3厘米的线条来，而且色彩上又有鲜红色的、金黄色的、绿色的、紫红色的、古铜色的种种不同，叶子又很细密，品种的不同，叶子也有大小的不同，这对于图案组成也很有利。当然毛毡花坛也可应用其他低矮的观叶植物，或花期较长花朵又小又密的低矮观花植物来组成，但选用植物必须高矮一致，花期一致，而且观赏期要长。因为毛毡花坛设计和施工都要花很大的劳动，所花的费用很大，如果观花期很短就不经济了。

③采结花坛（Knot Garden）：采结花坛主要应用锦熟黄杨（*Buxus sempervirens*）以及其他多年生花卉如紫罗兰（*Viola odorata*）、百里香（*Thymus*）、薰衣草（*Lavandula*）等等，按照一定的图案纹样种植起来。这种纹样主要是模拟由绸带编成的绳结式样而来的，所以图案的线条粗细都是相等的。结子的纹样，都是由上述植物组成，条纹与条纹之间，有时用草坪为底色，有时用各种色彩的石砂铺填，使图案格外分明，后来图案的纹样也有了各种变化。

④浮雕花坛（Relief Garden）：毛毡花坛的表面是平整的，浮雕花坛的装饰纹样一部分凸出于表面，另一部分凹陷，好像木刻和大理石的浮雕一般，通常凸出的纹样由常绿小灌木组成，凹陷的平面栽植低矮的草本植物。

（3）标题式花坛

标题式花坛，在形式上和模纹式花坛是没有区别的。但其表现的主题就不相同了，模纹式花坛的图案，完全是装饰性的，没有明确的主题思想。但是标题式花坛，有时是由文字组成的，有时是有有一定含意的图徽或绘画，有时是肖像。标题式花坛是通过一定的艺术形象，来表达一定的思想主题的。标题式花坛最好设置在坡地的倾斜面。并用木框固定，这样可以使游人格外看得清楚。

①文字花坛：各种政治性的标语，提高生产积极性的口号都可作为文字花坛的题材。也可以用文字花坛来庆祝节日，或是表示大规模展览会的名称；有时公园或风景区的命名，也可以用木本植物组成的文字花坛来表示。有时文字标题可以与绘画相结合，好像招贴画一样。例如一幅“世界和平”的花坛，除了文字以外，还可以有飞翔的和平鸽的图画来象征。在文字的周围应该用图案来装饰。

②肖像花坛：革命导师、人民领袖，以及科学和文化上的伟人肖像，也可以作为花坛的题材，肖像花坛的设计和施工都比较复杂，是花坛中技术性最高的一种。肖像花坛，一般只以用红绿苋来组合最好。用其他植物栽植，都有一定的困难，上

海鲁迅公园有过鲁迅的肖像花坛。

③图徽花坛：国徽、纪念章、各种团体的徽号，都可作为花坛的题材，例如国旗、红星、象征工农联盟的镰刀和铁锤，都是花坛的题材。医院可用红十字图案，铁路可用车头和铁轨的徽号，图徽是庄严的，设计必须严格符合比例尺寸，不能任意改动。

④象征图案花坛：象征图案花坛图案也有一定的象征意义，但并不是像徽章或徽号那样具有庄严及固定不变的意义。图案的设计可以任意的。例如在歌舞剧院的广场上，可以用竖琴来作花坛的图案；农业展览会可用麦穗的图案；运动场可用掷铁饼者的形象来作花坛；儿童公园可用童话故事来作花坛。

（4）装饰物花坛

装饰物花坛也是模纹的一种类型，但是这些花坛具有一定实用的目的。

①日晷花坛：在公园的空旷草地或广场上，用毛毡花坛植物组织出12小时图案的底盘，然后在底盘南方竖立一支倾斜的指针。这样，在晴朗的日子，指针的投影就可从上午七时到下午五时为我们指出正确的时间来。日晷花坛不能设立在斜坡上，应该设立在平地上。

②时钟花坛：用毛毡花坛植物种植出时钟12小时的底盘。花坛本身应该用木框加围，花坛中央下方，就安放一个电动的时钟，把指针露在花坛的外边，时针花坛最好设置在斜坡上。

③日历花坛：在毛毡花坛上，用文字做出年、月、日。整个花坛最好有木框范围起来，其中年、月、日的文字，再用小木框种植，底盘上留出空位，这样就可以更换。日历花坛最好安置在斜坡上。

④毛毡饰瓶：在西方园林中，常常用大理石或花岗石雕成的饰瓶作为园林的装饰物，这种饰瓶可以安置在花坛中央、进口两旁、石级两旁栏杆的起点和终点等地方。毛毡饰瓶，是用铁骨作为骨架，扎成饰瓶的轮廓，中央用苔藓填实，并安入通气管和浇水管。外面用沾湿的土壤塑成一个饰瓶，再在饰瓶的表面种红绿苋，组成各种装饰的纹样，就像我们的景泰蓝花瓶一样。这种毛毡饰瓶，通常多设置在独立花坛的中央，以供观赏。但是栽植植物的土壤要经常保持适度湿润，太干了饰瓶要开裂而破坏，太湿了植物要霉根。

（5）草坪花坛

大规模的花坛群和连续花坛群，如果完全按花丛式花坛或模纹式花坛来种植，则管理费用和建筑费用是非常庞大的，因为花坛维持时间不经久，又要时常更换植物，所以格外不经济。如果管理不周，则非但不能收到美观的效果，反而会引起相反的作用。因此，在街道、花园街道、大广场上，除重点的地方及主要的花坛采用模纹式花坛或花丛式花坛外。其余较次要的花坛，就采用草皮花坛的形式。

草坪花坛布置在铺装的道路和广场中间，植床有一定的外形轮廓，植床高出于地面，并且有边缘石装饰起来，草坪花坛之内和花坛一样，是观赏的，不许游人入内游憩。

如果是四周被道路包围起来的一般矩形空地，虽然也有路缘石范围起来，这些矩形空地上，也铺上了草坪，同时也不许游人进入。可是这种在构图上、并不作为装饰主题来处理的一般性的草坪，只能称为观赏草坪，不能称为草坪花坛。草坪花坛在整个构图上是装饰主题之一，在外形轮廓和布局上以及花坛群的组合上，是有一定的艺术处理的，同时在整个范围内，面积也比较小。如果在一个广场内，道路面积很小，草坪很大，那么只能说在草地上有道路。如果广场的铺装面积很大，铺装场上设置了面积小于广场铺装面积的许多经过艺术处理的种植床，植床内铺了草坪，这样的植床，就称为草坪花坛。草坪花坛的表面要求修剪得平整。草坪花坛，为了求得较华丽的效果时，可以用花叶并美的多年生花卉的花缘来镶边，有时用常绿的木本矮篱来镶边。

草坪花坛选择的草种，最好是禾本科及莎草科，观赏价值很高，但适应性也比较强的植物，草种可以不必耐踩，但是返青要早，秋天枯黄期要晚。

良好的草坪花坛草种，详见其他章节，这里不再重复。

除观赏草种外，一般的草坪用草种也都可以作为草坪花坛栽培。此外，草坪亦可用于模纹花坛，并可以为花丛花坛镶边。

2. 依据规划方式之不同的分类

花坛的规划方式，与鉴赏者的视点位置有关。当鉴赏者，在某一固定视点下，可以满意地鉴赏整个构图的时候，这种风景，称为："静态风景"。如果一个构图，不论在任何一个固定视点下都不能满意地鉴赏，而需要鉴赏者移动视点，从构图的起点逐步地、局部地、连续地去鉴赏这个构图，然后才能了解构图的整体，这种风景，称为"连续风景"，属于动态风景的构图，有的是属于静态风景的花坛，有的是连续风景花坛。例如独立花坛是静止景观的花坛；带状花坛、连续花坛群、连续花坛组群，则是连续风景的花坛。

（1）独立花坛

独立花坛并不意味着在构图中是独立或孤立存在的。构图整体中的任何局部或个体，都和构图中任何其他的局部或个体有着血肉的联系。艺术构图中，没有偶然的结合，都是牵一发而动全身的。但是独立花坛，是主体花坛。独立花坛总是作为局部构图的一个主体而存在的。独立花坛，可以是花丛式的、模纹式的、标题式的或是装饰物花坛。但是独立花坛一般不宜采用草坪花坛，草坪花坛作为构图主体是不够华丽的，独立花坛通常布置在建筑广场的中央，街道或道路的交叉口，公园的进出口广场上、小型或大型公共建筑正前方，林荫花园道的交叉口，由花架或树墙组织起来的绿化空场中央，都可以设置独立花坛。在花坛群或花坛组群构图中，独立花坛是主体、是构图中心，独立花坛的长轴和短轴的差异，不能大于1∶3的差异。带状花坛不适宜作为静态风景的独立花坛，独立花坛外形平面的轮廓，不外乎三角形、正方形、长方形、菱形、梯形、五边形、六边形、八边形、半圆形、圆形、椭圆形，以及其他的单面对称或多面对称的花式图案形。独立花坛的外形平面，总是对称的几何形，有的是单面对称的，有的是多面对称的。独立花坛面积不能太大，因为独立花坛内没有通路，游人不能进入，如果面积太大，远处的花卉就模糊不清，失去了艺术的感染力。当独立花坛内部设置了通路，把花坛划分为由几个局部组成的整体时，这个花坛的整体就应该称为花坛群而不宜称为独立花坛了。独立花坛可以设置在平地上，也可以设置在斜坡上。独立花坛的中央，有时没有突出的处理。当需要突出处理时，有时用修剪的常绿树作为中心，有时用饰瓶或毛毡饰瓶，有时则用雕像（前苏联莫斯科高尔基文化休息公园中圆形的独立花坛，就是以装饰雕像为主体的）。

（2）花坛群

花坛群曾经在17世纪的法国园林中盛行一时。在17世纪路易十四时的法国，由历史上有名的造园大师勒纳特（Le Notre）设计的凡尔赛宫苑，主要是由大规模的花坛群组成的。

这里所说的花坛群是：当许多个花坛，组成一个不能分割的构图整体时，称为花坛群，花坛与花坛之间，为草坪或铺装场地。这种花坛群，其长轴和短轴的长短差异，不超过1∶3的比例，花坛群是由许多个体花坛排列组合而成的。其排列组合是有规则的，花坛群总是对称的，至少是单面对称。单面对称的花坛群，许多花坛就对称地排列在中轴线的两侧。多面对称的个体花坛就对称地分布在许多相交轴线的两侧，这种花坛群，在纵轴和横轴交叉的中心，就成为花坛群的构图中心，独立花坛可以作为花坛群的构图中心，独立花坛必然是对称的，但是构成花坛群的其余个体花坛本身，就不一定是对称得了，当然也可以是对称的。除了独立花坛可以作为花坛群的构图中心外，有时水池、喷泉、纪念碑，主题性的，纪念性的或装饰性的雕塑，也常常作为花坛群的构图中心。

当面积很大的建筑广场中央，大型公共建筑前方，或是规则式园林的构图中心，需要布置独立花坛作为构图的主体时，这个独立花坛的面积为了与广场和绿地取得均衡，就必然也有很大的面积。当独立花坛的面积过于庞大的时候，如果其短轴的长度超过7米的时候，站在地平面上的游人，对于花坛中央部分，就看不清楚，所以对于艺术感染力来说，过大的独立花坛是不利的，同时从园林的游憩功能上来说，大面积的独立花坛，因为占有很大面积，就不能容纳更多的游人。所以在游园的游人容纳量上是不经济的。为了解决以上的矛盾，在大面积的建筑广场或规则式的绿化广场上，布置大面积的花坛群，要比布置大面积的独立花坛有利得多。

最简单的主体花坛群是由三个个体花坛组成的，其中一个是主体，另外一个是客体。复杂的花坛群，可以由5、7、9……甚至更多的个体花坛来组成，最简单的配景花坛群，可以是布置在中轴线左右的两个左右对称的花坛（每个个体花坛本身是不对称的）。

花坛群内部的铺装场地及道路，是允许游人活动的。大规模的铺装花坛群内部还可以设置座椅、花架，以供游人休息。花坛群可以全部采用模纹式的，或是花丛式的花坛来组成。但是由于规模很大，为了经济起见，其中主体花坛，可以采用花丛式或模纹式。次要的外围的个体花坛可用有花缘镶边的草坪花坛。小型的规则式的专类花园，最小型的规则式广场花园，有时就是由一个花坛群组成，花坛群因为要便于游人活动，所以不能设置在斜坡上，但是平地上的花坛群是很大的，由于视角很小，所以整个构图，不容易看清楚，艺术效果不好，为了补救这个缺点，如果遇到四周为高地，而中央为下沉的平地时，就把花坛群布置在低洼的平地上，当然这块下沉的平地，应该有地下的排水设备，以免积水，这种下沉的花坛群，称为“沉床花园”（Sunk Garden），这种沉床花坛群，当游人在高地时，是能够更满意的鉴赏花坛群的整个构图的。

（3）花坛组群

由几个花坛群组合成为一个不可分割的构图整体时，这个构图体就称为花坛组群。花坛组群的规模要比花坛群更大。花坛组群仅仅是一个艺术的构图，花坛组群是规则式园林中游憩场地之一，必须很好地结合游人游憩的要求。

花坛组群通常总是布置在城市的大型建筑广场上，大型的公共建筑前方，或是在大规模的规则式园林中，花坛组群的构图中心，常常是大型的喷泉、水池、雕像。此外在构图的次要部分，常常用华丽的园灯来装饰。

（4）带状花坛

前面已经提到过，宽度在1米以上，长度比宽度大3倍以上的长形花坛，称为带状花坛，带状花坛不能作为静态风景的构图主体。对于带状花坛的鉴赏，游人的视点必须运动，所以带状花坛是连续构图。在连续风景中，带状花坛可以作为主体来运用，例如在道路中央或林荫花园道的中央，可以布置带状花坛作为主体。此外带状花坛，可以作为配景。例如作为观赏草坪，草坪花坛的镶边，道路两侧的装饰，建筑物的墙基的装饰，带状花坛可以是模纹式的，花丛式的或标题式的。

（5）连续花坛群

许多个独立花坛或带状花坛，成直线排列成一行，组成一个有节奏规律的不可分割的构图整体时，便称为连续花坛群。连续花坛群是连续风景的构图。连续花坛群通常总是布置在两侧为通路的道路，林荫道或纵长的铺装广场，有时也可布置在草地上，连续花坛群的演进节奏，可以用两种或三种不同个体花坛来交替演进。在节奏上有反复演进和交替演进两种形式。整个连续构图，则又可以有起点、高潮、结束等安排。在起点、高潮和结束处常常应用水池、喷泉和雕像来强调。

连续花坛群的长轴比短轴长度的差别，至少在3倍以上。除了平地以外，两侧有石级登道的斜坡登道中央，也可以配置连续花坛群，连续花坛群，在坡道上可以成斜面布置，也可以成阶级形布置，但是总是沿着道路来布置，中央有连续花坛群的道路，也可以称为花园路，或称为道路花园（Park Way），是一种有休息设施和花坛布置的带状花园。

（二）花坛的规划设计原则

1. 花坛及花坛群的平面布置

（1）花坛的平面布置

花坛在整个规则式的园林构图中，不外乎两种作用，有时作为主景来处理，有时则作为配景来处理。

不管花坛作为主景也好，配景也好，花坛与周围的环境，花坛和构图的其他因素之间的关系，有两个方面。第一个方面是对比的方面，第二个方面是调和的方面。

花坛的装饰性是水平方向的平面装饰，规则式广场周围的建筑物、装饰物、乔木和大灌木等等的装饰性是立面的和立体的装饰，这是空间构图上的主要对比。在园林规则式草坪上，草坪和周围的树木是单色的，主要是绿色，花坛则是彩色，这是色彩上的对比。在建筑铺装广场上，一方面在素材的质地上，建筑材料和植物材料的对比是突出的；另一方面花坛与周围的建筑物和广场，在彩色上也有对比。此外，建筑与铺装广场的色相是不饱和的，而花坛的色相就比较饱和，广场的铺装平面和草地，都是没有装饰纹样的，而花坛的装饰纹样在简洁的场地上的对比是突出的，以上是指对比方面。

以下再谈谈调和与统一的方面：

作为主景来处理的花坛和花坛群，其外形必然是对称的，可以是单轴对称，也可以是多轴对称，其本身的轴线应该与构图整体的轴线相一致。花坛的纵轴和横轴应该与建筑物或广场的纵轴和横轴相重合。在道路交叉的广场上，尤其是车行道的交叉广场上，花坛的布置，首先应该不妨害交通。为了照顾交通的畅通，有时花坛只能与构图的主要轴线相重合，次要轴线就不能重合。

花坛或花坛群的平面轮廓，应该与广场的平面相一致。例如广场是圆形的，花坛或花坛群也应该是圆形的，广场是矩形的，花坛或花坛群也应该是矩形的。如果广场是长方形的，那么花坛或花坛群，不仅在外形轮廓上应该是长方形，而且花坛的长轴应该与广场的长轴相一致，短轴应该与广场的短轴相一致；如果反过来，花坛的长轴与广场的短轴相一致时，则广场是纵长的，而花坛是横长的，这种情况只有在为了交通和人流的疏散，不得不如此时，才能应用，一般是不允许应用的。花坛的风格和装饰纹样，应该与周围的环境相统一。例如，在北京颐和园扇面殿前面，布置应用西方图案纹样的圆形毛毡花坛，是与古典的自然假山园林不相调和的。在上海的鲁迅纪念馆，建筑是民族形式的，在进口处配置了一个自然式花台，就很调和。布置在交通量很大的街道广场上的花坛，装饰纹样不能十分华丽。游人集散量太大的群众性广场、车站广场，也不宜布置过分华丽的花坛。装饰性的园林游憩广场、展览馆、纪念馆、剧院、文化宫、休养疗养所、舞厅等公共建筑前方，可以设置十分华丽的花坛。

作为主景欣赏的花坛，可以是华丽的模纹花坛或花丛花坛。

当花坛直接作为雕像群、喷泉、纪念性雕像基座的装饰时，花坛应该处于从属的地位，应该应用图案简单的花丛花坛作为配景。在色彩方面可以鲜艳，因为雕像群、喷泉、纪念性雕像表现的主题不在于色彩，因而不致喧宾夺主。但是纹样过分富丽复杂的模纹花坛，就不宜作为配景，否则容易扰乱主体。图案简单地用木本常绿小灌木或草花布置的草坪花坛，也可以作为基座的装饰。

构图中心为装饰性喷泉和装饰性雕像群的花坛群，其外围的个体花坛可以很华丽，纹样可以丰富，但是中央为纪念性雕像的花坛群，四周的个体花坛的装饰性，应该恰如其分，不能采用纹样过分复杂的模纹花坛，以免喧宾夺主，以采用纹样简单的花丛式花坛或草坪为主的模纹花坛为宜。

从大处来说，花坛或花坛群的平面外形轮廓应该与广场的平面轮廓相一致。但是在细节上，仍然应该有一定的变化，这里一致应该是主要的，变化是次要的。如果花坛外形只是广场的缩小，因为过分类似，有时感觉不够活泼。如果有一定的变化，艺术效果就会活泼一些。

但是，如果是交通量很大的广场，或是游人集散量很大的大型公共建筑前的广场上，为了照顾车辆的交通流畅及游人的集散，则花坛的外形常常与广场不一致。由于功能上的要求，起了决定性的作用，因此也就不致感到构图的不调和了。例如正方形的街道交叉广场、三角形的街道交叉广场的中央，都可以布置圆形花坛；长方形的广场可以布置椭圆形的花坛；纵长的矩形广场，也可以布置横长的矩形花坛。

花坛或花坛群的面积与广场面积的比例，一般情况，最大不要超过 1/3 的面积，最少也不小于 1/15 的面积。在这个范围之内，花坛群应该把内部的面积除去。如果是观赏草坪则面积可以大些。如果广场的游人集散量很大，交通量很大，同时广场面积又很大时，则花坛面积比例可以更小些。华丽的花坛，面积比例小些，简洁的花坛面积比例要大些。

作为配景处理的花坛，总是以花坛群的形式出现的。最通常的配景花坛群是配置在主景主轴的两侧。至少是一对花坛构成的花坛群。如果主景是有轴线的，那么配景也可以是分布在主轴左右的一对连续花坛群。如果主景是多轴对称的，那么配景花坛数量也就增加了。只有作为主景的花坛可以布置在主轴上，配景花坛只能布置在轴线的两侧，作为配景花坛的个体花坛，其外形与外部纹样不能采用多轴对称的形式，最多只能应用单轴对称的图案和外形，其对称轴不能与主景的主轴平行，分布在主景主轴两侧的花坛，其个体本身最好不对称，但与主景主轴另一侧的个体花坛，必须取得对称。这是群体的对称，不是个体本身的对称，这样主轴可以被强调起来，构图的不可分割的联系也加强了（勒纳特福苑的对称花坛群就是一例子）。

在花坛群的构图中，中央的构图中心是多轴对称的，但是外围的次要花坛，每个个体花坛，在外形和内部纹样上最好采取不对称的形式，或为单面对称的形式，但是整个群体，则应该是对称的。

花坛可以作为建筑物，水池、喷泉、雕像等等的配景。有时也可以只有进口和通路的配景。花坛的装饰和纹样，应该和园林或周围建筑物的风格取得一致。希腊式的建筑物前面的花坛，应该选用希腊式的装饰图案。中国式建筑物前面的花坛，应该采用中国民族形式的装饰纹样。

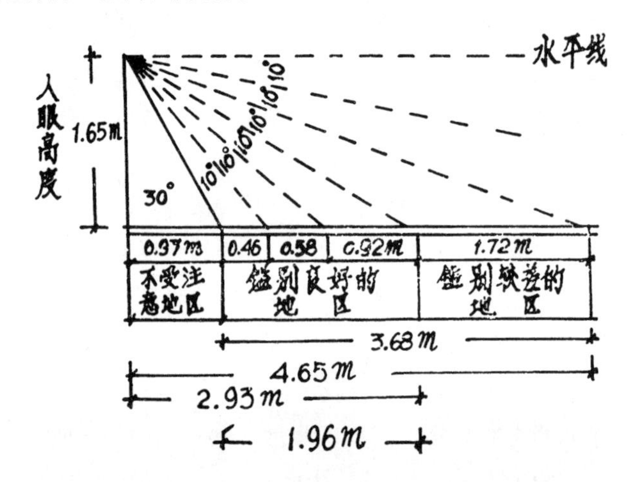

（2）视觉与花坛的布置关系

无论是独立花坛、或是花坛群里的任何一个个体花坛，当其面积过大时候，视觉的效果就不好。在平地上，人的眼睛高度是有一定的，通常视点高度不过1.65米，由于视点离开地面不高，视线与地平面的成角很小，所以花坛的平面图案在视网膜上的印象，只有近距离的比较清楚，远距离的图案就密集于一起，因而鉴别不清。通常一个人立在花坛边缘，视点高度的1.65米，从脚跟起的0.97米距离以内，也就是从视点与地面的垂线开始的30°视角以内的图案，当人眼水平向前平视的时候，是不受注意的。通常人眼的最大垂直视线为130°，平视的时候，与水平线垂直的就是中视线。所以视场范围从中视线以下，只能看到60°，所以脚跟30°内的图案是在平视视场以外的，当然观赏花坛的人，也可以俯视，如果俯角为30°，垂直视角为60°的时候，以离开游人立点0.97米以外大概2米距离之内的纹样最清楚。在离开立点2.93米以外的1.72米的花坛，在映像上所占的面积，实际上和在30°以外的10°视角内之0.46米花坛面积的映像大小是同样的，映像缩小了4倍左右。由上面的图解看来，平地上的模纹花坛，图案纹样必然要变形的，面积愈大，变形愈厉害。所以一般平地上的独立模纹花坛，面积不宜太大，其短轴的长度最好在8～10米以内。这样从两面来看，还可以把纹样看清。

图案十分粗放简单的独立花坛，或是图案十分简单的独立花丛式花坛，面积可以放大，通常直径可以为 15 ~ 20 米。草坪花坛面积可以更大。方形或圆形的大型独立花坛，中央图案可以简单，边缘 4 米以内图案可以丰富些。

为了补救模纹式花坛图案不致变形起见，有许多方法，通常独立的模纹花坛，中央隆起，使成为向四周倾斜的球面或锥状体，则纹样变形可以减低。同时模纹花坛的直径也可以增大。

最好的办法，是把模纹式花坛设立在斜面上。斜面与地面的成角愈大，图案变形愈小。最大的成角的 90°，与地面完全垂直，这样图案虽然可以不变形，但是对于土壤崩落和植物栽植是不可能的。为了土壤不致崩落，植物有可能栽植，一般最大的倾斜角为 60°。花坛外围还要用木框固定，以免土壤崩落。许多标题式的模纹花坛，尤其是肖像花坛，设置在 60°的斜坡上比较容易成功。

当花坛设置在 60°的斜坡上，人的立点离开花坛基部 0.97 米，视线俯角为 30°时，则垂直视场 60°范围内，高度为 1.94m 的花坛，其图案和纹样可以不致变形，这已经是最大的限度。理想的视场应该是 30°，那么花坛的高度就只能是 0.88m 了。所以肖像花坛如果高度是 1.94 米，斜坡为 60°，那么看花坛的人，只能立在离开花坛基部 0.97 米以外，看起来肖像才像，太远太近看来都不像。1950 年夏季，前苏联莫斯科红普列司文化休息公园中的斯大林肖像花坛为 11 米 × 12 米，要做这样大的肖像花坛，在 60°的斜坡上，如果游人的视点，离开花坛底边的高度只有一个人高（1.65 米）那就不行了。因此这个斜坡应该在低处，而游人应该站在高的台地上去看，人的视点，最少与花坛的底边垂直距离为 10.4 米，水平距离为 6 米，这样花坛在 60°视场以内，俯视角为 30°。人的高度不可能有 10 米多高，所以要在高地上去看，如果要把肖像放在理想的 30°视场以内，而俯角为 30°，斜坡为 60°，肖像高度为 12 米时，视点离开花坛底边的垂直距离应该为 16.4 米，水平距离亦为 16.4 米，所以游人必须在高坡上俯视。

$$AE = AB = EB \times \sin 45^\circ = \left(6\text{m} \times \frac{1}{\cos 75^\circ}\right)\sin 45^\circ = 23.18 \times 0.7071 = 16.4\text{m}$$

游人的立点高度，与花坛底边的垂直距离为（16.4m - 1.65m）= 14.75m，

当观赏者视点和立足地的关系如上所述时，肖像花坛的肖像，才能酷肖，否则就会变形。

一般性的模纹花坛，可以布置在倾斜度小于 30°的斜坡上，这样土坡的固定比较容易。花坛大小与视点关系如果不够严格要求时，为了尽量地减少图案的变形，花坛远处的图案，其横向花纹与横向花纹之间的纵向距离应该放大，这样可以使图案清楚。

由于视觉的原因，花纹精致的模纹花坛及标题式花坛最好设置在斜坡上，逐级下降的阶地平面上和斜坡上，是设置模纹花坛最好的地方。在阶地的上级阶地、俯视下级阶地的平面模纹花坛，由于视点位置提高，所以格外清楚。法国勒纳特设计

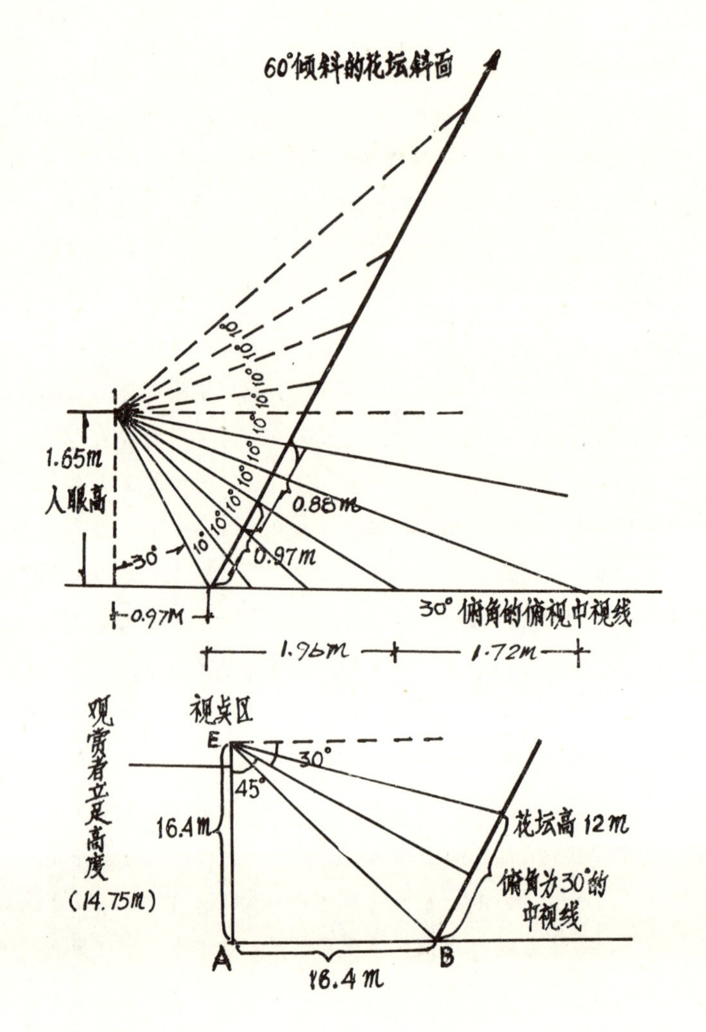

的福苑（Vaux-le-Vicomte）中的一对主要的华丽模纹花坛和凡尔赛的许多花坛群，都可以从高一级的阶地上去俯视他们。

此外，花坛群的轴线，应该与整个规则式园林布局的轴线一致、或统一。

连续花坛是由一种个体花坛或 2～3 种不同个体花坛，单轴演进而成的，演进的方式有反复、变化反复、交替反复等等。连续花坛组群由一个花坛群或 2～3 个不同花坛群，进行单轴演进而成的，连续花坛组群，也可以是两个平行单轴演进的连续花坛群组成的。

大规模的花坛群，有时是花坛群成相交的多轴演进而组成的。

规则式园林中的许多专类花园，例如蔷薇园、鸢尾园，常常由花坛组群或连续花坛组群所组成的。城市中的规则式广场花园、规则式花园，其平面也可以由花坛组群的形式构成。

2. 个体花坛的设计

（1）花坛的内部图案纹样

花丛花坛的图案纹样应该简单。模纹花坛、标题花坛的纹样应该丰富。模纹花坛由于内部纹样丰富，外部轮廓应该简单。

花坛的装饰纹样，其风格应该与周围的建筑艺术、雕刻、绘画的风格相一致。例如我们国家新建的民族形式公共建筑物前面广场上的模纹花坛，其装饰纹样应该具有民族风格。从中国建筑的壁画、彩画、装修、浮雕上，从我国古代的铜器、陶瓷器、漆器上，从古代的木刻、民间艺术、染织纹样、剪彩上，有着十分丰富的装饰纹样，都可以创造性地运用到花坛的装饰中去。

西方的花坛装饰纹样，也有各种不同的风格，有希腊式的（Greek Style）、罗马式的（Roman Style）、拜占庭式的（Byzantine Style）、塞拉塞尼克式的（Saracenic Style）、高直式的（Gothic Style），以及文艺复兴式（Renaissance Style）等等。这种纹样主要是西方各民族各时代的与建筑艺术相统一的装饰纹样，所以花坛上应用的图案纹样，其风格应该与四周的建筑风格是一致的。

由红绿苋组成的纹样最细的线条，其宽度可以为 2～3 厘米，用矮黄杨做成的花纹，最细的可以到5～6 厘米，其他花卉组成的最细花纹在5～10 厘米左右。常绿木本植物组成的花纹，最细也得在 10 厘米以上，保持这样最细的线条，必须经常修剪。比较容易做到的线条，红绿苋为 5 厘米，其他植物为 10 厘米以上。

（2）花坛的高度及边缘石

花坛表现的是平面的图案，由于视角关系离地面不能太高，太高了图案就看不清楚，但是为了花卉的排水，以及主体突出，避免游人践踏起见，花坛的种植床应该稍稍高出地面。通常种植床的土面高出外面平地为 7～10 厘米，为了利于排水，花坛的中央拱起，成为向四面倾斜的和缓曲面，最好能保持4%～10%的坡度，一般以 5%的坡度比较常用。种植床内的种植土厚度，栽植一年生花卉及草皮为 20 厘米，栽植多年生花卉及灌木为 40 厘米。床地土壤在 50 厘米深度以内，最好挖松，清除土壤中的碎石瓦砾，排水不良的黏土，应该掺以河沙，瘠薄土壤应该加以腐殖土。排水不良的地区，植床下应有排水设备。

为了使花坛的边缘有明显的轮廓，使种植床内的高出路面的泥土不致因水土流失而污染路面或广场，为了使游人不致因拥挤而踩踏花坛，因此在花坛种植床的周围要用边缘石保护起来，同时，边缘石在装饰上也起了一定的作用。边缘石的高度，通常为 10～15 厘米。大型的花坛，为了合于比例，最高也不宜超过 30 厘米以上。当边缘石提高时，种植床的土面也应当提高。种植床靠边缘石的土面，须较边缘石稍低。

边缘石的宽度，看花坛的面积而定。应该有合适的比例，但最小的宽度不宜小于 10 厘米，像 2 米×3 米的矩形花坛，其边缘石的宽度为 15 厘米时是合乎比例的。小的花坛，即使是 1 米宽的带状花坛，其边缘石的宽度，最好也不要小于 10 厘米。当花坛放大的时候，边缘石的宽度要相应的放宽一些，但并不是按一定比例放宽的，边缘石的宽度是不能无限止的加宽的。即使是 15～20 厘米的大型花坛，在通常情况下，边缘石的宽度也不宜超过 30 厘米以上。边缘石的高度也不宜超过 30 厘米以上（有特殊设计要求时不受此限）。为了使构图美观，可以在花坛边缘辅以带状的草坪带，其宽度可以合于构图比例任意放大。

边缘石，可以为混凝土的、砖的、耐火砖的、玻璃砖的、花岗石的、大理石的，或是有颜色的水泥做成。边缘石的色彩应该与道路及广场的铺装材料相调和，色彩要朴素，形式要简单，最重要的，应该提醒注意的，花坛表现的主题是观赏植物而不是边缘石。有许多花坛，应用许多富于装饰浮雕的砖块，色彩刺目的琉璃砖作边缘石，那是喧宾夺主的做法。反而使花坛本身不突出了。

花坛内部色彩的对比和调和，已在色彩构图一章中讨论过，不再重复。

（3）花坛设计图的制作

①花坛或花坛群的总平面布置图

比例尺：$\frac{1}{500}-\frac{1}{1000}$，画出建筑物边界、道路、广场、草地及花坛的平面轮廓。阶地、沉床地及地形变化多的地区，要作出纵横断面。

②花坛的轮替计划

除了永久性花坛以外，半永久花坛或花丛花坛，在温带和寒温带地区，春、夏、秋三个季节，经常要保持美观，亚热带一年四季要保持美观，但是花卉，不可能一年四季都处于盛花状态之下。所以每个花坛，应该把一年内花坛组合的轮替计划做出来，首先决定轮替几次，然后根据轮替计划做出每一期的花坛施工图，并进一步做出育苗计划。

③花坛施工图

平面图：精细的模纹花坛，比例尺为$\frac{1}{2}-\frac{1}{30}$，较大的花丛花坛，比例尺可以到$\frac{1}{50}$。画出图案纹样，标出各种纹样所应用的植物名称，并注明数量。没有几何规迹可求的曲线图案，最好用方格纸设计，以便施工放样；单轴对称的花坛只要做$\frac{1}{2}$个花坛，多轴对称的花坛，做$\frac{1}{4}$个花坛即可。

立面图：比例尺与平面图同。

断面图：复杂的花坛群或花坛，要做出断面图。

④花坛的育苗计划

每一个花坛，根据一年中，花坛的轮替计划和每一期的花坛种植施工图，拟出全年的育苗计划。育苗计划要依据植物的花期，从育苗到开花的生长期，每种植物需要的数量以及所占的面积来计算。

通常花丛花坛应用的花卉，都用盆栽来育苗，这样可以便于移植，如果不应用盆栽，当植物初开花时，移植后，根部受伤，一时不能恢复生理上的机能，这样植物就萎靡不振，就没有生气，花坛的艺术效果就大大降低。所以花丛花坛所用的花卉，最好用盆栽或营养钵育苗，尤其是像罂粟科的花卉，根本不耐移植，更要用盆栽，才有可能布置花坛。

但是模纹花坛应用的观叶植物和长久性的木本植物，并不需要全部用盆栽育苗。其中有一部分仍然需要盆栽或营养钵育苗。有一部分，例如红绿苋就不需要盆栽育苗，在砂床内插活以后，就可以布置，甚至可以直接在花坛中扦插。

（三）花坛植物的选择

1. 不同类型花坛对观赏植物的要求

从观赏植物的角度来考虑，花坛只有两种类型，即花丛式花坛与模纹式花坛。

（1）花丛式花坛应用的观赏植物

花丛式花坛应用的观赏植物，以草本为主，通常不应用木本植物，而且以观花的草本植物为宜，通常不应用观叶植物。在观花的花坛中，必须开花繁茂，花期一致，花期较长，花序高矮一致。在花期应该但见花而不见叶。花序分布成水平面展开的植物，例金盏菊（*Calendula Officinalis*）、石竹（*Dianthus chinensis*）、福禄考（*Phlox drummondii*）等等，布置花丛花坛，比较适合。花序本身为很长的总状花序，或穗状花序，花序中花朵开放期又先后不一的花卉，例如像自由钟（*Digtalis*）、唐菖蒲（*Gladiolus*）等，这些花卉花朵分布为垂直排列，植株又很高，不可能造成繁茂的平面色彩美，因此选用这些植物来布置的花丛花坛效果就不好。其他有些花卉，如同大丽菊（*Dahlia*），虽然为头状花序，可是每个花序在整个植株上分布是垂直排列的，同时，花朵很大，花朵数量较少。另外有些品种，要设立支柱以防倒伏，因此不宜选用。大丽菊中的矮生品种，菊花中的满天星小菊，都是很好的花丛花坛植物，菊花中的大花品种，尤其是飞舞型的品种一般也不能选为花坛栽植。

某些花卉、花叶并美，开花时虽然不是但见花而不见叶，但至少也能产生一种华丽繁茂的色彩感觉的植物，也可应用，例如各种美人蕉（*Canna*）、各种鸢尾（*Iris*）等。

花丛花坛的植物，只有在花朵初开时才允许栽入花坛，花朵一谢就必须清除，然后用别的开花花卉更换。因为花丛花坛要保持经常的美观，所以花坛中的花卉总是要经常处在开花的状态之下，因而就需要经常更换。由于花丛花坛的植物，都是短期栽植于花坛中，所以花卉种类，受地域性限制很少。许多温室花卉，都可以考虑作为花坛栽植。花丛花坛的植物，可以是一年生的，也可以是球根花卉或多年生花卉，但是应该以一年生花卉为主，球根花卉次之，因为利用这些花卉比较经济。花丛式花卉具体应用的花卉种类十分浩繁，这里不再一一列举。花丛式花坛植物，为了使植物开花繁茂，通常在幼苗时可以进行摘心，但长大后不进行修剪。

（2）模纹式花坛对观赏植物的要求

①为了始终维持图案的华美和精确，模纹花坛的纹样要求长期稳定不变。②为了经济，精美的模纹花坛要求维持较长久的观赏期。③为了维持纹样的稳定性，对植物要经常修剪。

由于上述这些原因，模纹花坛应用的观赏植物，最好是生长缓慢的多年生植物。一年生植物，生长太快，各种一年生植物之间的生长速度又不一致，不容易使图案稳定，多年生植物中，不论是木本的、草本的均可应用。其中观叶植物比观花植物更为相宜，因为观叶植物观赏期长，可以随时修剪，观花植物观赏期短，不能随时修剪。毛毡花坛应用的植物，还要求生长矮小，萌蘖性强，分枝要密，叶子要小，如果是观花植物，要花小而多。毛毡花坛应用的植物，高度最好在10厘米左右。矮黄杨（*Buxus sempervirens* var. *suffruticosa*）和红绿苋（*Alternanthera bettzickiana*）成为最普遍应用的模纹花坛植物，也就是由于能够适合于上述各种要求的缘故。

2. 观赏植物观赏期长短，对于花坛的关系

（1）物候期与花坛设计的关系

利用开花植物组成的花丛花坛或是模纹花坛，观赏植物的开花期以及花期长短，对于设计花坛有密切的关系。不论在花丛花坛的轮替上，或是花坛色彩构图的组合上，对物候期的要求，都是非常严格的。

用作花坛材料的观赏植物，常常来自世界各地，有热带雨林原产的，也有热带沙漠原产的，有亚热带和温带原产的，也有高山地带原产的。这些植物引栽到各城市以后，由于地域的不同，其花期先后的变化，并不可能依照完全一定的关系演变。所以各地应该把各地栽培的观赏植物的花期严密记载，有了3年以上的记录整理以后，才能作为花坛设计依据的资料。

如果有特殊的需要，也可以用催花的办法，例如短日照处理、加温处理、冷冻处理等等，可以调节花卉花期的先后。

有了正确的花期，还要充分地了解从育苗到开花的一定的生长期，在花坛植物的育苗工作上，对于这一点是非常重要的，否则花坛的轮替计划就会落空，有时花坛就要荒凉一段时候。同时对于盆花和苗圃的轮栽安排上，开花植物的生长期也是十分重要的，因此必须进行长期的记录。

（2）植物观赏期的长短与花坛的关系

花坛是规则式园林布局中，华丽装饰的主体。艺术上的要求很高，但是仍然不能忽视经济要求，利用长期观赏的植物做花坛，要比短期观赏植物做花坛要经济得多。花坛可以根据观赏期的长短，分为三种类型。

①永久性花坛：利用草坪做成的草坪花坛；利用露地常绿木本植物、草坪或色砂做成的模纹花坛，是最长期的花坛。这种花坛，每年只要定期的修剪、施肥，可以维持10年和10年以上，不需要根本的改造。在十几年以后，可以重新把土壤翻耕、施肥，草皮和木本植物加以更新。这类花坛在大面积的花坛群中应用最经济，但是这种花坛在纹样上虽然可以丰富，不过色彩上是美中不足的。

②半永久性花坛：半永久性花坛的类型很多，一类是草坪花坛中用一年生花卉重点地点缀一些花纹或镶边。应用花卉装饰的面积很小，草坪面积很大。而这些花

卉必须随时更换。如果草坪花坛上重点装饰的花卉是花叶兼美的常绿露地多年生花卉，那么多年生花卉只要3～4年更新一次即可以。经常管理只要稍加修剪并用利刀切去草皮的边缘及灌溉施肥即可。第二类是全由常绿、花叶兼美的露地多年生花卉组成的花坛，这种花坛，看植物的生长速度而不同，大概自3～5年不等，要进行更新，有的每隔两年要把花卉更新一次。还有一类花坛，是以露地常绿木本植物为主体，栽成丰富的图案，在其中再填充开花华丽的一年生或多年生花卉，这些填充用花卉，可以随时更换。

半永久性花坛在管理上比永久性花坛费事些，但是优点是色彩上可以华丽一些。

③季节性花坛：这类花坛，维持的时期最长是一年，主要是由一年生的草本植物组成，多年生草本植物如果应用，也是短期的应用。因为草本植物生长速度很快，花丛花坛在植物花谢以前就要移去，用别的正要开花的植物轮换。多年生观叶植物如果在花坛内生长超过一年以上，因为生长速度快，图案的精细纹样就要破坏，所以到一定时期就要重新布置。温室的草本多年生植物，在温带地区，在下霜期就要移入室内，所以花坛不能长期维持。

最短期的是花丛花坛，例如郁金香花坛，最多只能维持10天；风信子花坛，则可以维持20天到1个月。像这样的球根花坛，由于花朵和叶面不能把整个土壤表面覆盖起来，也可以和其他花卉，例如和三色堇（*Viola tricolor*）、香雪球（*Lobularia maritima*）等混栽，效果可以很好，花期较长的花卉，例如雏菊（*Bellis perennis*）花坛，则可以在春天维持2个月，花期更长的美人蕉（*Canna*）花坛，则可以在夏季秋季维持4～6个多月之久，温室越冬温室育苗的观叶植物，例如红绿苋，从春天断霜起就可以布置，一直可以到冬天下霜期止。所以季节性花坛是决定于草本植物观赏期长短而拟定其轮替计划的，同时又是十分复杂的。在暖温带和亚热带地区，冬季花坛也应该装饰得华丽，不让土壤暴露。在寒温带地区，冬季就不可能有花丛花坛了。

二、花境（Border）

（一）花境的特征

花境是园林中从规划式构图到自然式构图的一种过渡的半自然式的种植形式。花境的平面轮廓与带状花坛相似，种植床的两边，是平行的直线或是有几何轨迹可寻的曲线。花境的长轴很长，短轴的宽度是有一定的，其宽度是从视觉要求出发的，矮小的草本植物花境，宽度可以小些，高大的草本植物或灌木花境，其宽度要大些。但是花境的构图，是一种沿着长轴的方向演进的连续构图，所以宽度必须要求在游人立点的视场内能看得清楚为原则，超过视觉鉴赏的宽度是不需要的。

花境的园林中所占的面积，要远远超过花坛的面积。花坛中栽植的植物是以一年生为主的；花境栽植的植物以多年生花卉和灌木为主。花坛的观赏期，有的只有十天，有的为一月、一季或半年（永久性花坛例外），花坛内的植物，在开花以后，或是过了观赏期以后就要移去，重新以别的花卉来更换。花境内的观赏植物栽下以后，常常三、五年不加更换，只需要加以中耕、施肥、保护、灌溉及局部更新即可。花坛内应用的植物，不管是露地可以越冬的，或是不能越冬的温室花卉也都可以应用；花境内的植物，则以能够露地越冬，适应性较强的多年生植物为主。花坛内的植物，过了观赏期，植物的全部营养体，必须从花坛种植床的土壤中移出；花境内的植物也要求四季美观、也有季节性的交替，但是植物在开花以后，其营养体仍然保留在花境的种植床内，任其生长和发育。花境和花坛一样，通常不应用乔木作为栽植材料，花境是竖向和水平的综合景观，很少用修剪的常绿乔木作为纵向装饰，这一点又与花坛不同。

花坛表现的主题，主要是由观赏植物组成的图案或色彩的平面美，其图案的组成完全是规则式的；花境表现的主题，是表现观赏植物本身所特有的自然美，以及观赏植物自然组合的群落美，所以构图不是平面的几何图案，而是植物群丛的自然景观。这种构图的结合，首先要考虑植物与植物之间，群落内部有机体之间相互作用的生物学规律，而不是单纯从图案的要求出发。花境的平面轮廓和平面布置是规则式的，但是花境内部的植物配置，则完全是自然式的，所以花境是兼有自然式和规则式的特点，是一种混合的构图形式。但是整个花境，自始至终有明显的主调植物反复出现。

花境与自然式的花丛与带状花丛的主要区别是：花境的边缘是成直线或有几何轨迹可寻的曲线，线条是连续不断的，两边的边缘线是平行的、沿着边缘线至少有一种矮性植物镶边；自然式花丛及带状花丛，其四周的外缘完全是不规则的自然曲线、线条也不能平行，没有任何几何轨迹可寻。花丛的边缘，没有连续不断的镶边植物，花丛的外缘也不可能用一根连续不断的曲线包围起来。因为花丛外缘，常有脱离群体的单独植株，突出于花丛边缘之外，使花丛的边缘错落有致。花境内的每一株植物不能脱离群体，必须栽植在带状的种植床内。自然式花丛与外围的草地林木，没有明显的界限，其边缘与周围的植物成为一种错综复杂的混交状态，花境则与环境之间，不但有明确的边界线，而且用镶边植物加以强调。花境种植床内部植物的组合，则又与花丛相同。

（二）花境的类型

1. 依据植物材料不同的分类

（1）灌木花境

花境内应用的观赏植物，全部为灌木时，称为灌木花境。花境内应用的灌木，以观花及观果为主，叶子有特殊观赏价值的灌木，例如常年的红叶灌木、银灰、斑叶灌木等亦可应用。

（2）耐寒多年生花卉花境

这是花境的主要类型，应用当地可以露地越冬，适应性较强的多年生花卉组合而成。例如鸢尾（*Iris*）、芍药（*Peonia lactifolia*）、萱草（*Hemerocallis*）、玉簪（*Hosta*）、耧斗菜（*Aquilegia*）、荷色牡丹（*Dicentra*）等等。

（3）球根花卉花境

花境内栽植的花卉为球根花卉，例如百合（*Lilium*）、海葱（*Scilla*）、石蒜（*Lycoris*）、大丽菊（*Dahlia*）、水仙（*Narcissus*）、风信子（*Hyacinthus*）、郁金香（*Tulipa*）、唐菖蒲（*Gladiolus*）等等球根植物，都可以组成球根花卉花境。

（4）一年生花卉花境

在必要的时候，也可以用一年生植物来组成花境，由于费工太多所以这种花境是临时和短期应用的，通常不大适用。

（5）专类植物花境

由一类或一种植物组成的花境，称专类植物花境。例如蕨类花境、芍药花境、牡丹花境、蔷薇花境、百合花境、杜鹃花境、丁香花境、山梅花花境、鸢尾花境、菊花花境、芳香植物花境等。作为专类花境的植物，在同一类植物或同一种植物内，其中变种和品种的数量很大，变异也很大时，才有良好的效果。如果同一种植物，只有一、二个变种，设计专类花境就不免单调。

（6）混合花境

主要是指的由灌木和耐寒性多年生花卉混合而成的花境。花园、公园中应用最广泛最普遍的是混合花境，其次是宿根草花花境。

2. 依据规划设计方式之不同的分类

（1）单面观赏花境

花境靠近道路和游人的一边，比较低矮，离开道路及游人的一边植物逐级的高大起来，形成了一个倾斜面；花境远离游人一边的背后，有建筑物或植篱作为背景，使游人不能从另外一边去欣赏它，这种花境，称为单面观赏花境。单面花境的高度可以超过游人视线，但是也不能超过太多，一般不允许栽植小乔木。

（2）两面观赏花境

花境设置于道路、广场和草地的中央，花境的两边，游人都可以靠近去欣赏，这种花境中央最高，两侧植物逐渐降低，这种花境没有背景。中央最高部分一般也不超过游人视线的高度，只有灌木花境中央可超过视线高度。

（3）独立演进花境

独立演进的花境，就是主景花境，是两面观赏的，有中轴线，必须布置在通路的中央，使道路的轴线与花境的轴线重合。

（4）对应演进花境

就是配景花境在园林通路轴线的左右两侧，广场或草坪的四周，建筑的四周，配置左右两列或周边互相拟对称的花境，当游人沿着通路前进时，不是侧面欣赏一侧的构图，而是整个园林局部统一的连续构图，这种花境称为对应演进花境。尤其是通路两侧的两列花境，应该以通路的轴线为中轴线，把左右两列花境当作一个构图来设计。左右两列花境要成为对应的拟对称演进，在演进的节奏上左右两列花境不可呆板对称而要互相顾盼和应答。

（三）花境的布置和设计

1. 花境的平面布置

花境是连续风景构图，因此花境总是沿着游览线或通路来布置。可以布置花境的场合很多，现在扼要列举如下：

（1）建筑物的墙基

这种布置，通常称为基础栽植。当建筑物的高度，不超过4～5层，建筑物墙基与建筑物周围的通路之间的带状空地上，可以用花境作为基础装饰。这种装饰，主要是使墙面与地面所成的直角的强烈对立，能够得到缓和，使建筑物的几何体形，能够与四周的自然风景和园林风景取得调和。但是当建筑物的高度超过5～6层，需要用电梯来维持垂直交通的建筑物，不是一下就可以与四周的自然风景取得调和的，要有很大的过渡面积，所以花境就不能起作用了。另一方面，在建筑物的立面上，花境的高度与建筑物的高度对比之下，相差悬殊，在装饰的比例上是不相称的，所以不能应用。

作为建筑物基础栽植的花境，应该采用单面观赏的花境，以墙面作为背景，花境的色彩应该与墙面取得有对比的统一，墙面的色彩就是花境色彩构图的基调。

（2）道路上的布置

在园林中，通路有两种目的，一种是交通的道路，主要是建筑物与建筑物之间，进出口与主要公共建筑物和主要构图之间的交通联系，这种道路以交通为主，花卉装饰为从属的；另外一类道路，是以欣赏沿路的连续风景构图为主的道路，游人在道路上前进的主要目的，并不是想到什么目的地去，而是为了在路上行走，可以浏览路上的景色。当然这两类道路，都可以广泛的应用花卉装饰，道路上用花坛来装饰的可以称为花坛路；应用花境来装饰的可以称为花境路；如果应用花坛、花境和植篱混合装饰的规则式园路，可以称为规则式道路花园。作为规则式园林轴线上的道路，如果作为花境路的规划，可以分为三种方式：①在道路中央，布置一列两面观赏的花境。花境的中轴线与道路的中轴线重合。道路的两侧，可以是简单的草地和行道树，也可以是简单的植篱和行道树。②在道路的左右两侧，每边布置一列单面观赏的花境，花境的背面，都有背景和行道树。这两列花境，必须成为一个构图，使以道路的中轴线作为两列花境的轴线，两列花境的动势集中于中轴线，成为不可分割的一组对应演进的连续构图。③在道路中央，布置一列两面观赏的独立演进花境，道路两侧布置一对对应演进的单面观赏花境，中央独立演进两面观赏的花境，在中轴线左右自成一个对应演进的构图，但是不必对称，道路左侧的单面观赏花境，与中央的两面观赏花境，并不需要对应，但是和道路右侧的单面观赏花境则需要对应起来。在连续构图上，中央的两面观赏花境是主调，左右的两列单面观赏花境是配调。

（3）与植篱和树墙的配合

在规则式园林中，常常应用修剪的植篱或由常绿小乔木修剪而成的树墙，来组织规则式的闭锁空间。这些空间，好像是由建筑物组成的四合空间一样，但是所用的材料，并不是砖和石造成的围墙，而是绿色植物修剪而成的围墙，在这些绿篱和树墙的前方，布置花境，是最动人的，花境可以装饰树墙单调的立面基部；树墙可以作为花境的单纯背景，交相辉映，二者都有好处。然后在花境的前面再配置园路，以便游人欣赏。当然配置在绿篱和树墙前面的花境，是单面观赏的花境。

（4）与花架、绿廊和游廊配合

花境是连续构图，最好是沿着游人喜爱的散步道路去布置。在雨天，游人常常沿着游廊走，尤其是中国园林建筑，游廊特别多。在夏季有阳光的时候，游人常常在花架和绿廊底下游憩。所以沿着游廊、花架和绿廊来布置花境，是能够大大提高园林的风景效果的。

花架、绿廊、游廊等建筑物，都有高出地面 30～50 厘米的建筑台基，台基的立面前方可以布置花境，花境的外方再布置园路，这样在游廊内或绿廊内的游人，在散步时，可以沿路欣赏两侧的花境。同时，花境又可以装饰花架和游廊的台基，把不很美观的台基立面加以美化。

（5）与围墙和阶地的挡土墙配合

花园公园的围墙，阶地的挡土墙，建筑院落的围墙，由于距离很长，立面很单调，为了绿化这些墙面，可以应用藤本植物，也可以在围墙的前方，布置单面观赏的花境。墙面可以作为花境的背景，花境的外侧，再布置园路，阶地挡土墙的正面，布置花境，是最合适的，可以使生硬的阶级地形，变得美观起来。

由于光线的关系，独立演进的花境，可以自东向西布置或自南向北布置，对应演进的花境，必须自北向南布置，不能东西向演进。如果东西向演进，一列花境向阳，一列花境背阴，两列花境栽植的植物就不能相同，因而就不能对应起来，破坏构图，所以不适合东西布置。

2. 花境的设计

（1）花境的种植床

花境内种植的观赏植物，以多年生花卉及灌木为主，所以土壤深度应该为 40～50 厘米，60～80 厘米以内全部土壤要掘松，并改良土壤的物理性和化学性。在土壤内加入腐熟的堆肥，把堆肥埋在 20 厘米以下，许多喜酸性的植物，要求土壤内加入泥炭土和腐叶土。花境种植床，也应该稍稍高出地面，在种植床有边缘石镶边的情况下，花境植床高度与花坛相同，但是花境常常没有边缘石镶边，在这种情况下，植床的外缘与道路或草地相平，中央高出 7 ~ 10 厘米，以保持 2% ~ 4% 的排水坡度。

花境种植床的宽度，不是无限止的，通常单面观赏的多年生草本花境，最理想的宽度为 4 米，少则 3 米，灌木花境可以加宽到 5 米。两面观赏的花境，宽度可以是 4 ~ 8 米。

（2）花境的背景

两面观赏的花境不需要背景，单面观赏的花境需要有背景，花境的背景可以是装饰性的围墙，也可以是格子篱。格子篱的色彩可以是绿色的或白色的，最理想的背景是常绿树修剪成的绿篱和树墙。

花境与背景之间，可以有一定距离，也可以不保留距离。

（3）花境的镶边植物

两面观赏的花境，两边都要用植物来镶边，单面观赏的花境，靠道路一边，要用植物来镶边。镶边植物可以是多年生草本的，可以是常绿矮灌木的，也可以是草皮。镶边植物最重要的特征，必须四季常绿或经常美观。最好为花叶兼美的植物，例如马蔺花（*Iris pallasii* var. *chinense*）、酢浆草（*Oxalis rubra*）、葱兰（*Zephyranthes candida*）等等，否则也可以应用常绿小灌木，如矮黄杨等。但是这些植物必须是矮性的，草本花境的镶边植物也不宜超过 15 ~ 20 厘米。灌木花境的镶边植物也不宜超过 30 ~ 40 厘米。必须常绿栽植成为单行直线排列。花境也可以用草皮镶边，草皮的宽度不宜太狭，至少 40 厘米以上。宽的可以到 60 ~ 80 厘米，并经常用快刀切成规则的带形，以免防害植床内花卉的生长，花境镶边的小灌木要经常修剪。

（4）花境内部的植物配置

花境的背景和镶边植物，是完全规则式的。花境内部的植物配置是自然式的，植物是高矮参差不齐的，并不依据一定的几何纹样来组织植物。

花境是一个半自然式的连续景观，在构图中有主调、基调和配调。个体花境是连续不断的，每个个体花境，没有起点、高潮、结束等重点和顶点。整个花境自始至终以同一个调子演进，演进的花境常常用通路、绿篱、矮墙、树墙来隔断，花境隔断以后另一个继续的花境可以转调演进。

花境演进的最小单元，就是自然式的花丛；这个最小单元的花丛的组合，是 5 ~ 10 种以上的植物自然混交而成；要有主景、配景和背景之分，要有高低参差；色彩上要有主色、配色、基色之分；同时又要成为块状及点状混交，色彩上要对比与调和相统一；在植物的线形、叶形、姿态及枝叶分布上，也要做到多样统一的组合；这个花丛的组合，还要照顾到春去秋来的季节交替，在立面上花卉要有高低起伏，花丛内植物的多度也要不同。

把这样的一个自然式花丛进行反复演进，或变化反复演进，就可以构成整个花境，或者由不同的两三个自然式花丛，进行交替反复演进，也可以构成整个花境

(现在举两个花境的景群例子如下。把这个景群反复演进，就可以建立任意长途的花境)。

当安排每个演进单元的花丛，如果安排了季节的交替，那么整个花境也就有季节的交替，而且每一季节都有一个主调。

(5) 花境设计图的制作

①平面布置图要求与花坛设计相同，比例尺为1∶100～1∶500，画出花境边线、绿篱、道路等。

②种植施工图：一般不需要立面图，只需要平面图，图纸比例尺为1∶40～1∶50即可，只要把花卉所占位置用线条范围起来即可，通常一种好几株花卉成为一丛，画出范围，标出数字，或直接写上学名都可以。全部花卉的数量要标出。

(四) 花境用观赏植物的要求

由于花境的画面与花坛不同，花境的立面美比较重要，因此在花坛中合适的花卉，例如花序成为平面分布，而植株矮小的植物，如同香雪球（*Lobularia maritima*）、针叶福禄考（*Phlox subulata*）、六倍利（*Lobelia erinus*）、半支莲（*Potulaca grandiflora*）、三色堇（*Viola tricolor*）、雏菊（*Bellis perennis*）。观叶植物中如同石莲花（*Cotyledon*）、红绿苋等植物，可以造成良好、致密、低矮的平面的华丽效果，是理想的花坛植物。但是作为花境来说，这些植物除了镶边或覆盖土面以外，就没有价值了。但是具有花朵垂直分布的花序的植物，以及花序在植株上的分布也成垂直的高大植物如同蜀葵（*Althaea rosea*）、宿根飞燕草（*Delphinium grandiflorum*）、自由钟（*Digitalis purpurea*）、宿根羽扇豆（*Lupinus polyphyllus*）、百合类（*Lilium*）、蛇鞭菊（*Liatris spicata*），作为花坛植物是很不合适的，可是作为花境栽植，就非常合适。

花境内植物因为栽植后，不进行轮换，同时为了园林中大量花卉种植的经济要求，既要达到花卉布置四季华丽的效果，又要达到节省维持和养护管理的费用。因此花境内栽植的植物，最好是适应性强的耐寒，露地多年生植物，一般不需要什么特殊管理的植物较好。例如北京作为街道上布置的花卉时，就应该大量应用当地野生的马蔺花（*Iris pallasii* var. *chinensis*）。

花境内的植物最好花期要长，花期过短的花卉，如郁金香等，不适宜作花境。除了花期长以外，所选植物，最好花叶兼美。因为花境内植物，花谢后，并不移出种植床，如果叶子不好看，或是开完花以后，枝叶就枯萎，这样就会使另外一个季相破坏。像玉簪（*Hosta*）、萱草（*Hemerocallis*）、荷包牡丹（*Dicentra spectabilis*）、鸢尾（*Iris*）、薰衣草（*Lavandula*）、景天（*Sedum spectabilis*）、长叶婆婆纳（*Veronica longifolia*）、西洋花蓍（*Achillea millefolium*）、射干（*Belamcanda chinensis*）、宿根飞燕草（*Delphinium grandiflorum*）、宿根福禄考（*Phlox paniculata*）等等多年生花卉，不仅有华美的花，而且不开花的时候，叶子也都很美观，这些多年生花卉，在北京也都能露地生长，适应性也较强，选作花境植物最为适宜。

花境内，某一季节，可能有些部分，土壤暴露，有损美观，则可以补植一年生花卉，以覆盖土面，夏季可以应用半支莲（*Portulaca grandiflora*）、早春可以用三色堇（*Viola tricolor*），这些花卉在暖温带能够自播衍生，种好以后，就能够年年自然填补空缺。

花境在每年早春，可以中耕，把应该更新的植物，加以分根并重新栽植，晚秋，可以用落叶和腐熟堆肥覆盖土面以防寒，至早春把堆肥埋入土壤深处。

花境内植物，除背景和镶边植物外，其余均不进行整形。灌木每年在一定时期要作生理上的修剪，但不整形。花境内植物，枯枝败花要随时摘去。

三、绿篱及绿墙

（一）绿篱及绿墙的类型

凡是由灌木或小乔木，以相等的株行距，单行或双行排列成行而构成的不透光不透风结构的规则林带，称为绿篱或绿墙。

根据高度的不同，可以分为绿墙、高绿篱、绿篱、矮绿篱四种。

凡高度在一般人的眼高160厘米以上，把人们的视线阻挡起来不能向外透视，这种树篱，称为绿墙或树墙。

凡高度在160厘米以下，一般人的胸高120厘米以上，人们视线还可以通过，但其高度，一般人已经不能跳跃而过，这种绿篱称为高绿篱。

凡高度在胸高120厘米以下，50厘米以上，人们要比较费事，或十分费力才能跨越或跳越而过的绿篱，通常即称为中绿篱。中绿篱，为一般园林绿地中最常用的绿篱。

凡高度在50厘米以下，人们可以毫不费事的跨过绿篱，称为矮绿篱。

根据整形修剪的不同，绿篱还可以分为整形绿篱及不整形绿篱两类，把绿篱修剪为具有几何形体时则称为整形绿篱。如果仅作一般修剪，使绿篱保持一定高度，下部枝叶保持茂密，使绿篱半自然生长，并不塑造一定的几何形体，则称为不整形绿篱。

根据功能要求与观赏要求之不同，绿篱又可以分为：常绿篱、落叶篱、花篱、彩叶篱、观果篱、刺篱、蔓篱、编篱等八种类型。

1. 常绿篱

由常绿树组成，为园林中最常用的绿篱，绿篱的主要形式为常绿篱。

主要树种有：

桧柏	*Sabina chinensis*	华北　华中
杜松	*Juniperus rigida*	华北　东北
侧柏	*Biota orientalis*	华中　华北

红豆杉	*Taxus chinensis*	华中
罗汉松	*Podocarpus macrophyllus*	华中
大叶黄杨	*Euonymus japonicus*	华中
海桐	*Pittosporum tobira*	华中
女贞	*Ligustrum lucidum*	华中
小腊	*Ligustrum sinense*	华中
水腊	*Ligustrum obtusifolium*	华中
加州水腊	*Ligustrum ovalifolim*	华北
冬青	*Ilex pupurea*	华中
波缘冬青	*Ilex crenata*	华中
锦熟黄杨	*Buxus sempervirens*	华中　华北
雀舌黄杨	*Buxus bodinieri*	华中
黄杨	*Buxus sinica*	华中
朝鲜黄杨	*Buxus koreana*	华北　东北
月桂	*Laurus nobilis*	华南　华中
珊瑚树	*Viburnum odoratissimum*	华中
柊树	*Osmanthus ilicifolius*	华中
蚊母树	*Distylium racemosum*	华南　华中
凤尾竹	*Bumbsa multiplex* var. *nana*	华南　华中
观音竹	*Bambusa multiplex*	华南　华中
长春藤	*Hedera helix*	华南　华中
常春藤	*Hedera nepalensis* var. *sinensis*	华南　华中
茶树	*Camella sinensis*	华南　华中

其中桧柏、侧柏、红豆杉、罗汉松、女贞、小腊、水腊、冬青、月桂、珊瑚树、柊树、蚊母树等树种，均可作为绿墙的材料。

2. 花篱

花篱由观花树木组成，为园林中比较精美的绿篱和绿墙，一般在重点地区应用，主要树种有：

（1）常绿芳香花木

桂花	*Osmanthus fragrans*	华南　华中
栀子花	*Gardenia jasminoides* f. *grandiflora*	华南　华中
雀舌花	*Gardenia jasminoides.* var. *radicans*	华中　华南
九里香	*Murraya paniculata*	华南
米仔兰	*Aglaia odorata*	华南

（2）常绿花木

假连翘	*Duranta repens*	华南

宝巾（三角花）	*Bougainvillea glabra*	华南
朱槿	*Hibiscus rosa-sinensis*	华南
六月雪	*Serissa foetida*	华中
凌霄	*Compsis grandiflora*	华南
迎春	*Jasminum nudiflorum*	华南　华中　华北

（3）落叶花木

小溲疏	*Deutzia gracilis*	华中　华北
溲疏	*Deutzia scabra*	华中　华北
锦带花	*Weigela florida*	华中　华北
木槿	*Hibiscus syriacus*	华中　华北
毛樱桃	*Prunus tomentosa*	华北
郁李	*Prunus japonica*	华中　华北
欧李	*Prunus humilis*	华北
黄刺玫	*Rosa xanthina*	华北
珍珠花	*Spiraea thunbergii*	华北
麻叶绣球	*Spiraea cantonensis*	华中　华北
三桠绣球	*Spiraea trilobata*	华南　华中　华北
日本绣线菊	*Spiraea japonica*	华北

其中桂花、宝巾可作为绿墙应用；其中的常绿芳香花木，在芳香园中用作绿篱，尤具特色。

3. 彩叶篱

为了丰富园林的色彩，绿篱有时用红叶或斑叶的观赏树木组成，可以使园林在没有植物开花的季节，也能有华丽的色彩。

主要树种有：

（1）叶红色或紫色为主，冬季不凋落者

红桑	*Acalypha wikesiana*	华南
金边桑	*Acalypha wikesiana* var. *marginata*	华南
红叶五彩变叶木	*Codiaeum variegatum* var. *pictum*	华南
紫叶柊树	*Osmanthus ilicifolius* var. *purpureus*	华南　华中

（2）叶红或紫色、冬季凋落者

紫叶小檗	*Berberis thpnbergii* var. *atropurpurea*	华南　华中　华北
紫叶刺檗	*Berberis vulgaris* var. *atropurea*	华南　华中　华北

（3）叶具黄色或白色斑纹、冬季不落叶者

黄斑叶珊瑚	*Aucuba japonica* var. *variegata*	华南　华中
金边珊瑚	*Aucuba japonica* var. *aureo-marginatum*	华南　华中
各种斑叶黄杨	*Buxus sempervirens* var.	华中

各种斑叶大叶黄杨	*Euonymus japonica* var.	华中　华南
白斑柊	*Osmathus ilicifolius* var. *variegatus*	华中
金斑柊	*Osmathus ilicifolius* var. *aureus*	华中
金叶桧	*Juniperus chinensis* var. *aurea*	华中
金叶侧柏	*Biota orientalis* var. *aurea*	华中
金心女贞	*Ligustrum ovalifolium* var. *variegatum*	华中
金边女贞	*Ligustrum ovalifolium* var. *aureo-marginata*	华中
各种黄斑变叶木	*Codiaem variegatum* var. *pictum*	华中
玉边长春藤	*Hedera helix* var. *cavendishii*	华中
黄脉金银花	*Lonicera japonica* var. *aureo-reticulata*	华中　华南

（4）叶具黄或白色斑纹、冬季落叶者

白斑叶刺檗	*Berberis vulgaris* var. *albovariegata*	华中　华北
银边刺檗	*B. vulgaris* var. *argenteo-marginata*	华中　华北
金边刺檗	*B. vulgaris* var. *aureo-marginata*	华中　华北
白斑叶溲疏	*Deutzia scabra* var. *punctata*	华中　华北
黄斑叶溲疏	*D. scabra* var. *marmoratata*	华中　华北
彩叶锦带花	*Diervilla florida* var. *variegata*	华中　华北
银边胡颓子	*Elaeagnus pungens* var. *variegata*	华中　华北
金心胡颓子	*Elaeagnus pungens* var. *fredricii*	华中　华北

以上树种中只有紫叶柊可作为树墙应用，但目前我国各城市这一树种还很稀少。

上述所有彩叶树种，除华南的红桑及变叶木，大量扦插繁殖比较容易外，其余树种，均须扦插繁殖，非常费工，因而要获得大量种苗，并不是一下可以办到的。同时许多白斑及黄斑叶品种，常常是植物的一种病态现象，所以生长势都比较弱，管理特别费工，因此彩叶篱除特别重点地区应用以外，一般地区不宜多用。

4. 观果篱

许多绿篱植物，在果熟时可以观赏别具一种风格。

小檗	*Berberis thunbergii*（落叶）	华中　华北
紫珠	*Callicarpa dichotoma*（落叶）	华中　华北
枸骨	*Ilex cornuta*	华南　华中
火棘	*Pyracantha fortuneana*	西南　华中

其中枸骨可以作为绿墙树种，观果篱以不加严重的规则整形修剪为宜，如果修剪过重，则结实率减少，影响观赏效果。

5. 刺篱

在园林中，为了防范常常用带刺的植物作为绿篱绿墙，则比刺铅丝篱既经济又美观。常用的树种有：

（1）常绿者

枸骨　*Ilex cornuta*　华南　华中

桧柏　*Sabina chinensis*　华中　华北

齿叶桂　*Osmanthus forunei*　华中　华北

柊树　*Osmanthus ilicifolius*　华中　华北

枸橘　*Poncirus trifoliata*　淮河以南

柞木　*Xylosma congestum*　华中

宝巾　*Bougainvillea glabra*　华南

刺黑珠　*Berberis sargentiana*　华中

（2）落叶者

小檗　*Berberis thunbergii*　华中　华北

黄刺玫　*Rosa xanthina*　华北

马蹄针　*Sophora vicifolia*　华北　西北　西南

其中除刺黑珠及小檗外，其余均可作为绿墙绿种。

6. 落叶篱

在我国淮河流域以南地区，除了观花篱、观果篱及彩叶篱以外，一般不用落叶树作为绿篱，因为落叶篱在冬季很不美观。我国东北地区、西北地区，及华北地区，由于缺乏常绿树种，或常绿树生长过于缓慢，则亦采用落叶树为植篱，主要树种有：

紫穗槐　*Amorpha fruticosa*

小檗　*Berberis thunbergii*

胡颓子　*Elaeagnus pungens*

牛奶子　*Elaeagnus umbellara*

桂香柳　*Elaeagnus angustifolia*

雪柳　*Fontanesia fortunei*

沙棘　*Hippophae rhamnoides*

小叶女贞　*Ligustrum quithoui*

鼠李　*Rhamnus dahurica*

冻绿　*Rhamnus utilis*

榆树　*Ulmus pumila*

7. 蔓篱

在园林中或一般机关和住宅，为了能够迅速达到防范或区别空间的作用，又由于一时得不到高大的绿篱树苗，则常常先建立格子竹篱、木栅围墙或是铅丝网篱，同时栽植藤本植物，攀缘于篱栅之上，另有一种特色。

如网球场外围，为了防止网球飞越过远，增加拣球距离，因而常用铅丝纲墙阻挡。这种网墙上，也需要攀缘植物加以美化。各地重要的攀缘植物种类，在下面攀缘植物及垂直绿化一节中列出。

8. 编篱

为了加强绿篱的防范作用，避免游人或动物的穿行，有时把绿篱植物的枝条编结起来，成为网状或格栅的形式。

常常应用的植物有：

木槿　　*Hibscus syriacus*

雪柳　　*Fontanesia fortunei*

紫穗槐　　*Amorpha fruticosa*

杞柳　　*Salix purpurea* var. *multinervis*

选用绿篱绿墙树种，主要有以下几个要求。

（1）萌蘖性，再生力强，容易发生不定芽、分枝、耐修剪。

（2）叶片小而密，花小而密，果小而多，移植容易，能大量繁殖。

（3）生长速度不宜过快。

（二）绿篱及绿墙的园林用途

绿篱的用途，大抵有以下几个方面

1. 防范及围护用

防范是绿篱最古老、最普遍的功能作用。人类最初应用绿篱，主要是为了防范，随着历史的演变，才逐渐出现了其他的用途。

绿篱可以作为一般机关、学校、工厂、医院、花园公园、果园、住宅等等单位，作为防范和保卫性的四周境界，以阻止行人进入。这种植物的防范性周界比围墙、竹篱、栅栏或刺铅丝篱等防范性周界，在造价上要经济得多，而且如果结合得好，还有一定的收入，同时比较富于生意，也比较美观。

作为周界的防范性绿篱，一般均为高篱或树墙的形式，防范要求较高，则可采用刺篱为高篱或树墙，或在绿篱内面仍然设置刺铅丝的围篱。在刺篱初建时，由于树苗幼小、生长不够丛密、高度不够，则可先设刺铅丝围篱，待刺篱完全形成后，再行拔去。如果治安保卫要求特高的单位，就不可能用树墙作为周界。

防范性绿篱一般用不整形的形式，但观赏要求较高或进口附近仍然应用整形式。

机关单位、街坊或公共园林内部，某些局部，除按一定路线通行以外，不希望行人任意穿行时，则可用绿篱围护。

例如园林中的观赏草地、基础栽植、果树区、游人不能入内的规则观赏种植区等等，常常用绿篱加以围护，不让行人任意穿行。这类绿篱，围护要求较高时，可用中绿篱；如果观赏要求较高时，则可用矮绿篱加以围护。围护性绿篱，一般多用整形式。观赏要求不高的地区可用不整形式。

此外绿篱还可以组织游人的路线，不能通行的地区，用绿篱加以围护，能通行的部分则留出路线。

2. 作为规则式园林的区划线和装饰图案的线条

许多规则式园林，以中篱作为分区界线；以矮篱作为花境的镶边、花坛和观赏草坪的图案花纹。作为装饰模纹用的矮篱，一般用黄杨、波缘冬青、九里香、大叶黄杨、桧柏、日本花柏等为材料，其中以雀舌黄杨和欧洲紫杉最为理想。因为黄杨生长缓慢，纹样不易走样，比较持久。比较粗放的纹样，也可以用常春藤组成。

3. 作为屏障和组织空间用

规则式园林，常常应用树墙来屏障视线，或分隔不同功能的园林空间。以树墙来代替建筑中的照壁墙、屏风墙和围墙。这种绿篱，最好用常绿树组成的高于视线的绿墙形式。通常在自然式园林中的局部规则式园林空间，可以用绿墙包围起来，使两种不同风格的园林布局的强烈对比得到隐蔽。儿童游戏场或露天剧场、露天舞池、旱冰场、网球场等运动场地与安静休息区分隔起来，以屏障视线，隔绝噪声，减少相互间的干扰。

4. 作为花境、喷泉、雕像的背景

西方古典园林中，常用欧洲紫杉（*Taxus baccata*）及月桂树（*Laurus nobilis*）等常绿树，修剪成为各种形式的绿墙作为喷泉和雕像的背景，其高度一般要与喷泉和雕像的高度相称。色彩以选用没有反光的暗绿色树种为宜。作为花境背景的绿篱，一般均为常绿的高篱及中篱。

5. 高篱

株距 50 ~ 75 厘米，双行式行距 40 ~ 60 厘米，宽度单行式为 50 ~ 80 厘米，双行式为 80 ~ 100 厘米。高度为 120 ~ 160 厘米。双行式成三角形交叉排列。

6. 绿墙

株距 1 ~ 1.5 米，双行式为 1.5 ~ 2 米，高度在 1.6 米以上。双行栽植成三角形交叉排列。

绿篱整形的形式很多，在平面上有各种不同形式，在立面上也有很多变化，其中最简单和最初步的形式，其平面是直线带状，其立面亦为水平没有变化。

7. 美化挡土墙

在规则式园林中，在不同高程的两块台地之间的挡土墙，为避免在立面上的单调枯燥起见，常在挡土墙的前方，栽植绿篱，把挡土墙的立面美化起来。

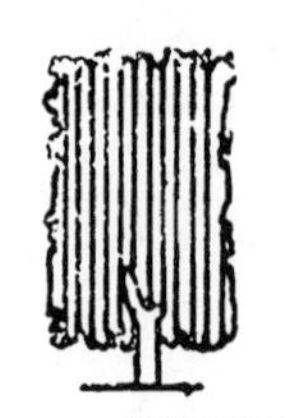

整形正确的绿篱断面

整形不正确的绿篱断面

（三）绿篱的栽植形式和整形要求

1. 整形绿篱

（1）矮篱

一般多为单行直线或几何曲线栽植，株距视植物生长速度及苗木大小之不同不而同，一般为15~30厘米。绿篱宽度为15~40厘米。高度为10~50厘米。

（2）中篱

成单行或双行直线或几何曲线栽植，株距一般为30~50厘米，单行栽植宽度为40~70厘米，双行栽植宽度为50~100厘米，行距为25~50厘米，高度为50~120厘米。双行栽植点的位置成三角形交叉排列，不论何种形式的绿篱，都要保证阳光能够透射植物基部，使植物基部的分枝茂密。因而在整形修剪时，绿篱的断面，必须保持上小下大，或上下垂直。

如图把绿篱断面修剪为上大下小则下枝照不到阳光，下部分枝即枯死；如果绿篱的主枝不剪去，成尖塔形，则由于主枝不断向上生长下部分枝亦容易自然枯死。

任何绿篱，一旦下枝枯落，即失去美观价值，必须进行更新或替换。

一般中篱及矮篱，选用快长树苗时，例如女贞、小腊、水腊等，可用2~3年生苗木，于栽植时离地面5厘米处剪去，促其分枝，然后每年修剪4~5次，逐年长成计划高度。

如果应用常绿针叶树或慢长常绿树，如桧柏、黄杨、大叶黄杨等，则须在苗圃预先按绿篱要求育苗。育苗时，栽植距离要放大，使苗木基部能四面受光，每年或隔年苗木移植密度，以一年或隔年生长后相邻二苗木不致接触为原则。待苗木高度达到30~50厘米时，须将主枝顶端剪去10厘米，促其分枝。以后逐年生长逐年剪修，最好能达到各种绿篱的预定高度时出圃，最为理想。

许多高篱及树墙，最好应用较大的预先按绿篱要求修剪的树苗为宜。这样，设计意图形成较快，下枝又可不枯。

2. 不整形的绿篱

不整形的绿篱，是指绿篱不接几何体形整形的绿篱而言。但是为了下枝不致枯落，使绿篱生长紧密起见，必要的促使其下部分枝加多的生理修剪，仍然是必要的。为了下枝不枯，主枝的顶梢留至一定高度也必须除去，丛生性的灌木，只要控制其一定高度就可以了。

不整形的绿篱，一般均作为高篱或绿墙应用。结合生产的绿篱，为了多收花与果，以不整形绿篱的形式为宜。

不整形绿篱的排列，与自然式的单行双行不透光林带仍然有所区别。

自然式林带，林冠线有起伏，林带有断续，每株树木有大有小，有高有低，林带地排列成自然曲线，林带外缘两林缘线不平行，有宽有窄，树种亦可稍有变化。

不整形绿篱，林冠线大抵上为水平，绿篱连续不断，每株树木大小均匀，排列使直线或几何曲线，绿篱外缘线平行，没有宽窄的变化。

绿篱种类虽然很多，但一般应用的，以常绿中篱为多，其他形式只在特殊场合下应用。

（四）绿篱结合生产

园林绿化中，绿篱的应用相当广泛，尤其以作为防范用的周界绿篱，规模很大，养护管理也很费工，如果不结合生产，就很不经济，结合生产以后就有一定的收入。

一般整形要求很高的中篱和矮篱，结合生产比较困难。但是许多整形要求不高，或不整形的高篱和绿墙，则结合生产十分相宜。

在华北地区：防范性较强美观要求不高的绿篱，可用花椒为不整形绿篱，花椒是华北重要的油料植物。

其他如杞柳、紫穗槐、雪柳等绿篱，其枝条剪下后，可以编筐，在农村及一般地区的绿篱均可应用。

美观要求较高时，可用香水玫瑰（*Rosa damascena*）、金银花（*Lonicera japonica*）均可作为不整形绿篱或蔓篱。这两种植物，开花繁茂，芳香扑鼻，美观价值很高；同时香水玫瑰为名贵的香精原料，金银花为重要的中药。此外，葡萄可以作为蔓篱，收益很大。

在我国中部地区，如华东、华中等地，如栀子、桂花、月桂、茶树、香水玫瑰、金银花均可作为绿篱材料，收益也很高。

华南地区，如九里香、米仔兰、栀子等，也都是很好的香精原料。

四、树木整形

欧洲园林艺术，发展到17世纪末期，18世纪初期，在法国产生了洛可可式（Rococo Style）园林，这种园林中，树木整形发展到刻意修剪，极雕琢之能事，由于把树木过分的人工化，与周围的自然景色，很难取得调和，这是法国当时宫廷贵族生活空虚、虚伪做作的精神面貌的反映。因而过分地运用树木整形术是不适当的。

但是为了使没有生命的建筑物，与周围的树木花草取得过渡与调和，使具有强烈几何体形的建筑物与周围不规则的自然风景及色彩上取得过渡与统一，在必要的场合，运用一定的整形树木，还是十分必要的。

规则式园林中的整形树木，有时是建筑的组成部分，有时则代替雕刻的作用，大抵可以分为以下几种类型：

1. 几何体型整形

把树木修剪成球体、圆柱体、锥体、立方体，以及其他复杂的几何形体。

这些几何形体的树木，通常应用于花坛的中央，在连续花坛群中央组成系列的栽植、或在花坛路或建筑群中轴线道路的两侧组成系列的栽植。用以强调轴线及主要通路。有时用一对几何形体的树木，以强调建筑物或园林进口，或模拟门柱。此外，在规则式的铺装广场、规则式的观赏草坪上，也常常应用几何体的树木加以装饰。

2. 动物体形整形

园林中的树木整形，也常常模拟动物雕像，把树木修剪成孔雀、狮子、和平鸽等等动物形象。一般可布置在花坛的中央，中轴线两侧的通路上，建筑物或园林的进口。尤其是动物园，用动物雕像来装饰动物展览馆的进口，具有一种独特的风格。在儿童公园，树木的动物整形，如果能和童话结合起来，将引起儿童们的巨大兴趣和幻想。

3. 建筑体形的整形

在园林中，常常应用常绿树木，经过整形使成为建筑物的组成部分。最常应用的，为绿门、各种形式的绿墙、有时直接用树木修剪成为亭子的形式、有时则用树木经整形后成为纪念性建筑的组成部分。

有树木剪成的绿屏，有时作为绿化剧场舞台的背景，或用绿屏排列成舞台中羽幕的形式，以组织绿化剧场的舞台空间，而演员可以从羽幕间进出，也可以用羽幕的形式组织园林的规则式闭锁空间，但游人又可以穿行。在一定视点上可以透景，在另一视点上则成为封闭的空间。

4. 树种选择及育苗要求

树种基本要求和绿墙所用的树种相同。

由于各种体形的整形，需要与树木的生长结合起来进行，需要经过很长的过程。如果在已经建设的园林中，逐年形成，效果不好，也不经济，因而最好能在苗圃内整形。苗木栽植距离要大，四面要留出空地，空地上可间作草木花卉植物。待五年、十年、二十年以后，形成一定体形后供园林中应用。某些建筑体形，可像建筑物预制砌块一般在苗圃内先育苗，合于一定规格以后，在园林中组合起来即可。

我国长江以北地区：小型的可用黄杨，大型的可用桧柏、紫杉，东北可应用云杉、紫杉、杜松等。

长江流域：小型的可用黄杨、大叶黄杨、翠柏、金叶桧、矮桧等。大型的可用桧柏、月桂、桂花、美丽白豆杉、珊瑚树、构骨、柞木、小腊等等。

华南可用九里香、月桂、桂花等。

欧洲最常用的为欧洲紫杉（*Taxus baccata*）在我国可以引种的地区可加以试用。

第三章　自然式种植设计

一、孤立树（孤植）

孤植树在园林中可以有两种目的，第一类是作为园林中独立的庇荫树，当然除了庇荫的目的以外，在构图艺术上仍然和单纯作为观赏用的孤立树有其同样重要的意义。所以也可以说，第一类是庇荫与观赏结合起来的孤立树；第二类是单纯为了构图艺术上需要的孤立树。孤立树是园林种植构图中的主景，因而四周要空旷，使树木能够向四周伸展，同时在孤立树的四周要安排最适宜的鉴赏视距，在风景透视中谈到，最适视距在树高的4～10倍左右，所以至少在树高的4倍的水平距离内，不要有别的景物阻挡视线，应该空出来。

孤立树所表现的，主要是树木的个体美，而树丛、树群和树林所表现的乃是群体美。孤立树在构图上所处的位置十分突出，所以必须具有突出的个体美。

明朝画家龚贤说："一株独立者，其树必作态，下复式居多。"又说："孤松宜奇，成林不宜太奇。"这里说明，在绘画构图中，孤立树，其姿态必须突出；同时以树冠开展的树木比较相宜；所在园林造景中，孤立树的树种选择及体形要求，在审美中，是与绘画完全一致的。园林中的孤立树必须要有突出奇特的姿态与体形，而树林中的树木则体形可以一般。体形简单，树冠不开展的树木，选为孤立树，很不相宜。孤植树的个体美，以体形和姿态的美为最主要的因素。组成孤植树个体美的因素，大体上有以下各个方面：①体形特别巨大者：如香樟、榕树、悬铃木、槲树等树木，常常树冠伸展达30～40米，荫覆一、二亩，主干几人围抱，给人以雄伟浑厚的艺术感染；②体形的轮廓富于变化，姿态优美，树枝具有丰富的线条美者：如柠檬桉、白皮松、油松、黄山松、鸡爪槭、白桦、朴树、桧柏、垂柳等树木，给人以龙蛇起舞，顾盼神飞的艺术感染；③开花繁茂，色彩艳丽者：如凤凰木、木棉、大花紫薇、玉兰、樱花、海棠、碧桃、梅花等树木，开花时，给人以华丽浓艳，绚烂缤纷的艺术感染；④具有浓烈芳香的树木：如白兰、桂花、柚子等，给人以暗香浮动，沁人心肺的美感；⑤其他如苹果、柿子等给人以硕果累累的艺术感受；⑥秋天变色，或常年红叶的树种：如乌桕、枫香、鸡爪槭、银杏、白腊、平基槭、紫叶李等树木，给人以霜叶照眼，秋光明净的艺术感受。

具有以上各种个体美特征的树木，在体形与姿态上亦很合适时，就适于选为孤植树。

第一类的庇荫的孤立树，选择树种的时候，首先应该有巨大开展的树冠，生长要快速，庇荫效果要良好，体形要雄伟。古话说，大树底下好乘凉，所以必须符合这个要求。体形呈尖塔形或圆柱形，树冠不开展或自然干基部分枝的树木，例如钻天杨（*Populus nigra* var. *italica*）、龙柏（*Sabina chinensis* var. *kaizuca*）、云杉（*Picea*）、塔柏（*Sabina chinensis* var. *pyramidalis*）、南洋杉（*Araucaria excelsa*）等等，以及各种灌木，均不宜选作庇荫孤立木。其次，树庇稀疏，树姿松散的树木，亦不宜选作庇荫孤立树。例如，柠檬桉（*Eucalyptus maculata* var. *citri-odora*）、紫薇（*Lagerstroemia indica*）、枣树等等，分蘖太多的洋槐也不适宜，有毒植物则更不相宜。

庇荫及观赏的孤立树配置的地位，最好是布置在开朗的大草坪或林中草地的中央，但是在构图上不应该配置在大草坪的几何中心，应该偏于一端，布置在构图的自然重心上，与草坪周围的树群或景物取得均衡和呼应。庇荫及观赏的孤立树还可配置在开朗的水边，河畔、江畔或湖畔，以明朗的水色作为背景，使游人可以在树冠的庇荫下欣赏远景。此外在可以透视辽阔远景的高地上、山冈上，亦可配置庇荫孤立树，一方面可供游人在树下乘凉，眺望；另一方面，也可以使高地或山冈的天际线丰富起来。

在建筑铺装的公园广场上的某些靠近边缘，人流较少的地点亦可配置孤立木。

由园林建筑组成的院落中，小型游憩建筑物正面的铺装场地上，亦可配置庇荫孤立树。

但作为庇荫孤立树，最好选用地方树种，植物的健康发育，受地域性限制很强，如果不用地方性树种，就不可能有巨大开展的树冠，树木生长不良，也不可能产生很好的浓荫。例如在东北地区生长得十分巨大的树冠十分开展的银白杨（*Populus alba*）在北京就没有巨大的开展树冠，到了华东就成了灌木状。华东生长巨大的，树冠开展到30米的悬铃木（*Platanus acerifolia*）到了北京变成了小乔木，到了沈阳等地，因受冻害，主干就不能形成，而形成丛生状灌木了。

第二类，是单纯为了构图艺术上需要的孤立树，孤立树的栽植，并不意味着只能有一株树，可以是一株树的孤立栽植，也可以是两株到三株组成的一个单元，但必须是同一个树种，株行距不超过1～1.5米，远看起来，效果如同一株树木一样，孤立树下不得配置灌木。

在园林构图上，作为观赏的孤立树，如果是在开朗宽广的大草坪、草原和高原上；或是山冈和小山上；或是在大水面的水滨，栽植孤立树时，所选树种必须特别巨大，才能与广阔的草地、平原、水面取得均衡。这些孤植树最好能以天空、水面为背景。大草坪上的孤植树可以用草地作背景，但树木的色彩最好与草色有差异。观赏的孤立树，应该在姿态、体形、色彩、芳香等方面突出。

作为丰富天际线及水滨的孤植树，必须选用体形巨大，轮廓丰富，色彩与蓝色的天空和水面有对比的树种：例如香樟、榕树、油松、白皮松、桧柏、枫香、鸡爪槭、平基槭、乌桕、凤凰木、木棉、银杏、白腊等等最为适宜。

在小型的林中草地，草坪、较小水面的水滨，孤立树的体形，必须小巧玲珑，可以应用在体形轮廓上特别优美，色彩艳丽或线条上特别优美的树种：例如日本五针松（*Pinus pavriflora*）、日本赤松（*Pinus densiflora*）。红叶树如鸡爪槭及其各种品种、紫花槭（Acer pseudo-Sieboldianum）、紫叶垂枝桦（*Betula pendula* var. *atropurpurea*）、红叶李（*Prunus cerasifera* f. *atropurpurea*）、紫叶柊（*Osmanthus ilicifolia* var. *purpureus*）等等。花木可以用玉兰、海棠、樱花、碧桃、紫薇、梅花等等。花朵具有浓郁芳香的乔木，作为孤植树价值很高。例如亚热带地区可用木犀（*Osmanshus fragrans*）、白兰（*Michelia alba*）等，可以使整个园林闻到花香；在背景为密林或绿地的场合下，最好应用花木或红叶树为孤植树；姿态线条色彩突出的孤立木，常常用作自然式园林的诱导树、焦点树。例如在小河的弯曲处、弯曲道路的转折处，庇覆在进口或登道的上空，犹如黄山的迎客松一样，特别吸引游人。中国的山水园中，在假山登道口、悬崖上、高阜上、水边或巨石旁，也是配植孤植树的好地方。山水园的孤植树，树木姿态线条，必须与透漏生奇的山石调和，树姿应该盘曲苍古，合适的树种有日本赤松（*Pinus densiflora*）、日本五针松（*Pinus parviflora*）、绉纹槭（*Acer palmatum* var. *multifidum*）梅花、黑松、紫薇等等。此等孤植树之下，最好配以自然巨石，可供休息。

在园林透景框外方，例如圆窗外月洞门外，以及树丛组成的透景空缺处，也是孤植树配置的良好位置。

观赏孤植树在构图上有时作为建筑物的前配景、侧配景和后配景，姿态、色彩与建筑物既要调和，又要有对比。

孤立树在构图上，并不是孤立存在的，他与四周的景物是统一于园林的整个构图之中，孤立树可以是周围景物的配景，也可以周围景物是孤立树的配景；孤立树是风景的焦点，孤立树又是园林中从密林、树群、树丛过渡到另一个密林的过渡形式之一。

孤植树是暴露的植物，因此那些需要空气湿度很高，需要强阴性的树木，或需要小气候温暖的树木，就不适于选为孤植树。在华北地区的北京：例如落叶松（*Larix*）、红松（*pinus koraicnsis*），为阴性树种，需要空气湿度较高，如果选为孤植树则生长不良，甚至不能成活，这些树木要在空气湿度较大的有适度庇荫的森林环境中生长。

如槲树（*Quercus dentata*）、椴树（*Tilia*）等树木，幼苗时需要庇荫，壳斗科的树木，最好要应用直播的方法来种植。这样运用这些树种作为近期的孤立树是有困难的，需要远近期结合起来设计，近期就作为密林设计，远期在逐步改造。

又如玉兰（*Magnolia denudata*）、梅花（*Prunus mume* var.）、鸡爪槭（*Acer palmatum*）、梧桐（*Firmiana simplex*）等暖温带树种，在北京地区，已经是分布区的边缘树种，需要在温暖的小气候之下才能生长，因而不宜选为孤立树。

在结合生产方面，以果实、花具有经济价值的树木比较相宜。例如果实有经济价值的植物，在华南如：芒果、橄榄、乌榄、柚子、荔枝、罗望子、椰子、油棕、腰果、人面子等树种；在华中如：银杏、柿、梨、薄壳山核桃、板栗、苦槠、七叶树（药用）、乌桕（油脂）等树种；在华北如：银杏、柿、苹果、梨、海棠、胡桃、薄壳山核桃等树种，均甚相宜。花有经济价值的芳香植物，华南的白兰、黄兰；华中的桂花，也可略有收入。

但以树皮、木材为主的经济植物，则不宜结合，孤植树位置显著，果实的管理困难较多。

在设计时，首先必须利用当地原有的成年大树作为孤植树。如果绿地中已有上百年或数十年的大树，必须使整个公园的构图与这种有利的自然条件结合起来，使这种原有大树，成为园林布局中的孤植树。这样是最好的因地制宜的设计方法，可以提早数十年实现园林的艺术效果。如果没有大树可以利用，则宜利用原有的中年生长10～20年的树木，在布局中，留为孤立树，则可比周围的新栽树木快长。如果绿地中没有任何树木可利用，或是园林布局实在没有办法迁就原有大树，则设计的孤立树，需要用大树移植的办法施工，一般在树高达10～15米左右，重量不超过10吨的树木，目前我国的技术水平，是可以移植的。但是经济条件不许可移植大树时，则选用为孤立树的树种，必须为第一级的快长树木，同时施工时的树苗，又必须比园林中其他的树苗要高大。例如在华南地区，则以选用南洋楹（*Albizia falcataria*）、黄豆树（*Albizia procera*）、柠檬桉、白兰、木棉、凤凰木等快长树为园林中的近期孤立树为宜；如榕树、黄葛树、印度橡皮树等漫长树木，则只能作为远期构图中的孤立木，不能作为近期孤立木。

华中地区，如悬铃木、鹅掌楸、枫香、薄壳山核桃等快长树木，可选为近期的孤立树；而香樟、苦槠、银杏、鸡爪孤等慢长树，只能作为远期构图中的孤植树。

华北地后，如毛白杨、青杨、白腊、白桦等等快长树可选为近期的孤立树；而白皮松、油松、桧柏、槲树等慢长树，则只能作为远期的孤立树。

因此，在用一般苗木（3～5年生苗木）建园的园林种植设计时，作为孤植树的设计，常常在同一草坪上，或同一园林局部中，要设计双套孤立树，一套是近期的，一套是远期的。远期的孤植树，在近期可以3～5成丛的树植，近期作为灌木丛或小乔木树丛来处理，随着时间的演变，把生长势强的体形合适的保留下来，把生长势弱的，体形不合适的移出。

我国各地区，可选为孤植的树种，择重要者，列举于下。

华南地区：

黄兰　　　　*Michelia champaca*

白兰	*Michelia alba*
观光木	*Tsoongiodendron odorum*
小叶榕	*Ficus retusa*
黄葛树（大叶榕）	*Ficus lacor*
菩提树	*Ficus religiosa*
印度橡皮树	*Ficus elastica*
广玉兰	*Magnolia grandiflora*
香樟	*Cinnamomum comphora*
柠檬桉	*Eucalyptus maculata* var. *citriodora*
海红豆	*Adenanthera pavonina*
黄豆树（南洋楹）	*Albizia procera*
腊肠树	*Cassia fistula*
铁冬青	*Ilex rotunda*
芒果	*Mangifera indica*
木棉	*Cossampinus malabarica*
凤凰木	*Delonix regia*
大花紫薇	*Lagerstroemia speciosa*
橄榄	*Canarium album*
乌榄	*Canarium pimela*
荔枝	*Litchi chinensis*
罗望子（酸豆）	*Tamarindus indica*
人面子	*Draecontomelon duperreanum*
华中地区：	
雪松	*Cedrus deodara*
金钱松	*Pseudolarix amabilis*
马尾松	*Pinus massoniana*
柏木	*Cupressus funebris*
香樟	*Cinnamomum camphora*
紫楠	*Phoebe sheareri*
石栎	*Lithocarpus glabra*
苦槠	*Castanopsis sclerophylla*
广玉兰	*Magnolia grandiflora*
玉兰	*Magnolia denudata*
桂花	*Osmanthus fragrans*
鸡爪槭	*Acer palmatum*
七叶树	*Aesculus chinensis*

喜树	*Camptotheca acuminata*
珊瑚朴	*Celtis julianae*
朴	*Celtis sinensis*
糙叶树	*Aphananthe aspera*
枫香	*Liquidambar formosana*
鹅掌楸	*Liriodendron chinense*
薄壳山核桃	*Carya illinoensis*
银杏	*Ginkgo biloba*
悬铃木	*Platanus acerifolia*
枫杨	*Pterocarya stenoptera*
大叶榉	*Zelkova schneiderana*
紫薇	*Lagerstroemia indica*
垂丝海棠	*Malus halliana*
梅花（变种）	*Prunus mume* var.
碧桃	*Prunus persica* var.
樱花（各种）	*Prunus* sp.
合欢	*Albizia julibrissin*
乌桕	*Sapium sebiferum*
紫叶李	*Prunus ceracifera* f. *atropurpura*
无患子	*Sapindus mukorossi*
华北地区：	
油松	*Pinus tabulaeformis*
白皮松	*Pinus bungeana*
桧柏	*Sabina chinensis*
侧柏	*Biota orientalis*
毛白杨	*Populus tomentosa*
青杨	*Populus cathayana*
小叶杨	*Populus simonii*
白桦	*Betula platyphlla*
平基槭	*Acer truncatum*
蒙椴	*Tilia mongolica*
糠椴	*Tilia mandshurica*
紫椴	*Tilia amurensis*
君迁子	*Diospyroa lotus*
洋白腊	*Fraxinus pennsylvanica* var. *lanceolata*
花曲柳	*Fraxinus rhynchophylla*

白腊	*Fraxinus chinensis*
槲树	*Quercus dentata*
槐	*Sophora japonica*
皂荚	*Gleditsia sinensis*
朴树	*Celtis bungeana*
桑	*Morus alba*
白榆	*Ulmus pumila*
春榆	*Ulmus japonica*
臭椿	*Ailanthns altissima*
银杏	*Ginkgo biboba*
薄壳山核桃	*Carya illnoensis*
梨	*Pyrus* spp.
苹果	*Malus pumila*
海棠果	*Malus prunifolia*
西府海棠	*Malus micromalus*
山荆子	*Malus baccata*
柿子	*Diospyros kaki*
胡桃	*Juglans regia*
碧桃	*Prunus persica* var. *duplex*
樱花（各种）	*Prunus* sp.
紫叶李	*Prunus cerasifera* var. *atropurparea*
天女花	*Magnolia parviflora*

二、对植

对植和孤植不同，孤立树是主景，对植不是主景，永远是作为配景的。

在规则式种植构图中，对称栽植的形式、无论在道路两旁，建筑或公园的进口，是经常应用的。在自然式的种植构图中的对植是不对称的，但是，左右仍然是均衡的。自然式园林的进口两旁，桥头、登道的石阶两旁，河流进口的两旁，闭锁空间的进口两旁，建筑物的门口，都需要有自然式的进口栽植和诱导栽植。

对植，最简单的形式是运用两株独树，分布在构图中轴线的两侧；必须采用同一树种，但大小和姿态必须不同，动势要向中轴线集中；与中轴线的垂直距离，大树要近，小树要远。两树栽植点连成的直线，不得与中轴线成直角相交，也就是说不得与其横轴平行。

对植，也可以左侧为一株大树，而右侧为同种的两株小树，也可以是两个树丛或树群，但是树丛和树群的组合成分，左右必须近似，双方既要避免呆板的对称形式，但又必须对应。

当对植为三株以上树木配合时，可以用两种以上树种。

两个树群的对植，可以构成夹景。

三、丛植（树丛）

树丛是种植构图上的主景。

树丛的组成，通常由 2 株到 9、10 株乔木组成，如果加入灌木，总数最多可以到 15 株左右。树丛的组合，一方面应该当作为一个统一的群体来考虑，要考虑群体美；但同时，另一方面组成树丛的每一株个体树木，也都要能在统一的构图之中表现其个体美。树丛与树群的不同，一方面是：组成树丛的树木数量少，组成树群的树木数量多；但主要的不同是：设计树群时，并不把每一株树的全部个体美表现出来，主要考虑的是群体美，在林冠的树木只表现其树冠部分的美，林缘的树木，只表现其外缘部分的美。如果把群体拆开，每株个体的树就不一定是美的了，所挑选树种没有像树丛挑选的严格。可是树丛中的单株，如果拆开来，仍然有其独立的个体美。所以选择作为组成树丛的单株植物的条件与孤植树相似，必须挑选在庇荫、树姿、色彩、开花或芳香等方面有特殊价值的植物。

树丛可以分为单纯树丛及混交树丛两类。在作用上，有作庇荫用的、有作主景用的、有作诱导用的、有作建筑物、假山等景物的配景用的树丛作主景时可以配置在大草地中央、水边、河湾、或土丘土冈上。作为主景或焦点，四周要空旷，使主景突出；也可作为透景框的画景，也可以布置在岛屿上作为水景的焦点。在中国古典的山水园林中，树丛与岩石组合，可以设置在白粉墙前方、走廊或房屋的角隅，组成一定的画题；也可以作为路叉的屏障，又兼起对景的作用，也可以作为弯曲道路，弯曲部分的屏障。

庇荫为主的树丛，不能用灌木及草本植物的配植，通常以树冠开展的高大乔木为宜，同时最好采用单纯一种树种，不取混交的形式。观赏为主的树丛，可以乔木灌木混合配植，可以栽植于土丘上，也可以在平地上，可以配以山石及多年生花卉，使成为一定的植物同住结合，现在就两株、三株、四株、五株、六株、七株、八株、九株的配植形式讨论如下：

（一）两株的配合

在构图上，须符合多样统一的原理，两株树必须既有调和又有对比，使二者成为对立的统一体，因此两株树的组合，首先必须有其通相，才能使二者统一起来；同时又必须有其殊相，才能使二者有变化和对比。

差别太大的两种不同树木，配置在一起是会失败的。例如，一株棕榈和一株马尾松配置在一起；一株塔柏和一株龙爪柳配植在一起；一株大乔木和一株灌木配植在一起；一株常绿树和一株落叶树配植在一起，因为对比太强无法统一，所以效果不好。因此首先要求同，然后再求异，两株的树丛最好采用同一个树种，同一树种的两棵树栽植在一起，在调和上是没有问题的。但是如果两株相同的树木，大小、体形完全相同，配植在一起时，则又十分刻板，因为没有对比。所以同一种树种的二棵树最好在姿态上、动势上、大小上有显著的差异，才能使树丛生动活泼起来。明朝画家龚贤说得好："二株一丛，必一俯一仰，一猗一直，一向左一向右，一有根一无根，一平头一锐头，二根一高一下"。

又说："二株一丛，分枝不宜相似，即十树五树一丛，亦不得相似。"

"二株一丛，则两面俱宜向外，然中间小枝联络，亦不得相背无情也。"

以上都说明了两株相同树木，配植在一起，在动势、姿态与体量大小，均需有差异和对比，才能生动活泼。

两株的树丛，其栽植距离不能与两树树冠直径的二分之一相等，必须靠近，其距离要比小树的树冠小得多，这样方能成为一个整体；如果栽植距离大于成年树的树冠，那么就变成了两株独树而不是一个树丛。不同品种的树木，如果在外观上十分类似的时候，当然也不是不可以配植在一起。例如女贞（*Ligustrum lucidum*）和桂花（*Osmanthus fragans*）为同科不同属的植物，但是由于同为常绿阔叶乔木，外观很相似，所以配植在一起十分调和。水曲柳（*Fraxinus mandshurica*）与花曲柳（*Fraxinus rhynchophylla*）为同属不同种的树木，但同为落叶乔木，外形很难分辨，配植在一起当然十分调和，至于同一个植物种之下的不同变种和品种，差异更小，就更能一起配植了。例如红梅（*Prunus mume* var. *alphandii*）和绿萼梅（*Prunus mume* var. *viridicalyx*）相配，是很调和的。但是，在同一个植物种之下的不同变种和不同变型，如果外观差异太大，那么仍然不能配植在一起，例如龙爪柳（*Salix matsudana* var. *tortuosa*）和馒头柳（*Salix matsudana* var. *umbraculifera*）虽然同是旱柳（*Sulix matsudana*）的变种，但是由于外形相差太大，配在一起就会不调和。

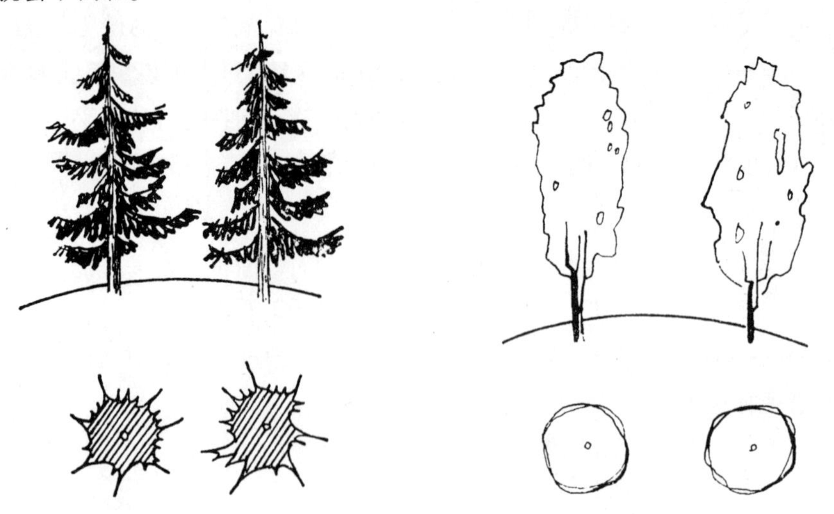

上图两株配合，因为二者过分雷同，只有通相，没有殊相。因此虽然调和但没有对比，构图显得不生动。

（二）三株树丛的配合

通相：最好三株为同一个树种，或为外观类型的两个树种来配合，相差悬殊的两个树，不要配合一起。三株配合中，如果是两个不同树种，最好同为常绿树，或同为落叶树种；同为乔木或同为灌木。三株配合，最多只应用两个不同树种，忌用三个不同树种（如果外观不易分辨，不在此限）。三株一丛除通相以外，还得有殊相。

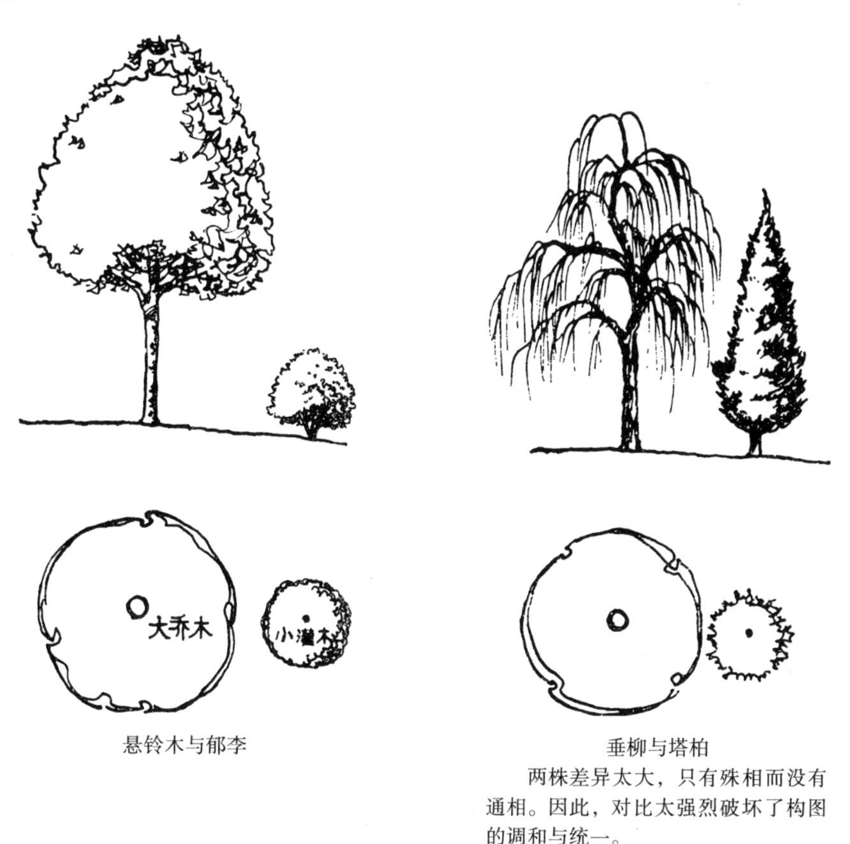

悬铃木与郁李

垂柳与塔柏

两株差异太大，只有殊相而没有通相。因此，对比太强烈破坏了构图的调和与统一。

明朝画家龚贤说：“古云：‘三株一丛，第一株为主树，第二第三树为客树。’……主树画，客树直；主树直，则客树不得反犄矣。”又说“三树一丛，则二株宜近，一株宜远，以示别也。近者曲而俯，远者宜直而仰。三株一丛，二株枝相似，另一株枝宜变，二株直上，则一株宜横出，或下垂似柔非柔……。”双说：“三树不宜结，亦不宜散，散则无情，结是病。”

殊相：三株配植，树木的大小、姿态都要有对比和差异，栽植时，三株忌同在一直线上，也忌等边三角形栽植。三株的距离都要不相等，其中有两株，即最大一

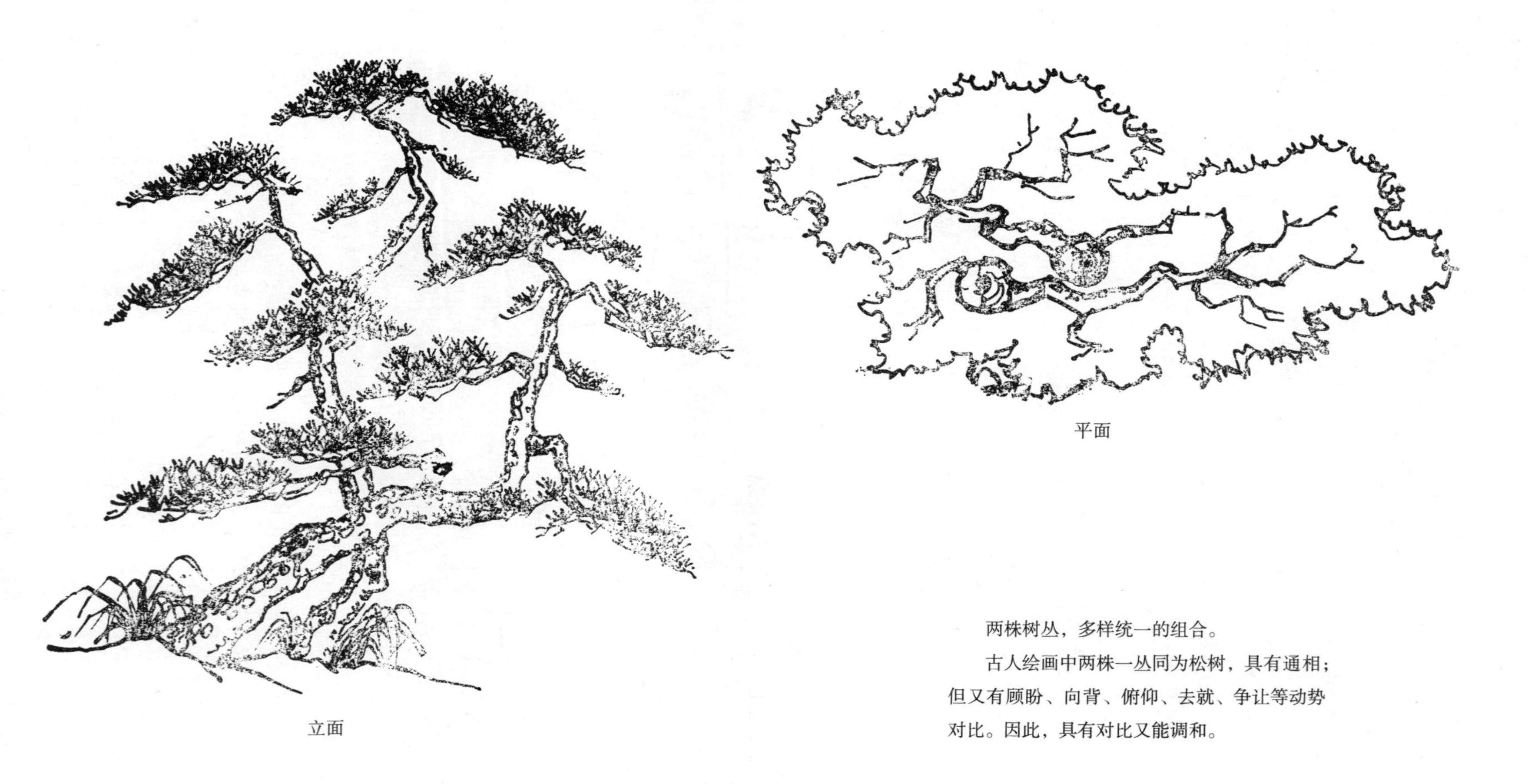

立面

平面

两株树丛，多样统一的组合。

古人绘画中两株一丛同为松树，具有通相；但又有顾盼、向背、俯仰、去就、争让等动势对比。因此，具有对比又能调和。

株和最小一株要靠近一些，使成为一小组，中等大小的另一株，要远离一些，使成另一个组，但两个小组在动势上要呼应，构图才不致分割。在这种组合情况下，三株树木，如果为两个树种，则最小一株为一个树种，而另外两株为另一个树种，这时，远离的一株与靠拢的两株组合中大的一株，树种相同，因而两个小组才能够统一而不致分割。

三株树丛，也可以最大一株与中间一株靠近，成为一小组，而最小株稍远离，此时如果系由两个树种组合时，则中间一株为一树种，最大和最小两株共为一个树种，则两个小组不致分割。

两种树种的组合，忌最大一株为一个树种，而另外两株又为一个树种，这样，在体量上容易趋向机械平衡，不分主次。

1. 以下图例，示三株树丛系统一或机械的配合

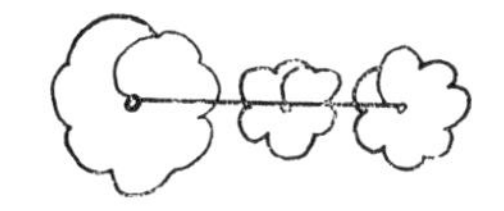

三株在同一直线上

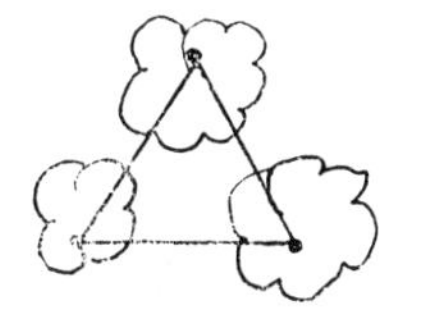

三株成等边三角形

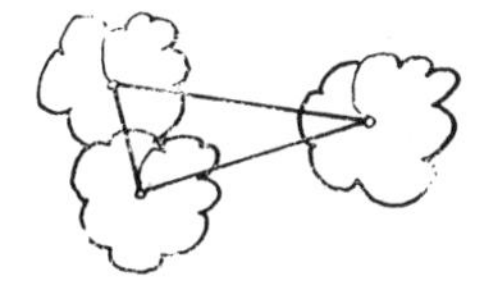

三株大小，姿态相同

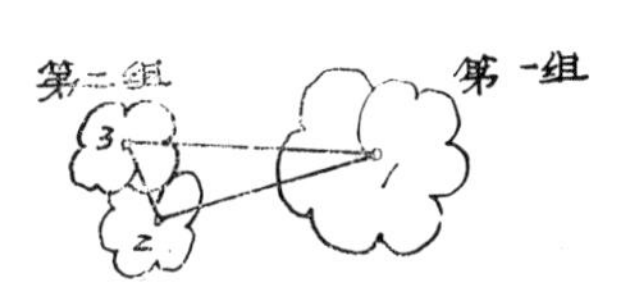

三株，最大一株成第一组，第二、第三次大二株成第二组，使第一组与第二组重量相等，构图的平衡过于机械。

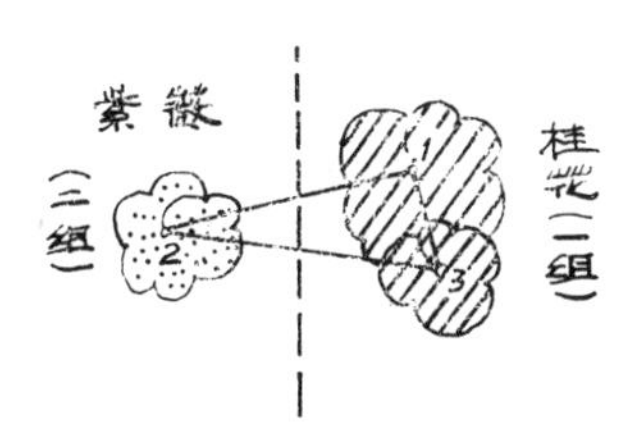

三株由二个树种组成其中①③号为同一树种靠近成一小组，第②号为另一树种，分开，成另一小组，因一组与两组树种不同，使构图分割为不统一的两个部分，整个树丛有分割为两个局部的感觉，第一组与第二组没有共同因素，只有差异性。

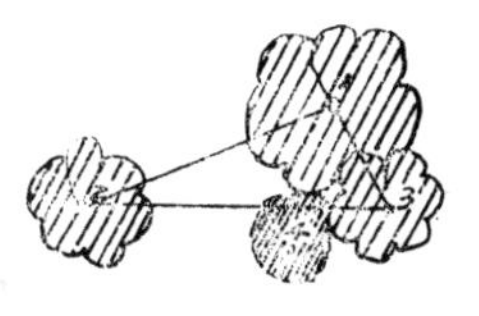

三株由二个树种组合，但③号一株没有居于①号和②号之间，构图失去平衡。

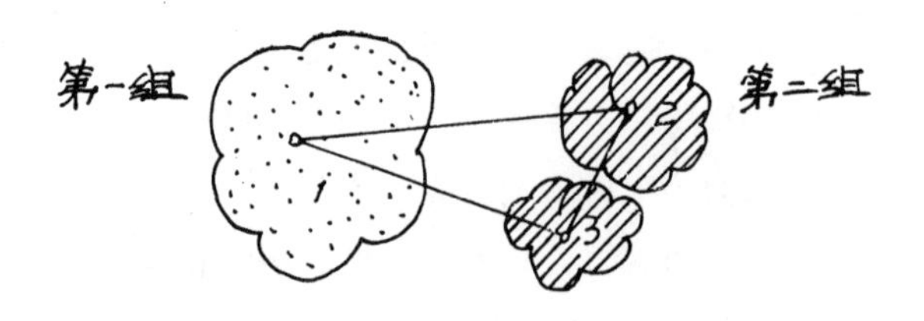

两个不同树种组合，最大①号为玉兰，②③号为桂花较玉兰为小；使第一组与第二组产生机械平衡的感觉又使两组构图分割。

2. 三株树丛多样统一的构图示例

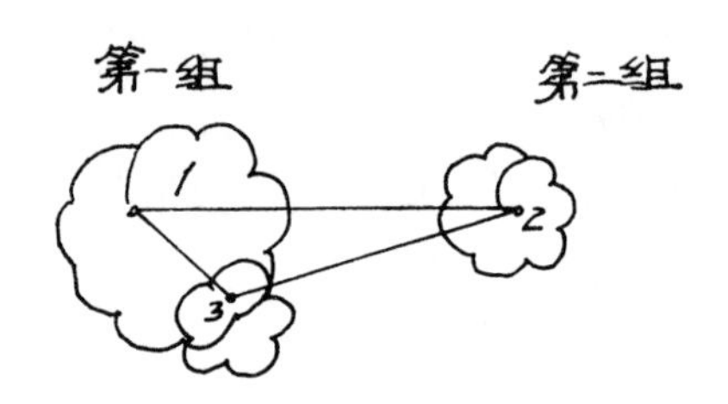

三株同一树种，但大小高低树姿都系相同，三株中最大①号与最小③号靠近二株成为第一组，②号次大一株稍远成为第二组，三株不在同一直线上，不成等边三角形。

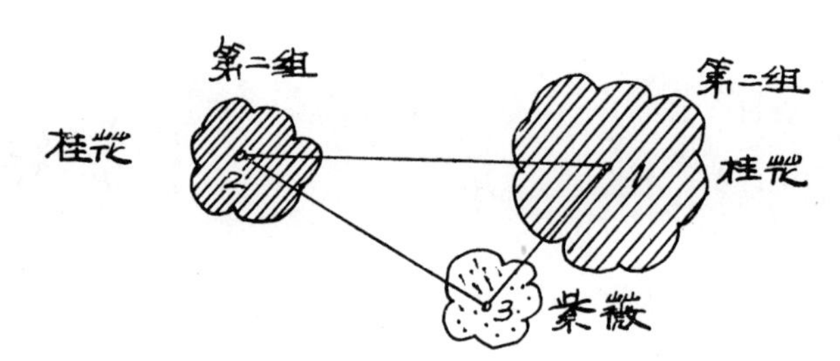

三株由二个不同树种配合，首先，二个树种大小相差不太大，其中第①号第②号为一树种。第③号为另一树种，第③号居于①号②号之间，第一组由最大的桂花和最小的紫薇组成，第二组为一株桂花，这样第一组与第二组都有桂花，有共同性，但第二组没有紫薇，又有差异性，能使二个小组既有变化而又能统一。

根据以上一些原则，在具体配合中，例如在一株大乔木毛白杨之下，配植二株小灌木榆叶梅；或在二株大乔木悬铃木之下，配植一株小灌木郁李，由于体量差异太悬殊，所以虽然对比强烈，但不能调和，所以构图不统一。此外，由两个不同树种，例如一株常绿的云杉和两株落叶的龙爪槐配合在一起，由于体形和姿态对立性太强，也不能使构图统一。因此三株的树丛，最好为同一树种，而有大小姿态的不同。如果采用两个树种，最好为类似的树种，例如西府海与垂丝海棠、毛白杨与青杨、榆叶梅与毛樱桃、红梅与绿萼梅等等。

（三）四株树丛的配合

通相：完全为一个树种，或最多只能应用两种不同树种，而且必须同为乔木或同为灌木，如果应用三种以上的树种，或大小悬殊的乔灌木合用，就不容易调和；如果是外观极相似的树木，则可以超过两种以上。所以原则上四株的组合不要乔灌木合用。

殊相：树种上完全相同时，在体形上、姿态上、大小上、距离上、高矮上求不同。

树种相同时，分为两组，成3∶1的组合，按树木的大小，①③④组成一组，②独立，稍稍远离；或是①②④成组，③独立，但是主体，最大的一株必须在三株一小组中，在三株的一小组中仍然要有疏密变化，其中①与③靠近，④稍远离。四株可以组成一个外形为不等边的三角形，或不等角不等边的四边形，这是两种基本类型，栽植点的标高最好亦有变化。

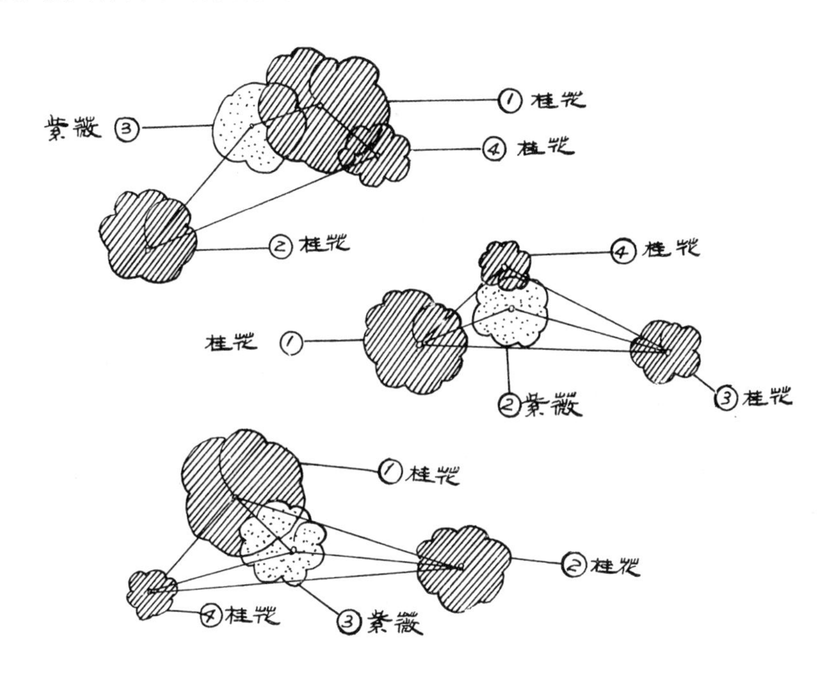

四株栽植，不能两两分组，其中不要有任何三株成一直线。当树种不同的时候，其中三株为一种，一株为另一种，这另一种的一株又不能最大，也不能最小，这一株不能单独成为一小组，必须与其他一种组成一个三株的混交树丛。在三株的小组中，这一株应与另一株靠拢，在两小组中居于中间，不要靠边。四株的组合，不能两两分组，其基本平面应为不等角四边形和不等角三角形两种。

如上的配合，可以使3∶1两个小组合为一个树丛，如果不同种的一株，独立成为一小组，那就会和整体脱离，使构图分割为二、不成为一个树丛，而是一株孤植树了。

1. 四株树丛，不妥当的组合

甲：同一树种的图例

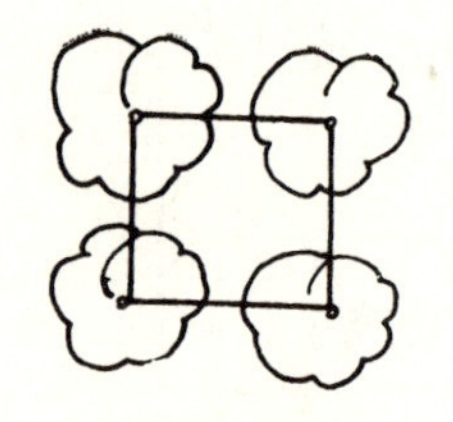

忌成正方形

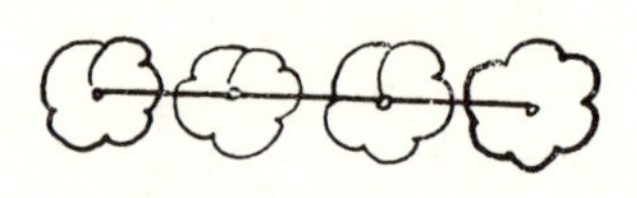

忌成直线

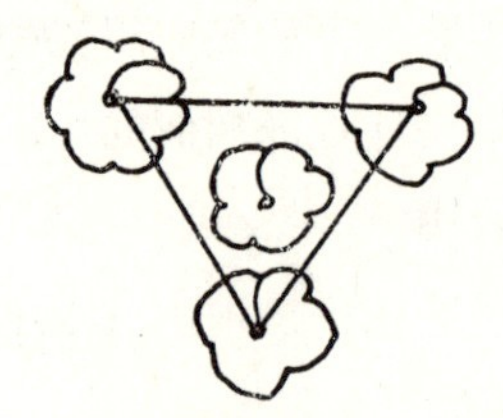

忌成等边三角形

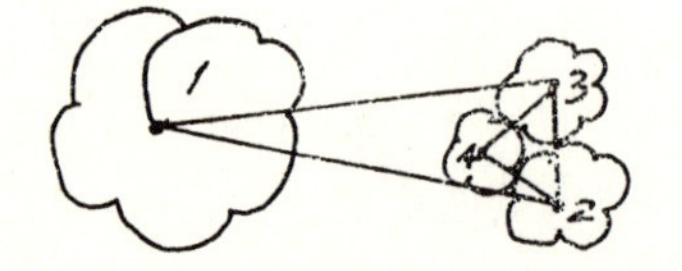

忌一大三小分组

忌双双分组

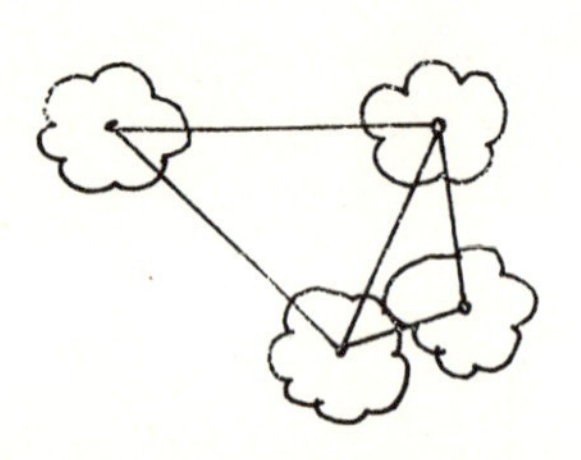

忌树大小一般，姿态一般

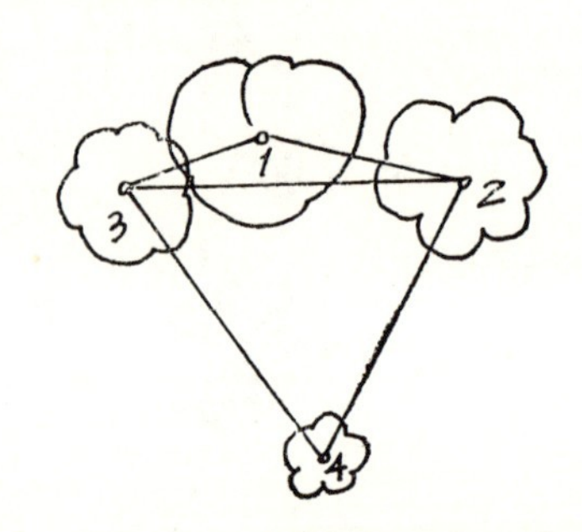

忌三大一小分组

乙：不同两个树种组合的图例

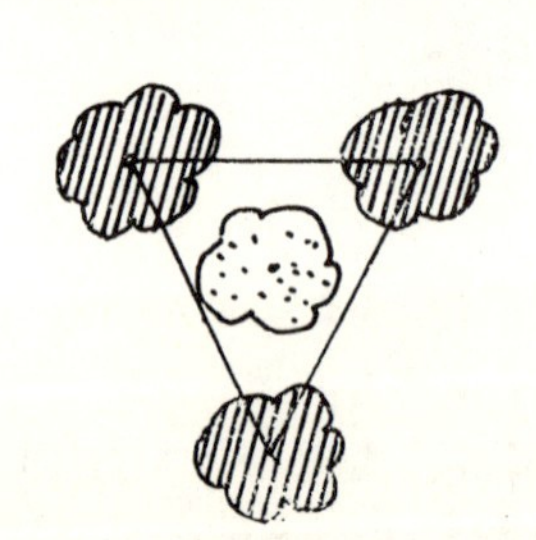

忌居几何中心

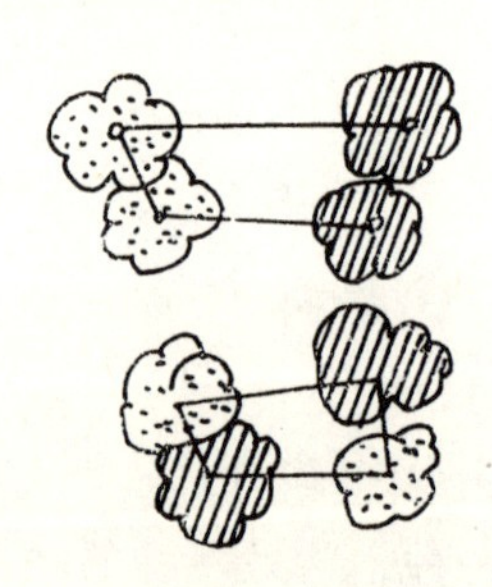

忌两种树种每种为两株

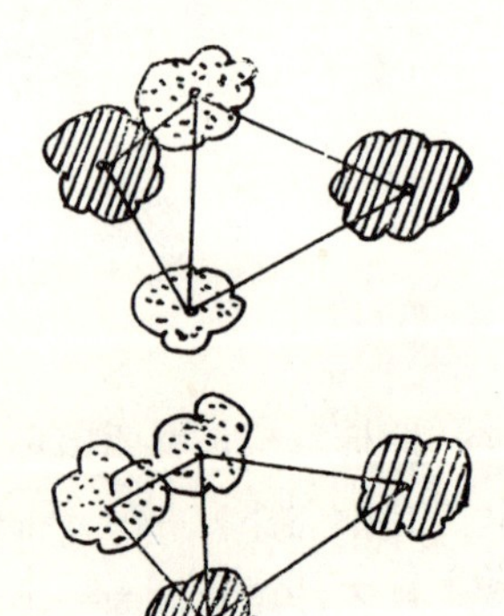

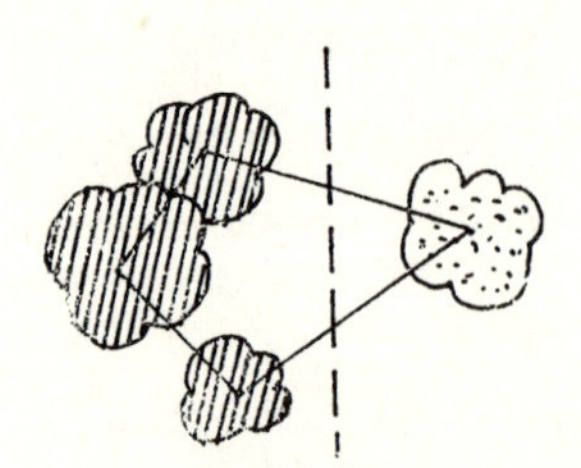

忌三株为一个树种靠拢另一株为一树种分离

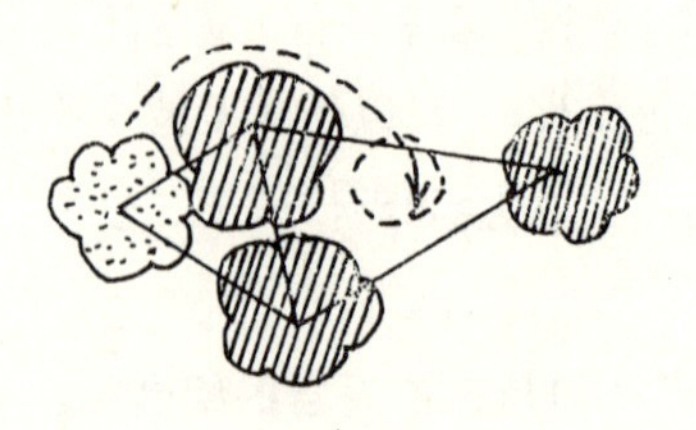

忌一个树种偏于一侧

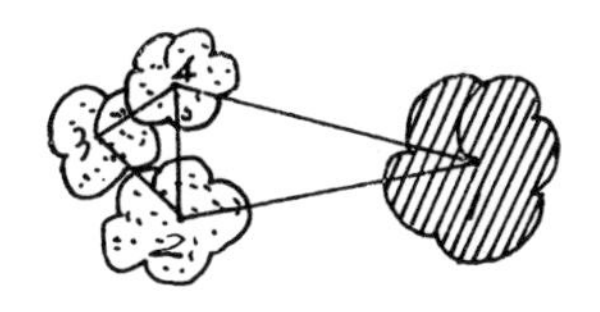

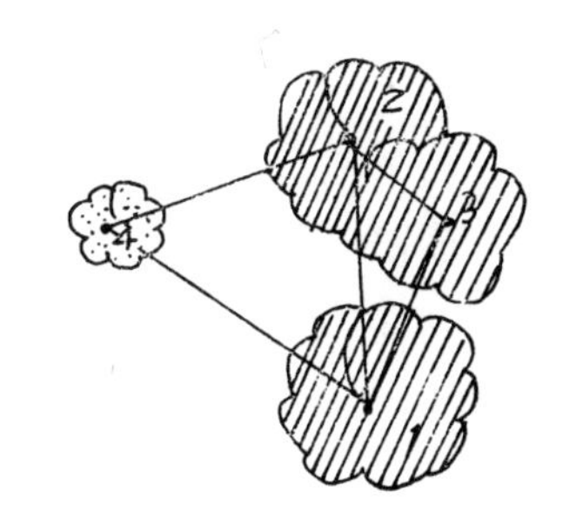

忌两个树种一种最大另一种很小（两个树种按一种一株，另一种三株配合，但单株的一种，不宜最大，也不宜最小，不要两种树种分为两组）。

2. 四株树丛，多样统一的组合

甲：单一树种的组合基本类型（图中数字，代表树木大小的顺序）

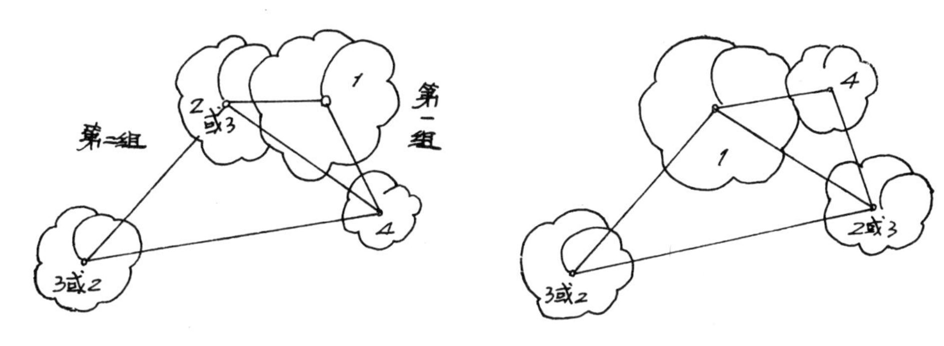

不等边四边形基本类型之一，其中三株靠近，①②④为第一组，其中第③号和②号远离一些，构成第二组。

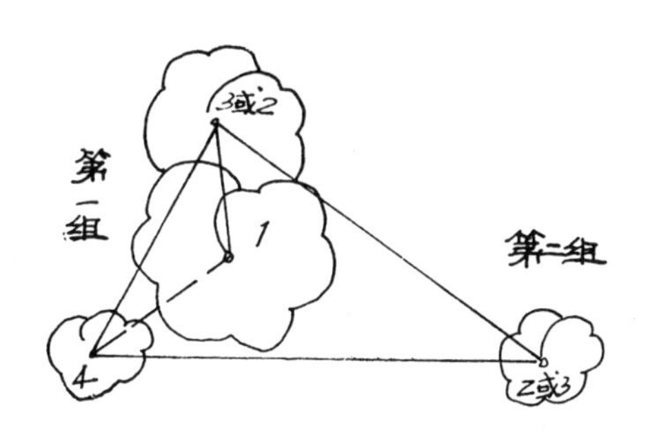

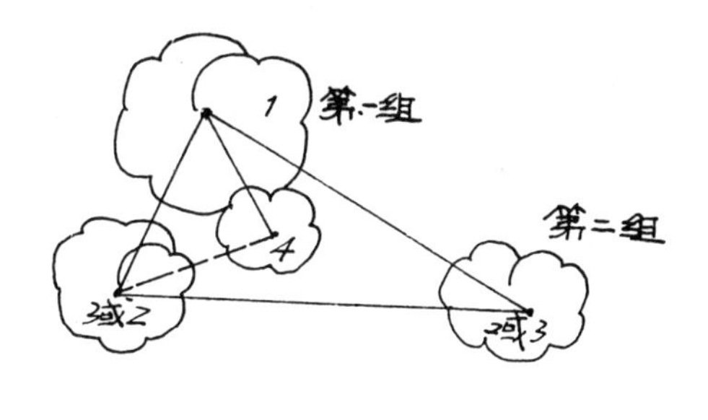

不等边三角形基本类型之一

不等边三角形基本类型之二

乙：两个树种组合的基本类型

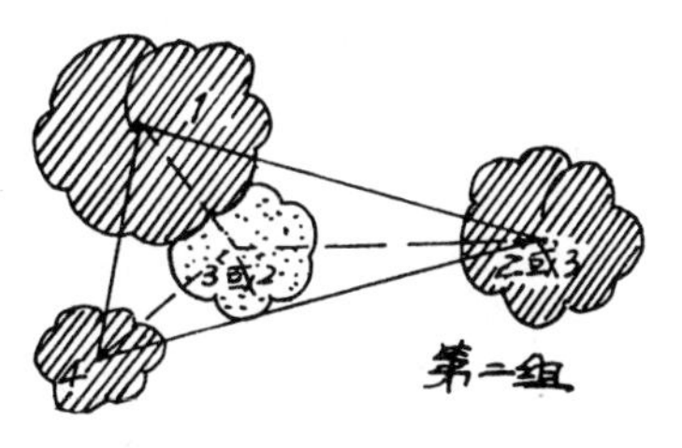

外形为不等边三角形

外形为不等边四角形

两个树种配合；一种为三株另一种为一株，单株的一种最好为③或②，居于③株的第一组中，在整个构图中又属于另一树种的中央，但必须考虑是否庇荫的问题。

（四）五株树丛的配合

通相殊相的要求：第一种组合方式，五株同为一个树种，可以同为乔木、同为灌木、同为常绿、同为落叶树，在这种场合下，每棵树的体形、姿态、动势、大小、栽植距离都要不同，五株配合中最理想的分组方式为3∶2，就是分为三株和两株的两个小组。如果按树木大小分为五号，三株的小组应该是①②④成组，两株为③⑤成组；或是分为①③④一组，②⑤一组。或是①③⑤成组，②④成组。总之主体必须在三株一组中，其中三株小组的组合原则与三株树丛相同，两株组合的小组组合原则与两株树丛配合相同。但是在这两小组必须各有动势，两组的动势要取得均衡。

五株组合的另一种分组方式为4∶1其中单株树木，不要是最大的、也不要最小的、最好为②③树种，当然两小组距离上不能太远，动势上要有联系。

第二种组合方式：五株由两个树种组成，但一个树种必须为三株，另一个树种必须为两株，如果一个树种为一株而另一个树种为四株，就不合适。例如四株桂花配一株槭树，不如三株桂花配两株槭树来得好，因为这样二者容易均衡，五株由两个树种组合的方式是很多的。

第一组：

1）常绿乔木甲三株配常绿乔木乙二株　　1）例如　油松配白皮松
2）常绿灌木甲三株配常绿灌木乙二株　　2）例如　山茶配含笑
3）落叶乔木甲三株配落叶乔木乙二株　　3）例如　平基槭配胡桃
4）落叶灌木甲三株配落叶灌木乙二株　　4）例如　太平花配溲疏

以上这四种组合方式，虽然为两个不同树种组成但其相似的共同因素仍然很多，所以在两种树木配合中，最容易调和。

第二组：

5）常绿乔木二或三株配常绿灌木三或二株　　例如　广玉兰配山茶
6）落叶乔木二或三株配落叶灌木三或二株　　例如　鸡爪槭配贴梗海棠

以上两者组合方式，两个树种虽然有乔灌木之差，但仍然同为常绿或落叶，所以共同性很多，也容易调和，但是比第一组的配合就要困难些。

第三组：

7）常绿乔木二或三株配落叶乔木三或二株　　例如　松配槭
8）常绿灌木二或三株配落叶灌木三或二株　　例如　山茶配牡丹

这三组的两种组合方式又比第二组配合起来困难些。

9）常绿乔木二或三株配落叶灌木三或二株：……冬青配蜡梅

10）落叶乔木二或三株配常绿灌木三或二株：……玉兰配山茶

这一组的组合差异最大，所以配合中取得调和也最难，树种的组合有上列10种形式。但在配植的小组分配上，又可以分为两种，即1∶4和2∶3，但分离不能太远，其中以2∶3比较容易处理，现在先谈谈2∶3的组合。

在平面布置上，基本可以分为两种方式，一为梅花形的，即四株分布为一个不等边四方形，还有一株在不等边四方形中央，另一种方式为不等边五边形，五株各占一角。

3∶2组合的平面分布基本上为这两种方式，其中三株的一小组又分为2∶1两组，但是其中任何三株树，都不许在一直线上，应该为一三角形，任何两株的栽植距离不能相等。

当配植区分为1∶4两小组时，其基本平面如下：

当五株树丛由两个不同树种组合时，通常不能一个树种为四株，另一个树种为一株。例如四棵油松配一株丁香，就很不协调，应该采用一种树种为三株，另一树种为两株，例如三株油松，配两株平基槭。但五株树丛，在配置上，有时也可分为一株和四株两个单元，也可以分为两株和三株两株个单元。当树丛分为1∶4两个单元时，三株的树种应分置两个单元中，两株的一个树种应置一个单元中，不可把两株的分为两个单元，如果要把两株一个树种分为两个单元，其中一株应该配置在另一树种的包围之中。当树丛分为3∶2两个单元时，不能一个种三株同一单元，而另一个树种，两株同一单元。

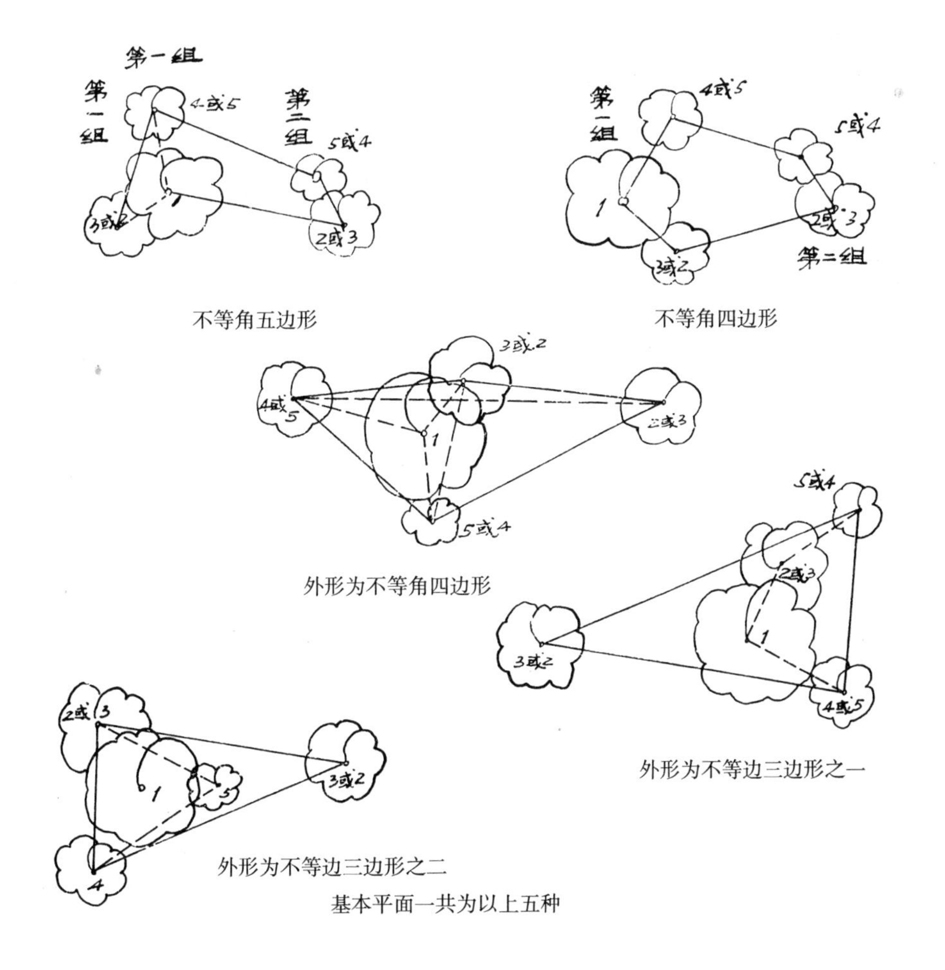

不等角五边形　　不等角四边形

外形为不等角四边形

外形为不等边三边形之一

外形为不等边三边形之二

基本平面一共为以上五种

五株树丛由两个树种组合不妥当的配置示例：

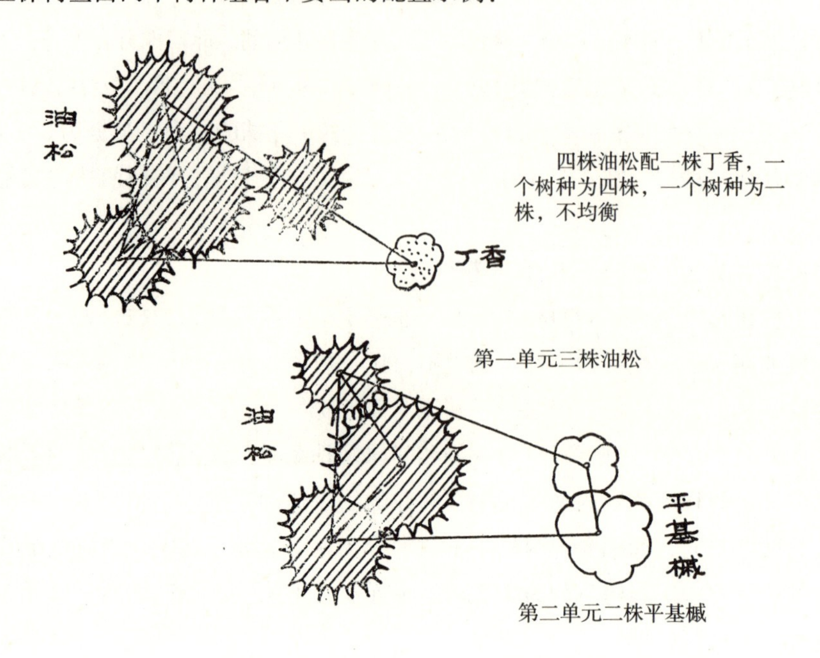

四株油松配一株丁香，一个树种为四株，一个树种为一株，不均衡

第一单元三株油松

第二单元二株平基槭

五株分为三株一个树种，两株一个树种，在树种分配上是合适的，但是在配置上，把两种树种分别为两个单元，使构图分割，不能统一。

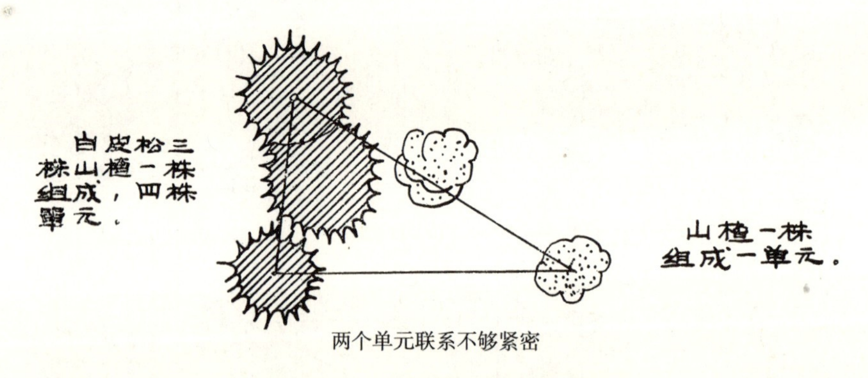

两个单元联系不够紧密

五株树丛，由两个树种组成时，多样统一的配植图例：

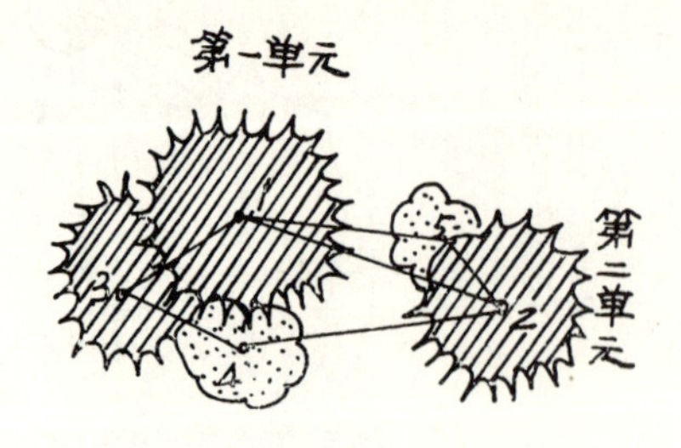

不等边五边形，分为三株一单元，两株一单元，每个单元中均有两树种，最大一株在三株的单元，树种为油松三株，鸡爪槭两株。

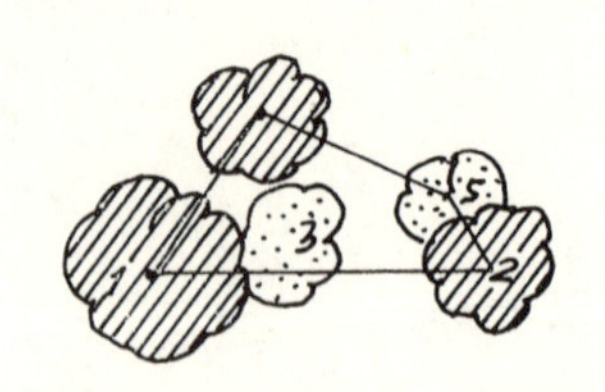

不等边四边形，分为两株一单元，三株一单元，每单元有两树种最大一株主体树在三株的单元，树种为桂花三株，红叶李两株。

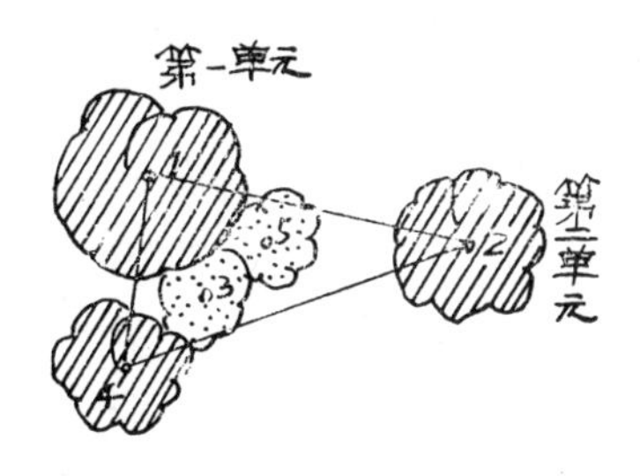

分四株一单元（两株平基槭，两株山楂）及一株单元（平基槭）两株山楂居于树丛中央。

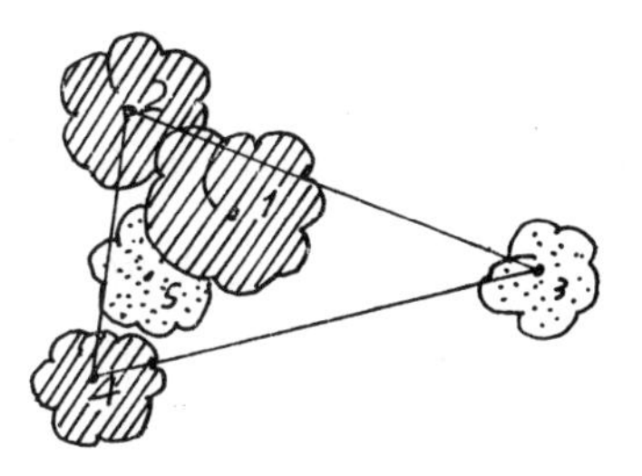

分四株一单元（三株苹果、一株梨）及一株单元（梨）其中一株梨分离，一株居于三株苹果之中央。

树木的配植，株数愈多就愈复杂，但分析起来，孤植树是个基本；两株丛植也是个基本。三株是由两株一株组成，四株又由三株一株组成，五株则由一株四株或三株两株组成。如果弄熟了五株的配植，则六、七、八、九株均无问题。芥子园画谱中说："五株既熟，则千株万株可以类推，交搭巧妙，在此转关"。其基本关键，仍在调和中要求对比和差异，差异太大时又要求调和。所以株数愈少，树种愈不能多用，株数慢慢增多时，树种可以慢慢增多。但树丛的配合，在 10 ~ 15 株以内时在外形相差太大的树种，最好不要超过 5 种以上，如果外形十分类似的树木，可以增多种类。

（五）六株以上的树木配植

六株树丛，可以分为2∶4 二个单元；如果由乔灌木配合时，可分为3∶3 两单元，但如果同为乔木，或同为灌木，则不宜采用3∶3 的分组方式。2∶4 分组时，其中四株又可以分为3∶1 两个小单元，其关系为2∶4（3∶1）。六株的树丛，树种最好不要超过三种以上。

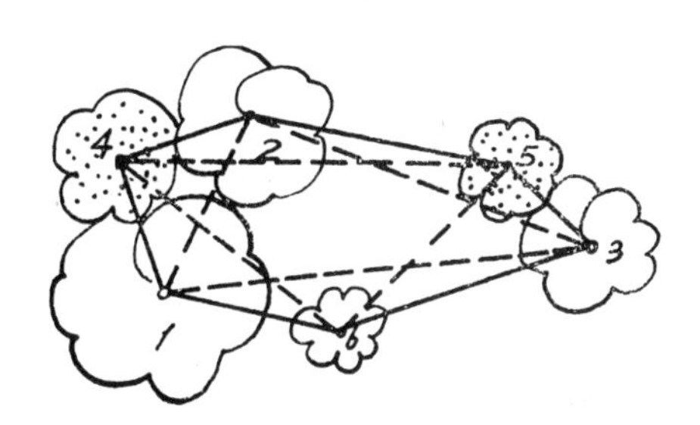

六株分为2∶4（3∶1）的两个单元，其中③与⑤成一单元，①②④⑥成另一单元，在①②④⑥四株单元中，⑥稍远离，①③为青杨，④⑤为红碧桃⑥为白丁香。

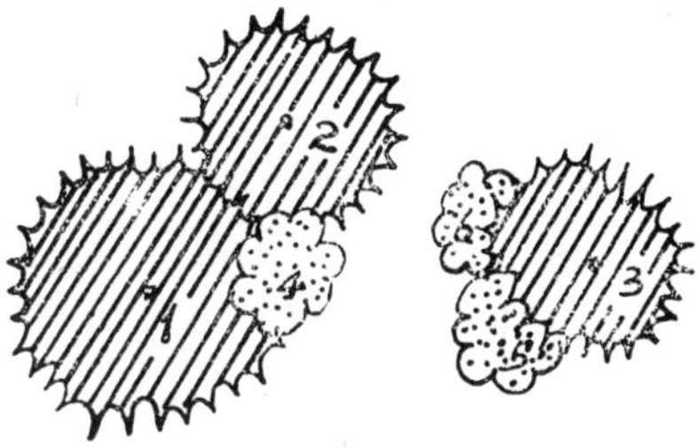

分为3∶3两个单元，其中①②③为大白皮松，④⑤⑥为海棠果。

七株树丛：理想分组为5∶2 和4∶3，树种不要超过三种以上。

八株树丛：理想分组为5∶3 和2∶6，树种不要超过四种。

九株树丛：理想分组为3∶6 及5∶4 和2∶7，树种最多不要超过四种。

15 株以下树丛，树种最好也不要超过 5 种，如果外观很相近的树木，可以多用几种。

山石亦可作为树木之一来配置，树丛之下还可以配置宿根花卉。

在中国传统的花卉翎毛的图画中，总是把假山石、乔木、灌木、多年生花卉结合为一个树丛，这种树丛，在艺术构图上十分复杂，可以多多从传统的绘画学习，同时在植物组成上，也构成了一个小小的同住结合，对于植物生长上，更为有利。在景观上，也更能反映自然植物群落的活泼景观。树丛的栽植地标高，最好高出于四周的草地或道路，以利排水，同时在构图上也显得突出。

在中国古典园林中的庭园中，树丛常以白粉墙为背景（犹如宣纸），配合山石，结合画题来设计，并在一定距离，用月洞门及园窗来框景，这种画题式的树丛，所选树木，以姿态入画的小乔木、灌木及根宿花卉为主，同时多结合山石。有：松、竹、梅岁寒三友，梅、兰、竹、菊四君子等常见的画题。也有仿名家笔意的画题。常用的植物有山茶、牡丹、鸡爪槭、翠柏、松、竹、梅、杜鹃、瑞香、蜡梅、南天竺、海棠、玉兰、忍冬、迎春、含笑、贴梗海棠、桂花、紫薇等等；草本植物有：芭蕉、玉簪、萱草、百合、射干、芍药、鸢尾、菊花、水仙、石蒜、万年青、沿阶草、吉祥草等等。明计成在所著《园冶》中说：“峭壁山者，靠壁埋也，藉以粉壁为纸石为绘也、理者相石皱纹、仿古人笔意、植黄山松柏，古梅美竹，收之园窗，宛然境游也。”指的就是这种树丛与假山结合的做法，古典园林在走廊、墙壁的角隅转折处，亦常常用这种画题式的树丛，使角隅的生硬对立，因而得到缓和与美化。

庇荫树丛的林下，用草地覆盖土面，树下可以设置天然山石作为坐石，或安置座椅。

树丛之下，一般不得通过园路，园路只能在树丛与树丛之间通过。

树丛和孤植树一样，在树丛的四周，尤其是主要方向，要留出足够鉴赏的距离，通常最少的距离为树高的 4 倍以上，在这个视距以内，要空旷，但这只是最小的距离，还应该让人能够走得更远去欣赏它。主要面最远能在高度的 10 倍距离内留出空地是比较理想的。

作为主景及透景框对景的树丛，要有画意。在岛屿上，作为水景焦点的树丛，色彩宜鲜艳，以多用红叶树及花木为宜。

在道路交叉口，道路弯曲部分。作为屏障的树丛，既要美观，又要紧密，因而以选用生长势强，生长繁茂的常绿树为宜。树丛的高度必须超过视点，为不透光结构。

在自然式园林的进口或园林的局部进口两侧，在不对称建筑的门口两侧，也可用树丛对植，以诱导游人。

树丛，基本上仍然是暴露的，受气候的直接影响较大，因而需要空气湿度较高，阴性、需要森林气候的植物及需要温暖小气候的植物，一般不适选用。

一般既美观，而果子、花，具有经济价值的树木，可以在树丛中应用，可以有一定的经济收益。例如海棠、苹果、梨、柿、胡桃、山楂、金柑、柚子等果树及忍冬、含笑、栀子、蜡梅、月季等香料栽植物，可以在树丛中结合生产，但由于树丛配植地点游人容易注目，因而管理费用很大。

四、群植（树群）

组成树群的单株树木数量，一般在 20 ~ 30 株以上，树群和树丛的基本差别，前面已经提到。

树群所表现的，主要为群体美，树群也像孤立树和树丛一样，是构图上的主景之一，因此树群应该布置在有足够距离的开朗场地上。例如靠近林缘的大草坪上、宽广的花中空地、水中的小岛屿上、有宽广水面的水滨、小山山坡上、土丘上。在树群的主要立面的前方，至少在树群高度的四倍，树群宽度的一倍半距离以上，要留出空地，以便游人欣赏。

树群是由许多树木组合而成的，规模远远比孤立树和树丛来得大，因此树木的组合上，就更应该考虑到植物群落组合时，群体生态和生理的要求。

在不郁闭的暴露的植物中，环境的直接影响占优势；在郁闭的群落中，则是植物与植物有机体之间的相互作用占优势。

孤植树和树丛是完全暴露的植物，所以树木之间的相互作用很小。例如许多强阴性的树木，需要空气湿度很高的树木，需要温暖小气候的树木，就很难选为孤立树。

树群基本上也是暴露的群落，所以受环境的直接影响很大。但是又由于组成的树木很多，在群体外围的植物受环境作用大；在群体内部的植物，有机体之间的相互作用也很重要。

为了充分发挥植物有机体之间的相互作用，利用这些有利因素，可以减少园林养护管理工作上的困难，而且既可以经济，又可以美观，同时又有可能引用更多样的、各种不同生态要求的植物种类。

例如：在华东地区，山茶、夹竹桃等常绿花木；华北地区，玉兰、梅花、鸡爪槭、木槿、紫薇等喜暖植物，如果作为孤立树或在树丛中，常常因受寒而生长不良，需要花很多劳力去从事防寒的工作。如果栽植在比较规模大的树群的东南向，则就可以生长得更好。不仅冬季可以少受寒害，而且也可以防止夏季下午西方的日炙。喜欢阴性的木本植物，如八角金盘（*Fatsia japonica*）、杜鹃等，如果在树丛或孤植的状态下，就需要人工搭起架子来庇荫，不仅损害了美观，而且还费了很多经费，如果在树群的北面乔木庇荫下栽植，则既能生长得健康、美观，而且还可以节省养护费用。在北京，如碧桃、樱花、半耐寒的月季，每年萌发新枝的紫薇灌丛，在树群的东南面栽植条件就有利得多，像玉簪、铃兰等宿根花卉，在树丛的阴面栽植生长就格外繁茂。

所以树群的组合，最好采取郁闭的方式，但是树群在有机体之间的相互作用上，虽然有了有利条件，但毕竟与密林不同，因为树群本身，规模很小，仍然是一个暴露的群落，受外界环境的直接影响还是很大，对于小气候改变的作用是很小的。因为树群在构图上的要求是四面要空旷，树群内每株组成的树木，在群体的外貌上，都要起一定的作用，也就是每株树木，都要能被鉴赏者看到，所以树群的规模不宜太大。太大了，在构图上是不经济的，因为郁闭的树群的立地内是不能允许游人进入的，如果规模太大，许多树木就互相遮掩，不能看到，对于土地的使用也不经济，所以树群的规模一般其长度和宽度在50米以下，特别巨大乔木组成的树群可以更大些。树群一般不作庇荫之用，因为树群内部最好采取郁闭和成层的结合，游人无法进入，因而不利于作为庇荫休息之用，但是树群的北面，开展树冠之下的林缘部分，仍然可供庇荫休息之用。

树群可以分为单纯树群和混交树群两类。

单纯树群由一种树木组成，可以应用阴性的宿根花卉作为地被植物。

树群的主要形式乃是混交的树群。

混交树群的组成最多可分为五个部分，即乔木层、亚乔木层、大灌木层、小灌木层及多年生草本植被，也可以分为乔木、灌木及草本三层。

其中每一层，都要显露出来，其显露部分，应该是该植物，观赏特征突出的部分。乔木层选用的树种，树冠的姿态要特别丰富，使整个树群的天际线富于变化，亚乔木层选用的树种最好开花繁茂，或者具有美丽的叶色，灌木应以花木为主，草本覆盖植物，应该以多年生野生性花卉为主，树群下的土面不能暴露。

树群组合的基本原则：从高度来讲乔木层应该分布在中央，亚乔木层在外缘，大灌木、小灌木在更外缘，这样可以不致互相遮掩。但是其任何方向的断面，不能像金字塔那样机械，应该像桂林的山峰那样起伏有致，同时在树群的某些外缘可以配置一两个树丛及几株孤立木。

在树木的观赏性质来讲，常绿树应该在中央，可以作为背景，落叶树在外缘，叶色及花色华丽的植物在更外缘，主要原则，也是为了互相不致遮掩。但是构图仍然要打破这种机械的排列，只要能够照顾到在主要场合下能够互不遮掩，也就可以了，这样可以使构图活泼。

树群外缘轮廓的垂直投影，要有丰富的曲折变化。其平面的纵轴和横轴切忌相等，要有差异，但是纵轴和横轴的差异也不宜太大，一般差异最好不超过1:3，树群外缘，仅仅依靠树群的变化是不适的，还应该在附近配上一两处小树丛，这样构图就格外活泼。

树群的栽植地标高，最好比外围的草地或道路高出一些，最好能形成向四面倾斜的土丘，以利排水，同时在构图上也显得突出一些。

树群内植物的栽植距离也要各不相等要有疏密变化。任何三株树不要在一直线上，要构成不等边三角形，切忌成行、成排、成带的栽植，常绿、落叶、观叶、观花的树木，其混交的组合，不可用带状混交，又因面积不大，也不可用片状块状混交。应该应用复层混交及小块状混交与点状混交相结合的方式。小块状是指 2 ~ 5 株的结合，点状是指单株。

有些城市的公园中，一个树群，半边是常绿的，半边是落叶的，应该改进。

现在许多城市园林中的树群通常中央是乔木，周边就围一圈连续的灌木，灌木之外再围一圈宽度相等的连续的花带或花缘。这种就是带状混交的办法，这种构图不能反映植物自然群落典型的天然错落之美，没有生动的节奏，就显得机械刻板，同时也不符合植物的生态要求，管理养护困难。因此树群的外围，配置的灌木及花卉，都要成为丛状分布，要有断续，不能排列成为带状。各层树木的分布也要有断续起伏，树群下方的多年生草本花卉，也要成丛状或群状分布，要与草地成为点状和块状混交，外缘要交叉错综，并需有断有续。

树群中树木栽植的距离，不能根据成年树木树冠的大小来计算。要考虑水平郁闭和垂直郁闭，各层树木要相互庇覆交叉，形成郁闭的林冠。同一层的树木郁闭度在 0.3 ~ 0.6 左右较好。疏密应该有变化，由于树群的组合，四周空旷，又有起伏断续，因此边缘部分的树冠，仍然能够正常扩展，但是中央部分及密集部分就可郁闭，不同层次树木之间的栽植距离，可以比树冠小，阴性树木可以在阳性树冠之下，树冠就可以互相垂叠庇覆。

树群内，树木的组合必须很好地结合生态条件。在某些城市中看到，在玉兰（*Mognolia denudata*）的乔木树群之下，用了阳性的月季花作为下木，但是强阴性的东瀛珊瑚（*Aucuba japonica*），却暴露在阳光之下。

作为第一层的乔木应该是阳性树，第二层亚乔木可以是半阴性的，分布在东、南、西三面外缘的灌木，可以是阳性或强阳性的。分布在乔木庇荫下及北面的灌木可以是半阴性的，喜暖的植物应该配置在南和东南方。

树群下方的地面应该全部用阴性的草地用草或阴性的宿根草花覆盖起来，但外缘不仅要富于变化，并切忌外缘连续不断。

树群的外貌，要注意四季的季相美观。

现在举一些树群通常组合的例子：

在长江流域地区，一个例子：大乔木为广玉兰（*Magnolia grandiflora*），亚乔木为玉兰（*Magnolia denudata*）、红槭（*Acer palmatum* var. *rubrum*），大灌木为山茶（*Camellia japonica*）、含笑（*Michelia fuscata*），小灌木为火棘（*Pyracantha fortuneana*）、珍珠花（*Spiraea thunbergii*）组合时，广玉兰为阳性常绿阔叶乔木，作为背景，可使玉兰的白花特别鲜明，山茶及含笑好暖喜半阴为常绿，可作下木。珍珠花为阳性落叶灌木，火棘为阳性常绿观果灌木，这些树木大抵上都喜欢酸性土壤。在长江流域 2 月下旬，露地开花的美人茶最先开花，3 月上中旬，落叶乔木白玉兰开花，大红的山茶和白色的珍珠花同时开花形成了鲜明的对比，此后山茶陆续相继开放，4 月上旬红槭放出了新红叶，玉兰亦发叶，到了 5 月上旬含笑开花，芳香浓郁，至10月间火棘出现了累累的红果，10月红槭和珍珠花叶色都转化红色。

长江流域另一个例子如：第一层为鸡爪槭（*Acer palmatum*），春秋为红色。第二层为丹桂（*Osmanthus fragrans* var. *aurantiacus*）花红色，9月下旬开花，芳香强烈，枸骨（*Ilex cornuta*）11月果红，两者都为常绿小乔木耐半阴。此外还有重瓣垂丝海棠（*Malus halliana* var. *parkmanii*），阳性落叶小乔木，4月开花。第三、第四层有馨口蜡梅（*Chimonanthus praecox* var. *grandiflorus*）1月开花，阴性落叶灌木，芳香强烈。栀子花（*Gardenia jasminoides* f. *gradiftora*）阴性阳性均可，常绿灌木，6月下旬开花，花有强烈芳香；笑靥花（*Spiraea prunifolia*），落叶阳性灌木，4月间开白花；银薇（*Lagerstroemia indica* var. *alba*）、翠薇（*Lagerstroemia indica* var. *rubia*）阴性落叶花木，均作灌木处理，8~9月开白色及大红花朵，地面覆盖植物用金针菜（*Hemerocallis flava*）半阴性、阴性、阳性均可，6月开黄花。重瓣白玉簪（*Hosta plantuginea* var. *plena*），阴性，9月开白花，紫色白芨（*Bletilla striata*）5~6月开花，阴性。石蒜（*Lycoris radiata*）9~10月开红花。

这个树群从1月起蜡梅开花，有芳香，有枸骨的红果相配。桂花和枸骨的发亮绿树作为背景。栀子为前景，其余为落叶树，4月间鸡爪槭吐出红叶，白色笑靥花与红色垂丝海棠相映成趣。全部落叶树展叶，5月鸢尾开花，6月栀子开花，有芳香，7月重瓣萱草开花，8月银薇、翠薇开花，9月玉簪开花，丹桂开花与红白紫薇相配，又有芳香成为极盛相，10月鸡爪槭转红，11月枸骨果红。其中桂花、蜡梅、栀子、玉簪均为香料植物，可提香精，枸骨、蜡梅、石蒜、白芨为药用植物，金针菜可食用，白芨与石蒜含淀粉，均可结合生产。

现在举一个北京树群设计的例子，第一层大乔木为阳性的青杨（*Populus cathayana*）最高可达30米，4月初最先发叶。第二层亚乔木为三种：平基槭（*Acer truncatum*），半阴性，秋季红叶；白碧桃（*Prunus persica* var. *albo-plena*），红碧桃（*P. persica* var. *vnbra-plena*），4月中下旬开花，喜温暖小气候，阳性；山楂（*Crataegus pinnatifida*）半阴性，6月开白花，10月果红。第三层为落叶灌木：重瓣榆叶梅（*Prunus trilobata* var. *potzoldii*）4月上旬开红花，阳性；忍冬（*Lonicera japonica*）阴性，常绿藤本灌木，6~7月开黄白花有芳香；紫枝忍冬（*Lonicera maximowczii*），落叶灌木，5~6月开紫红花。其中的白皮松（*Pinus bungeana*）近期作为第三层的常绿灌木应用，二十余年后，可以上升为第二层的阴性小乔木，至八十余年以后与平基槭同为第一层大乔木，而青杨及其余小乔木与灌木已全部衰老，需要全部更替，树群下的草本地面覆盖植物，阴性的有玉簪（*Hosta plantaginea*）、金针菜（*Hemerocallis flava*），7、8日开黄花，荷包牡丹（*Dicentra spectabilis*）4~5月开红花，阳性的有芍药（*Peonia lactifora*）5月开红、紫、粉红、白各色的花；荷兰菊（*Aster novi-belgii*），8~10月开淡紫色花。这样，整个树群自春至秋，季相荣落交替，自4月初青阳吐翠绿嫩叶，然后榆叶梅花开，接着4月中下旬碧桃开花，至7月间，忍冬、玉簪、金针菜陆续开花；至8月下旬起荷兰菊开花，至9、10月山楂果红，平基槭叶色转红。

树群中，山楂为果树，忍冬、芍药为药用植物，金针菜可作蔬菜，玉簪为香料植物，均可结合生产。

（北京树群设计示意图见后）

华南地区（广州）树群设计的例子：

强调天际线，使树群的林冠线丰富的树种有：假槟榔（*Archontophoenix alexandrae*）四株，高可达20米，阳性，有棕榈类植物具有的独特的热带风光；南洋杉（*Araucaria excelsa*）3株，尖塔形，高可达15米，阳性，具有热带裸子植物的特有风光，这种南洋杉与其他树木，需有一定距离，才能保持挺直如尖塔的体形。如果与其他树木过于靠近，则主干即朝向空旷一面弯曲，则失去南洋杉独特的风格。这两种树种均为常绿树。

第一层大乔木，常绿的为白兰（*Michelia alba*），5株，高可达20米，7月间盛开具有强烈芳香的白花，平时4～10月间，亦零星开花，树冠开展可达10余米，阳性，花可提香精，亦可作为切花出售，收益可观。落叶大花乔木有：木棉（*Gossampinus malabarica*）三株，高可达25米，树冠呈卵形，3月间满树开放大红色花朵，成为春季树群的主景。大花紫薇（*Lagerstroemia speciosa*）6株，高可达15～20米，树冠开展，7～9月间，满树开放淡紫色花朵，成为夏季树群的主景。

第二层乔木为柚子（*Citrus grandis*）7株，高可达5～10米，常绿，树冠开展，阳性，春季开具有浓郁芳香的白花；至9～11月果熟，硕果累累，呈金黄色，成为秋季树群的主景，花及叶可提香精，柚子为美味水果，可以结合生产。

第三层为小乔木或大灌木有：红鸡蛋花（*Plumeria rubra*）11株，高4～5米，常绿小乔木，树冠圆阔，阳性，7～8月间，开放红色具有芳香的花朵，花可提取香精。夹竹桃（*Nerium indicum*），常绿丛生大灌木，高2～4米，花红色有芳香，几乎全年有花，但以3～5月及9～11月为盛开期，阳性（植株有毒）。

第四层为灌木：木槿（扶桑，*Hibiscus rosa-sinensis*）11株，常绿灌木，高可达1.5～2米，花期7～10月间，花大红色或粉红色，阳性，亦可在树群、乔木林冠下半阴性条件下生长。五彩变叶木（*Codiaeum variegatum* var. *pictum*）40株，为常年五彩（以红色为主）的灌木，高可达1～1.5米，阳性，不能在林冠下种植。莺爪（*Artabotrys uncinatus*）13株，为常绿攀缘性灌木，阴性，主要布置于树群乔木树冠庇荫下，作为下木，5～6月间开花，乳黄色，具有强烈芳香，可提取香精，能结合生产。英丹（*Ixora chinensis*）85株，为常绿阴性灌木，花朱红色，几乎全年开花，盛花期6～8月，作为树群内乔木庇荫树冠下的下木，高50～80厘米，有药用价值。

树群下多年生草本覆盖植物有：百子莲（*Agapanthus africanus*）花期夏秋间，花蓝色，耐阴，可在树冠下生长。紫背万年青（*Rhoeo discolor*），耐阴，在乔木树冠下生长，为四季美观的观叶植物。金边千岁兰（*Sansevieria trifasciata* var. *laurentii*）耐阴，布置于乔木树冠下，为四季美观的观叶植物。斑叶鸭跖草（*Zebrina pendula*）耐阴，布置于树群乔木树冠下，蔓性铺地生长，为四季美观的观叶植物。姜花

北

长江流域树群设计示意图

1.鸡爪槭（5株）（*Aoer palmatum*） 2.丹桂（9株）（*Osmanthus fragrans* var. *aurantiacus*） 3.枸骨（5株）（*Ilex cornuta*） 4.重瓣垂丝海棠（14株）（*Malus halliana* var. *parkmonii*） 5.馨口蜡梅（10株）（*Chimonathus praecox* var. *grandiflora*） 6.大花栀子（31株）（*Gardenia jasminoldes* f. *grandiflora*） 7.笑靥花（17株）（*Spiraea prunifolia*） 8.翠薇灌丛（20株）（*Lagerstroemia indica* var. *rudra*） 9.银薇灌丛（12株）（*Lagerstroemia indica* var. *alba*）

(*Hedychium coronarium*) 秋季开白色具有芳香的花朵，能提香精，耐阴、高可达1～1.2米，以上各种多年生耐阴花朵，除在乔木树冠下生长以外，均能在林缘阳光下生长，阳性多年花卉有：朱顶红（*Hippeastrum vittatum*）于春夏间，开喇叭状大花，红色而具有白纹。网球花（*Haemanthus multiflorus*）于夏季开红色大花。

树群下全部多年生花卉，把所有暴露土面全部覆盖起来，近乔木树干基部土层浅薄处用斑叶鸭跖草覆盖，其余花卉均呈丛状，点状、块状自然混交。整个林下植被，以四季美观的金边千岁兰（黄绿斑纹）、紫背万年青（紫色及绿色）、斑叶鸭跖草（紫色及银绿色斑纹）构成地面的底色；春季至夏季，红白色朱顶红开花，夏季红色钢球花及蓝色百子莲相继开花而达高潮（极盛相），至秋季继蓝色百子莲以后，白色姜兰开花，色彩由浓艳热烈而演变到冷色，但芳香增强。

整个树群的木本植物，在林冠的轮廓线上，有假槟榔、南洋杉等树木，加强其变化，使具有南国特有的风格。在色彩上，有全年华丽，或几乎全年开花的灌木，作为基调，其中夹竹桃为中层，五彩变叶木为中下层，英丹为下层，基调为粉红、大红、及五彩的暖色调。主调方面，3月起木棉开花，继而柚子、莺爪开花，至夏季，鸡蛋花、英丹、白兰、大花紫薇、朱槿相继开花，至秋季尚有朱槿、夹竹桃及金光灿烂的柚子。其中以7月间为极盛相，在13种观花的植物中，有9种植物，在7月同时开花。在芳香方面，春季有柚子，继而有莺爪，夏季为白兰，秋季为姜兰，全年有芳香。

华南地区广州市位于北纬23°06′，已在夏季太阳直射的北回归线以南，因而在树群北面栽植的树木，即使是阳性植物，由于在夏季可以受到阳光的照射，受庇荫的影响不如华中、华北等地区严重，这一点，在种植设计上，就比较自由一些。

一般树群，应用树木种类（草本除外），最多也不宜超过十种，否则构图就杂乱无章，不容易得到统一的效果。

在重点公共园林中，凡是用于孤植树，树丛树群的乔木，最好采用10～15年生的成年树，灌木最好宜能在5年生左右。一般情况，用于上述种植类型的乔木，宜可选用5年生，灌木宜选用3年生以上的大苗为宜，不仅在种植时，意图中作第一层的大乔木的苗木要最高，第二、三、四层的苗木要依次降低，这样才能保持树群的相对稳定性。如果不是按着这样的规律设计与施工，则开始种植时是一种构图，过了几年，便颠倒过来，变成了另一种构图。北京的油松，作为树群第一层的林冠线是最理想的，第二层用平基槭红叶树，但是在生长速度上不相适应，油松又是阳性树，不能在树荫下生长，所以设计时近期只能作为阳性灌木来应用，远期演替为优势种。

所以树群构图，从相互之间的关系是否稳定，又可分为稳定树群和不稳定树群两类。

（1）单纯树群

单纯树群是相对稳定的树群。

（2）混交树群

①稳定树群：在成年大树种植的情况下，乔木及灌木为常绿落叶树，或常绿落叶阔叶树混交，以落叶阔叶乔木为第一层时，树木生长速度和发展后的树冠大小和设计意图一致，是相对稳定的。

乔木为常绿阔叶树，灌木为常绿落叶混交或非混交时，亦是相对稳定的。

乔木为针叶树，灌木为小灌木（混交或非混交）亦能相对稳定。

乔木第一层为落叶大乔木，第二层为针叶树，灌木为混交或非混交小灌木，早期亦能相对稳定。但数十年以后就破坏稳定，落叶乔木衰老，针叶树上升为第一层。

②不稳定树群：在种植时为小苗，常绿乔木和落叶乔木混交是不易稳定的，尤其是针叶树与快速生长的落叶乔木混交，更不能稳定，主要由于生长速度不同，但是亦可利用不稳定的特点，设计不稳定的演替景观。例如早期以落叶乔木为第一层，半阴性阴性或幼树喜庇荫的常绿乔木为第二层；过了两三年，第一层老衰，第二层代替了第一层，再加以整理，除去老衰的，再补植一些落叶树。

树群可以利用作为主景，作为屏障、诱导，作为对植；几个树群环抱，可以组成闭锁空间；两个树群对植环抱起来，可心构成透景的画框。

因为树群规模较大，已经可以根据植物学，植物群落结构的组成原则来搭配植物，同时在构图上，无论从林冠，林缘的轮廓垂直林相，一年四季的季相上，都很丰富。因而，树群在植物配植上作为主景，在构图上是具有一定的规模和比较完整的。因此，树群也可根据植物的不同主题来设计。例如芳香树群，完全用芳香植物来构成树群，植物园展览区的种植类型中，应该以树群为主要形式。经济植物如：药用植物、油料、淀粉植物，也可以用乔灌木草本结合的树群来布置。分类区也可用同一科的乔灌木及草本植物组成一个树群来展览。

在一定地区，还可以根据条件，设计若干定型设计，加以编号，以供设计时的选择应用，以提高设计速度。

如果施工时苗木较少，则须合理密植，要做出近期设计与远景设计两个方案，在图上要把逐年过密树移出的计划表明。

密植的株行距，可按远景设计株行距的1/3来计算。

一般树群、树丛在条件许可时，速生乔木树种及速生灌木一般宜应用3年生以上的苗木来施工，中等生长速度的乔木及常绿灌木，最好采取5年生以上的苗木，漫长的常绿针叶乔木，最好采用10年生以上苗木，这样对于生长发育、管理及效果都比较有利。

五、带植（带状树群）

自然式林带就是带状的树群，树群平面投影其纵轴和横轴的差异不大，一般在1∶3到1∶1的范围内变化，林带的长轴比短轴要长得多，一般短轴为1，长轴为4以上，即4∶1以上的比例。树带是属于连续风景的构图。

林带的组合原则与树群一般，但视其用途的不同而有所不同。

林带在园林中的用途是很多的，环抱的林带可以组成闭锁空间，可以用为园林内部分区的隔离带，也可以作为公园外围的隔离带，林带又可以分布在河流的两岸，自然式道路的两侧，构成庇荫园路。

当林带有庇荫作用时，乔木应该选用伞状开展的树冠，亚乔木及灌木要耐阴，而且栽植要退后，数量上要少用。

自然式林带内，树木栽植不能成行、成排，也不能成为直线，各树木之间的栽植距离也要各不相等。

林带也以乔木、亚乔木、大灌木、小灌木、多年生花卉组成。

天际线要起伏变化，外缘要曲折。

我们在风景构图艺术理论中谈到，林带是属于连续风景的构图。构图的鉴赏是随着游人前进而演进的，所以林带构图中要有主调、基调、配调之分，要有变化和统一的节奏。同时又要有断有续，不能连绵不断，但是这还要由功能决定，不能绝对，有时就需要设有缺口。某一主调演进到一定程度就要转调，转调的时候，在构图急变的场合下用急转调；构图和缓变化时，要用逐步过渡的缓转调方法。

主调还要随着季节交替而交替。

当花带为单线演进时，为主式构图。

当树带分布在小河的两岸、道路的两侧时，则成为复式构图。左右的林带不能对称，但又要对应。

林带可以是单纯的，也可以是混交的。

林带的主要功能是：（1）屏障视线，分隔园林空间；（2）防尘；（3）防风；（4）作背景；（5）作为河流及道路两侧的配景。

林带形式上，又可分为紧密结构和疏松结构两种，紧密结构的林带，其垂直郁闭度达1.0，视线不能透过，凡防止、隔声、作背景用，分隔不透视空间用的林带，均采用紧密结构。作为防风和分隔透视空间用的林带，可用透光的疏松结构的林带。

六、园林风景林

按照森林学的观点，森林内部各个植物有机体之间既起着相互的作用，同时又与外界环境相互起着作用，每一个单独的有机体或整个森林，都不断的相互影响而变化着，并不是任何树木的总和都是森林。因为许多互相远离的树木，不能叫作森林，如公园、行道树、稀树草地，都不是森林。

所以林木的数量大，虽然是森林的主要标志，但仅仅具有这一点还不够，若要形成森林，还需要有其他特征：那就是面积上具有一定规模，同时单位面积上树木的数量达到了一定的程度，而此大量的树木好像一个集团，与其环境起相互作用，

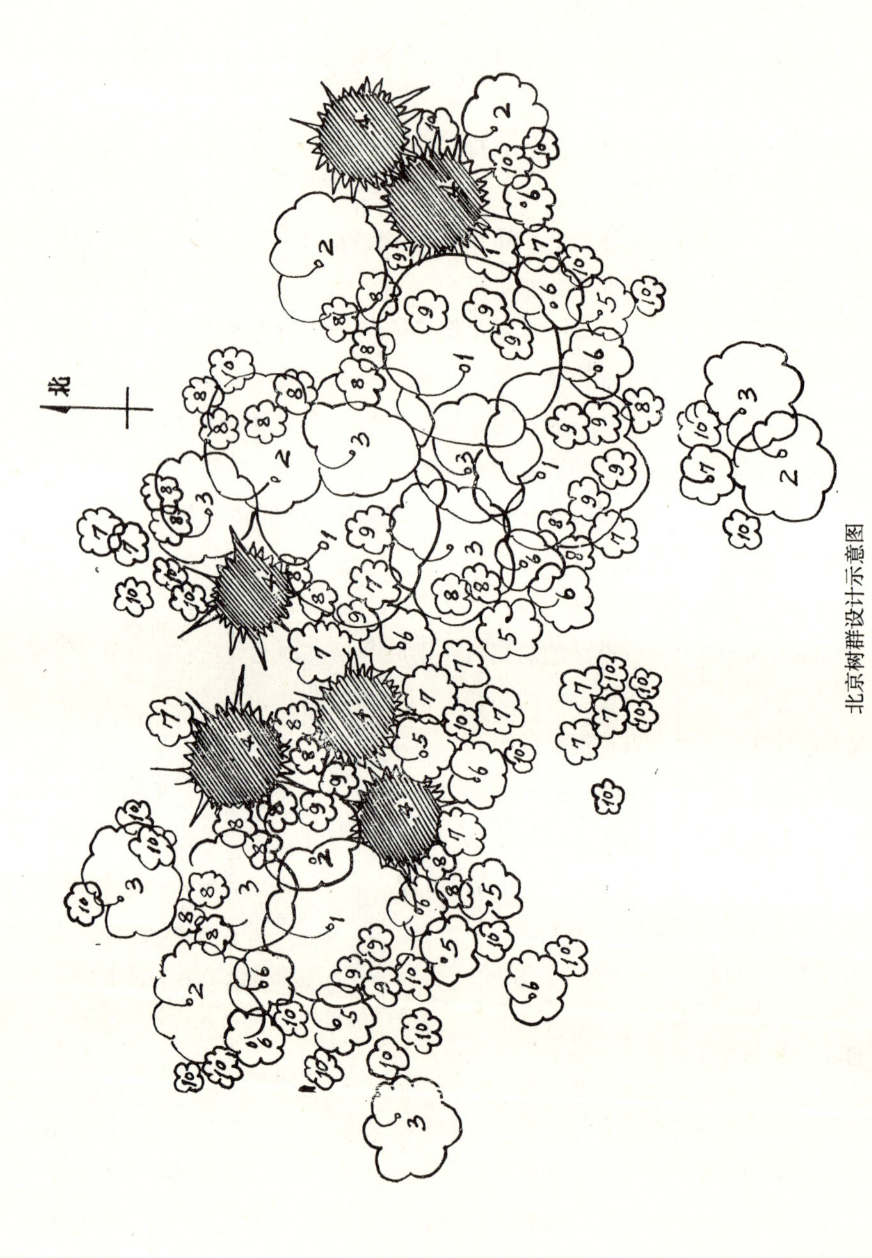

北京树群设计示意图

1.青杨（4株）（*Populus cathayana*） 2.平基槭（6株）（*Acer truncatum*） 3.山楂（8株）（*Gatadgus pinuatifida*） 4.白皮松（6株）（*Pinus bungeana*）
5.白碧桃（6株）（*Prunus persica* var. *alba–plena*） 6.红碧桃（11株）（*Pruns persica* var.*rubra–plena*） 7.珍珠梅（15株）（*Sorbaria sorbifolia*）
8.忍冬（27株）（*Lonicera japonica*） 9.紫枝忍冬（13株）（*Lonicera maximouliczii*） 10.重瓣榆叶梅（29株）（*Prunus trilobata* var. *potzoldii*）

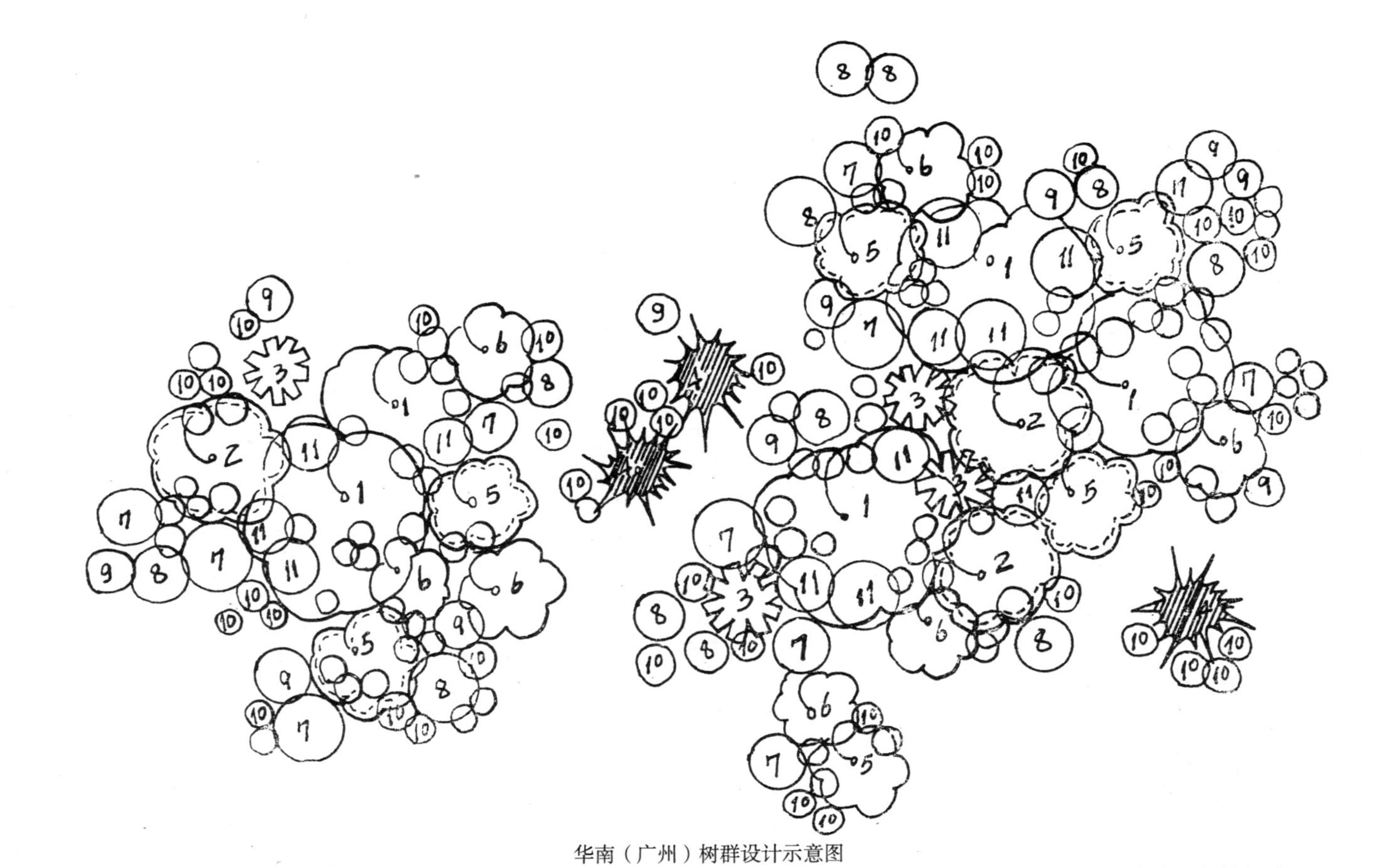

华南（广州）树群设计示意图

1.白兰（5株）（*Michelia alba*） 2.木棉（3株）（*Gossampinus malabarica*） 3.假槟榔（4株）（*Archontophoenix alexandrae*） 4.南洋杉（3株）（*Araucaria excelsa*）
5.大花紫薇（6株）（*Lagerstroemia speciosa*） 6.柚子（7株）（*Gitrus grandis*） 7.红鸡蛋花（11株）（*Plumeria rubra*） 8.夹竹桃（12株）（*Nerium indicum*）
9.朱槿（11株）（*Hibiscus rosa-sinensis*） 10.五彩变色木（40株）（*Codiaeum* var. *iegatum*） 11.鸢爪（13株）（*Artabotrys uncinatus*） 12.英丹（85株）（*Ixora chinensis*）

使环境有显著的变化，并且这种变化也反映到树木本身时，这许多树木的总和才能称为“森林”。

在城市园林绿地系统中，郊区的大面积的森林公园和休养、疗养地，都需要营造大面积的如以上所说的森林。

关于风景区森林措施方面的问题，实际上属于森林学的范畴，这里就不讨论了。

市区内园林中的林木，显然与上述“森林”的概念，是不同的。这些比较大面积的林木，与孤立木、草地上的树丛、树群或稀树是不同的。因为这些林木之间相互的作用也是很大的，可是与上述森林相较，则又不够条件，为了区别起见，把这种小规模的园林中的林木，称为园林“风景林”。

园林中的风景林，一般可以分为两种情况：

第一种情况，在游人密度较低，草地不至为游人踩死，允许游人在草地上活动的场合下分为下列四类：

1. 空旷草地：林木郁闭度为0.0～0.1；道路广场密度为5%以下。

2. 稀树草地：林木郁闭度为0.1～0.3；道路广场密度为5%以下。

3. 草地疏林：林木郁闭度为0.4～0.6；道路广场密度为5%以下。

4. 密林：林木郁闭度为0.7～1.0；道路广场密度为：5%～10%。

第二种情况，在游人密度较高，草地已经经不起践踏，而不能建立草地的场合下，分为下列四类：

1. 空旷广场：树木郁闭度为0.0～0.1；全部为铺装广场。

2. 稀树广场：林木郁闭度为0.1～0.3；林下全部为铺装广场。

3. 疏林广场：树木郁闭度为0.4～0.6；林下全部为铺装广场。

4. 树群树丛组密林：林木郁闭度为0.7～1.0；道路广场密度为25%～40%。道路网之间为树群或树丛。

第一种情况，在游人密度较低，允许游人进入草地活动的场合下，园林自然式风景林类型：

（一）空旷草地

主要是指完全不栽树木，或只在草地上布置孤立树、树丛、树群的自然式草地。这种草地是游憩草地。而草地上布置的树木是以观赏为主的，树种是多种多样的，这类草地，已在前面文中讲述，这里不再重复。

（二）稀树草地

在稀树草地上分布的树木，是单纯一种乔木树种；这种草地，也是游憩草地，因而草地上分布的树木的主要功能是观赏和庇荫。选用的树种应该高大，树冠呈伞状开展，而又具有独特的观赏价值。在游人较少的场合下，可以选用具有观赏价值的香料、药用、油料及其他花和果实、种子、叶具有经济价值的生长强健、管理粗放的高大乔木以结合生产，具体树种与草地疏林所应用的树种类似。

稀树草地的乔木是单纯的，不布置灌木，草地上由于要活动，因而也不布置花卉，造成的是单纯、简洁和壮阔的风景效果。除了乔木开花季节以外，没有华丽的色彩，因而在园林中，除了造景中必须具有这种气氛和对比时应用外，所占面积比例不能过大。为了补救稀树草地景色的单纯，在稀树草地外围的树木配植，应该采用混交和华丽的类型，草地也可以用缀花草地的形式。稀树草地上的乔木布置，不像空旷草地上树群、树丛那样密集而形成强烈的虚实对比，稀树草地上乔木的分布，基本上是疏散的，最密的场合是成年树冠相接，有时单株乔木间的距离可达20～30米。树木不成行成排，所以稀树草地除了乔木比草地疏林稀少，郁密度更低以外，其他特征完全与草地疏林相似。稀树草地允许游人在草地上活动。

（三）草地疏林

草地疏林，主要为单纯的乔木林，没有灌木。乔木疏散的分置在草地上，株行距自10～20米之间变化。树木不成行的错落分布，最小株距不得小于成年树的树冠大小，有时可留出小块林中空地。

自然式草地疏林，可分为两种类型：第一类是进行游憩活动结合观赏和生产的庇荫草地疏林；第二类是单纯观赏和生产的草地疏林。

第一类：进行游憩活动的庇荫草地疏林。

在夏季公园的游人，常常有一种共同愿望，希望在郁闭的密林地下，绿草如茵，以供游人游戏和休息。但是要供大量游人活动的密林游憩草地的建立，在目前，实际上是有困难的。

因为在密林地下林木郁闭度达0.7以上，阳光不能透入林下，土壤水分较多，这种条件下，只能生长一些阴性的，植物组织内含水量很多的草本植物。例如一些百合科、石蒜科、莺尾科、天南星科、莎草科的阴性草本植物，最适合于林下的生长，但是这些植物组织内含水量很高，组织柔软脆弱，经不起游人的踩踏，也容易弄脏衣服。同时密林地树木的分布很密，每隔2～3米就有树干，一方面不便于游憩活动，另一方面使树木基部的土壤物理性能和生物化学性能受到破坏，林木容易衰老，所以不适宜作为休息草地之用。

能够经得起游人践踏的草地，主要是耐旱的阳性禾本科草地。禾本科草类含水量少，组织坚固、耐践踏，这些草地，在过分郁闭的林下是不能生长的。但是在树荫比较稀疏，树冠伞状开展的落叶乔木，栽植距离疏朗，在冬季树下阳光充足。平时树冠也不阻碍阳光透入到下层的稀树草地及草地疏林之下，这种草地仍然有生长的可能，通常稀树草地郁闭度为0.1～0.3，草地疏林郁闭度为0.4～0.6。

这种稀树草地、草地疏林，在风和日暖、鸟语花香的春秋佳日是最吸引游人的。游人可以在稀树和疏林的婆娑树荫下野餐，欣赏音乐、午睡、阅读、讨论、朗诵、游戏、打纸牌、练武和进行空气浴。

在园林中，选择游憩庇荫稀树草地及草地疏林的树种，应该具有开展伞状的树冠。冬季落叶，叶面较小，树荫疏朗，生长强健等条件，在观赏特点上，花和叶的色彩要美，叶的外形要富于变化，分枝的线条要多致，树干色泽要好，要有芳香性，不宜选用有毒和有碍卫生的树木。

将各地区合适的重要树种介绍于下：

华南：

凤凰木 *Delonix regia*
木棉 *Gossampinus malabarica*
腊肠树 *Cassia fistula*
白兰 *Michelia alba*
黄兰 *Michelia champaca*
大叶合欢 *Albizia turgida*
黄豆树 *Albizia procera*
南洋楹 *Albizia falcataria*
海红豆 *Adenathera pavonnia*

华中：

合欢 *Albizia julibrissin*
薄壳山核桃 *Carya illinoensis*
鹅掌楸 *Liriodendron chinense*
鸡爪槭 *Acer palmatum*
朴 *Celtis sinensis*
珊瑚朴 *Celtis julianae*
樱花 *Prunus serrulata*
玉兰 *Magnolia denudata*
七叶树 *Aesculus chinensis*

华北：

平基槭 *Acer truncatun*
朴 *Celtis bungeana*
白桦类 *Betula* spp.
油松 *Pinus tabulaeformis*
白皮松 *Pinus bungeana*
白腊类 *Fraxnus* spp.
毛白杨 *Populus tomentosa*
青阳 *Populus cathayana*
河北杨 *Populus hopeiensis*
海棠 *Malus asiatica*
山荆子 *Malus baccata*
胡桃 *Juglans regia*
君迁子 *Diospyros lotus*
椴树类 *Tilia* spp.
槐 *Sophora japonica*
柿子 *Diospyros kaki*

以游憩为主的草地疏林，游人主要在草地上进行活动，所以林下没有园路。

结合生产的方式，要考虑到草地上游人要进行活动，因而树木四周的土壤通气性较差，树木的管理上，也只能比较粗放。所以选择的树种，适应性要强，生长要高大，而管理又十分粗放的树种，比较适合。

例如热带地区的椰子、油棕、腰果、橡胶，华南的白兰、乌榄、橄榄、柚子，华中的银杏、桂花、薄壳山核桃、七叶树、柿子，华北的胡桃、柿子、银杏、海棠、君迁子等等比较适合。

第二类：以观赏或生产为主的草地疏林。

观赏的草地疏林，除选用的树种为花木外，林下的草本复地植物，主要为花地的形式，所以游人不能入内游憩，因而林下需要布置自然式园路，园路密度为10% ~15%左右，以便游人浏览。选用观赏乔木，树荫也要疏朗，以利林下多年生花卉的生长发育。

花下的花地可为单纯的花地，也可为混交的花地。应用的花卉，因面积很大，最好能结合生产，由于树木密了对结实开花均不利，要种子、果实和花得到丰收，树木的株行距必须加大，株行距不能小于成年树树冠的直径大小，树木的树冠不能互相遮盖。这样，密林的方式就很不合适。草地疏林，树木的株行距一般大于成年树的树冠直径，阳光照射充足，因而树木的果实、种子、花与叶均可以得到最高的产量。

但是这种生产性的草地疏林是布置在公园林中的，还要给游人活动和观赏，因而株行距又不能像果园与经济植物园那样规则和经济。有时为了自然错落，株行距会比最经济生产的距离大得多。树木的栽植比较自然错落，为了便于游人活动，林下要布置自然式园路，园路的密度可为10% ~15%，沿路要布置休息用的座椅，适当地点要布置花架与休息亭榭，在道路的交叉处及曲折处，要适当布置开花华丽的花丛、灌木丛，与常绿树作为风景的焦点以诱导游人，林下的土壤不能暴露，除了树干基部周围留出一定中耕松土范围以外，最好用美观而又有收益的多年生草本植物覆盖起来，道路还可以布置成有一定收益的花境。

树种选择，就可以比较多些，除游憩为主的草地疏林应用的树种以外，在华南为荔枝、龙眼、芒果，华中如梨、杨梅、枇杷，华北如梨、苹果等等，也都可以应用。

草地疏林，施工的种苗，最好为5年生以上大苗，为了使树冠能水平开展发育，一般均按远景距离定植，近期不用同一树种密植的办法利用土地，在空地上可以间作，既能观赏，又有收益的草本植物以经济利用土地。

生产性树木栽植的最小株行距，可按专门生产的株行距计算。

（四）密林

凡是郁闭度在0.7 ~1.0的单纯或混交树林，都称为密林；密林的林地内，不允许游人入内，游人只能在林地内的园路与广场上活动，道路的密度为5% ~10%。

密林可以分为单纯林和混交林两类

1. 单纯密林

单纯密林系由一个树种组成的郁闭密林，单纯密林没有垂直郁闭的景观美，单纯林的郁闭是属于水平郁闭的，为了补救这一个缺点，单纯林的种植，株行距要有自然疏密的变化，不宜成行成排，三株树木，不能连成一条直线。要随着地形的起伏，造成林冠线的变化，在高地上应该栽植最高的树苗，低地栽植较低矮的树苗，其次单纯林的林缘线，应该更富于断续和变化，外缘应该配以同一树种的树群、树丛和孤立树。其中最大、树姿最美好的树苗应该选为孤立树。

单纯林由于垂直景观比较单纯，所以林下草本植被的观赏效果就显得十分重要。

（1）单纯林的郁闭度

为了提高林下草本植被的艺术效果和经济收益、单纯密林的水平郁闭度不能太高，最好在0.7~0.8之间。如果郁闭度太高，林下能见度就很小，这样对于草本植被的鉴赏就有了妨碍，同时，郁闭度太大了，林下光线过于微弱，许多开花华丽的草本植物就不能良好的生长发育，严重地影响了美观和收益。

（2）单纯密林树种的选择

在急峻的、多岩石的斜坡地可以布置大片的灌木林，造成高山灌丛的景观；为了防止土壤冲刷的地区，可以种植大片的灌木林以防水土冲刷；或是为了生产，布置大片的玫瑰、茶树等灌木林，除上述情况以外，一般在园林中不宜选用灌木来营造大面积的纯林。

单纯林由于构图上比较单纯、季相变化也不丰富，所以在树种的选择上，应该严格些。在自然界，单纯林是极端生存条件的典型植物群落，所以一般应该采用最富于观赏特征而生长强健的地方树种。例如在北京，像油松、白皮松、桧柏（*Sabina chinensis*）、栎树类（*Quercus*）、平基槭（*Acer truncatun*）、山荆子（*Malus bacata*）、河北杨（*Populus nopeiensis*）、青杨（*populus cathayana*）、毛白杨（*Populus tomentosa*）、国槐、白腊……，都可选择为营造单纯林的树种。

主要条件是要采用适应性强的地方树种，生长强健，体形姿态优美，或是开花和叶色突出的树种，都可选择为单纯林的树种，这样可以具有地方特有的风格。

例如在杭州西湖风景区，就该选用马尾松（*Pinus massoniana*）、桂花（*Osmanthus fragrans*）、枫香（*Liquldambar formosana*）、紫楠（*Phoebe sheareri*）、毛竹（*Phyllostachys edulis*）、金钱松（*Pseudolarix amabilis*）、鸡爪槭（*acer palm atum*）……为单纯林，这样既便于营林，又具有鲜明的地方特色。

（3）单纯林下的草本植被

单纯林下，应该布置开花华丽的阴性或半阴性而有收益的多年生野生性草本植物。在单纯林下单纯配置一种草本植物，在构图上有壮阔简洁之美，具有雄伟和豪迈的气魄，在有季节性的园林中可以应用。在需要有这种单纯雄伟气氛的对比时也可以应用高大的单纯林，其林下也可以应用开花繁茂的阴性矮灌木作为林下覆盖植物。

为了补救单纯林在季相上的单调，单纯林的林下植被，可以应用富于季相交替的混交花群来配置，可以使景观随着季节而变化，低矮的华丽的混交灌木群也可以作为林下的植被，但是这种景观，华丽有余而壮阔不足。

2. 混交密林

园林中的混交风景密林，基本上应该是一个郁闭的植物群落，不仅在水平方向郁闭，而且在垂直方向也郁闭，所以群落内有机体之间的相互作用，占了主要的地位。

（1）混交密林的成层结构

混交密林，可以是三层的：即乔木层、亚乔木层与草本层，或乔木层、灌木层、草本层；五层的：即大乔木层、小乔木层、大灌木层、小灌木层、草本层；也可以是六层的：即大乔木层、小乔木层、大灌木层、小灌木层、高草层、低草层，其组合的情况与树群相似，但是规模比树群要大得多，而组合方式不如树群那样精致。

组合的时候，不仅要考虑地上成层之间相互作用的均衡而形成一个同住结合，而且要考虑地下根深浅的各层之间的各得其所，树群内部植物之间的生物学均衡，尚需多加人工养护和控制；而密林内部的生物学均衡，主要以自然均衡为主而人工为辅。

垂直构图的多层性，在密林的不同部分要有不同的处理。

在林缘部分，指密林与开阔草地相邻接的边缘，与辽阔水面邻接的边缘，以及密林内部环抱而成的林中空旷草地的边缘，游人至少可以在密林高度的 3 倍以上的距离去欣赏密林的场合下，这种林缘的部分，垂直的成层景观要十分突出。这种林缘线上，多层结构所占的长度要在 2/3 ~ 3/4 以上，但是这种林缘仍然不能全部用多层的垂直郁闭景观来填满，应该留出一部分，是两层或三层结构。在垂直景观上并不郁闭，这样可以使游人视线可以透入林层，鉴赏林地下特有的幽邃深远之美，林下空间的深度在风景艺术上是具有独特价值的。同时这样虽然在没有空缺的连绵不断的林缘之下，游人的平视景视，既有闭锁近景，又有透视的远景。

其次是在密林内部自然园路的两侧，水平郁闭度要大，则路上有良好的庇荫，但垂直郁闭就要小些，其中两层或三层透视结构应该占全部边缘的 2/3 以上，而多层郁闭的结构应该在 1/3 以下。灌木层及草本层高出视线的部分应该在 1/3 以下，因为游人在密林地的园路上散步，景物距离很近，灌木很高，游人视线是闭锁的，如果长期的闭锁，就会感到郁闷。因此在林下路边，最好有 2/3 以上的部分，不栽高于视线的灌木，使视线能够从树木树冠之下的空隙中透视深远的林下景观，只是沿路口在焦点，或转折的部分，配置一些挡住视线的近景。

密林下的主干路，为了引人入胜，常常在道路两侧，布置开花华丽的自然式灌木林带或自然式花带，使主干道成为华丽的林荫花境。

（2）郁闭度的变化

密林中水平郁闭度，一般虽在 1.0 ~ 0.7 之间，但全部林地的郁闭度，不能全部均匀地分布。应该有疏有密错落的分布，有时应该有大小不同的小块的透空草地出现（当然林地内也有大面积的空旷草地出现，但这不计算在林地的郁闭度内）。当需要林下能见度高的地方，水平郁闭度要小些，有时可以小于 0.7。林下不需要透视的部分，郁闭度可大些，这样可以构成丰富的林下景观。

（3）混交方式

密林的混交方式，应该采用小块状和点状混交及复层混交的方式。在混交中，应该分出主调、基调和配调来，这样每种树木的多度也就不同了。在有机体的相互作用中，又要取得生物学平衡。

在混交中，常绿树与落叶树混交，在景观上要比同为落叶或同为常绿树的混交价值更高（在华南常绿树可占75%～80%以上，华中占60%～70%，华北占40%）。在花园公园内的风景林，不要采取带状混交的方式，更不宜采用分类成片的机械方法。

栽植位置及设计图的制作：其栽植位置，不能成行成排，基本上与树群相似，但由于规模很大，树木的组合方式，不能像树群那样精雕细刻，全部密林，不必要作出具有每株树木定点位置的种植设计图，一般只要做出几种小面积的标准地定型设计，分编号及写出说明书即可。

总平面的要求：

比例尺：$\frac{1}{500}-\frac{1}{1000}$

标出地形地貌，建筑道路；孤植树及树丛树群的位置，林中空地；草地、林缘线；标出密林定型设计林种的范围及编号。

说明书要写出全部种苗名称、规格、种苗量、施工技术要求施工进程，及远期演替计划，收益估算及劳动投资估算等关系。标准的定型设计的要求：

图纸比例尺：$\frac{1}{100}-\frac{1}{250}$

面积：25米×20米=500平方米（1/20公顷）

至 25米×40米=1000平方米（1/10公顷）

标出每个树种的定植点，远近期的过渡，林下覆盖植物。

说明书写出种苗名称、规格、单位面积种苗量、施工技术要求、施工行程、远近期过渡计划。草本地面覆盖植物，收益及劳动力投资估算。

密林的具体种植定点，主要由施工人员根据设计意图灵活掌握，设计者于施工时须参加讨论及阐明设计意图。

密林的施工，最好能分年进行，尤其是混交密林，其中的上层快长乔木，须第一年施工，在成活后形成一定的庇荫条件以后，再进行林下的阴性下木及阴性覆地草本植物的施工，这样一方面可避免施工时的混乱；一方面有利于植物的成活与便于管理，第一年林下的隙地，可以利用栽植短期农作物以增加收入。

种植设计图例

第一組：　初步设计或要求简单的设计应用

阔叶乔木

针叶乔木

灌木

植篱

第二組：　技术设计或要求稍高的设计应用

落叶阔叶乔木

落叶针叶乔木

落叶灌木

常绿阔叶乔木

常绿针叶乔木

常绿灌木

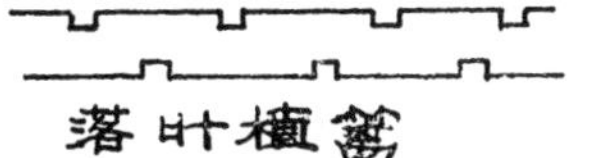

落叶植篱　伞形　半自然

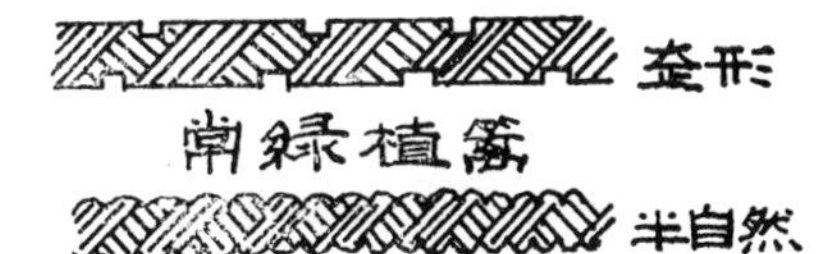

常绿植篱　伞形　半自然

竹丛

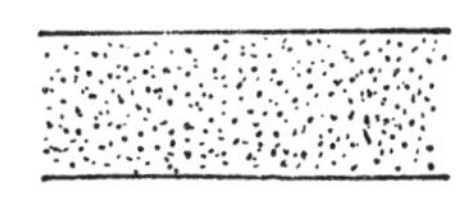

草地

花卉

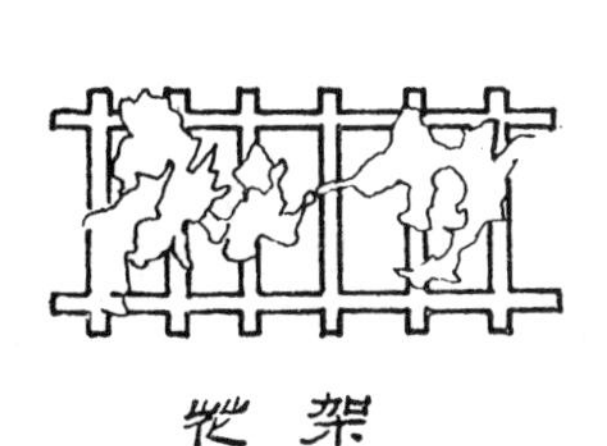

花架

树丛

树林

第三組：　详尽设计時应用

落叶阔叶乔木

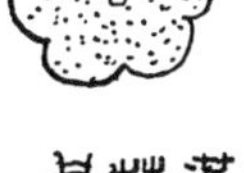

观花落叶乔木

常绿阔叶乔木

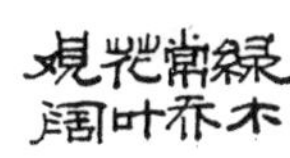

观花常绿阔叶乔木

伞形落叶阔叶乔木

果树
观果乔木

垂枝落叶
阔叶乔木

红叶阔叶
乔木

棕榈类

整形常绿
阔叶乔木
(圆形)

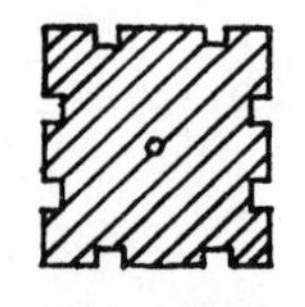

整形常绿
阔叶乔木
(方形)

或

藤本

竹丛

尖塔型落叶
阔叶乔木

树冠圆浑针
叶常绿乔木

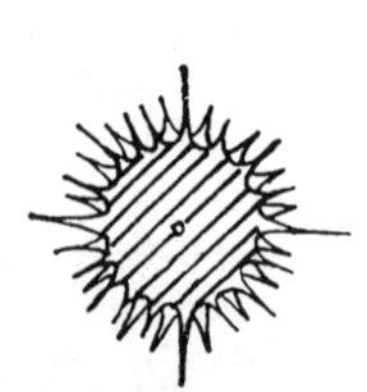

树冠尖耸
针叶常绿乔木

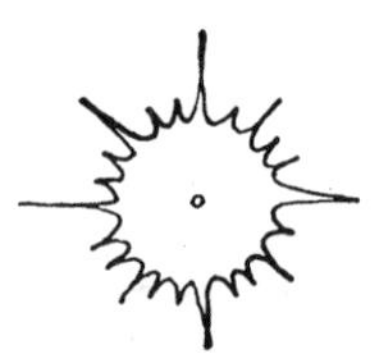

落叶针叶
乔木

松类

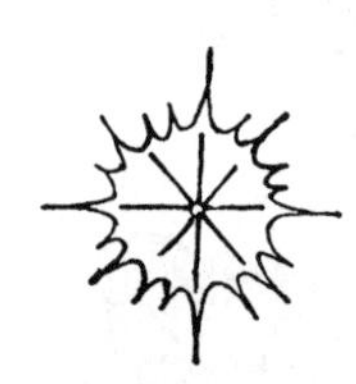

整形常绿针叶
乔木(圆形)

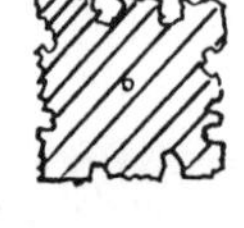

整形常绿针叶
乔叶(方形)

整形尖塔型
针叶乔木

原有树木

观果灌木

落叶灌木

常绿灌木

观花灌木

红叶灌木

整形常绿灌木

花木单纯林

果树林

树冠圆阔常绿
針叶单纯林

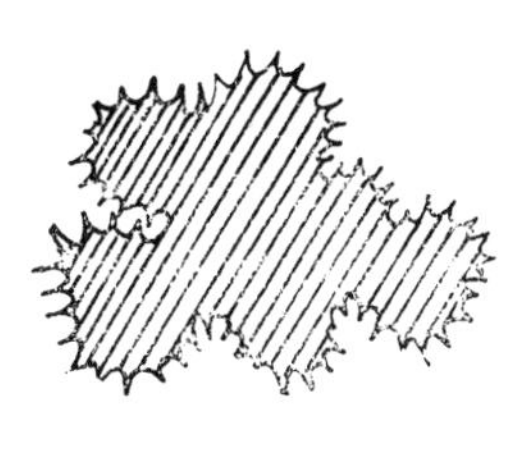

松树

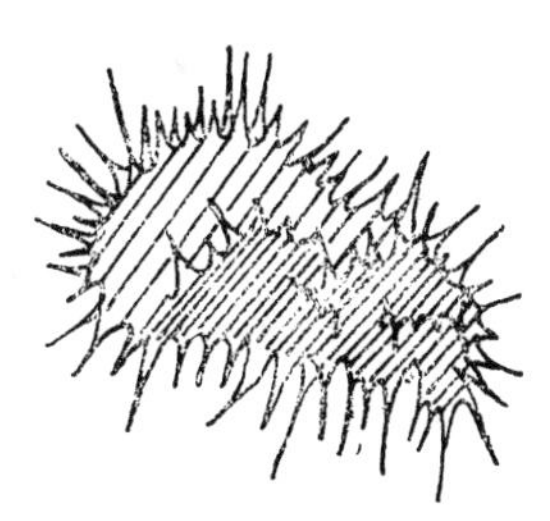

树冠尖耸
常绿針叶单纯林

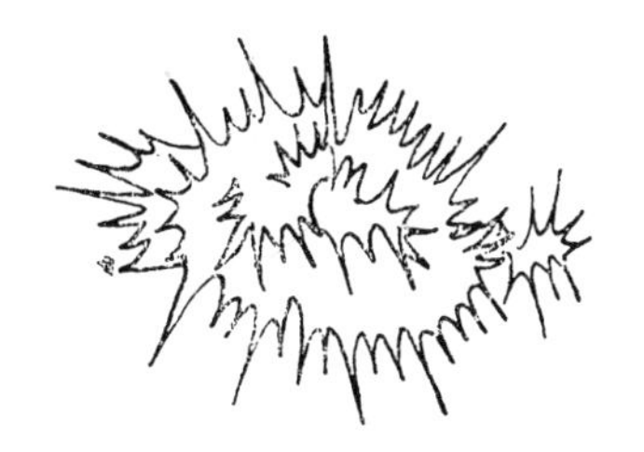

落叶針叶单纯林

混交林

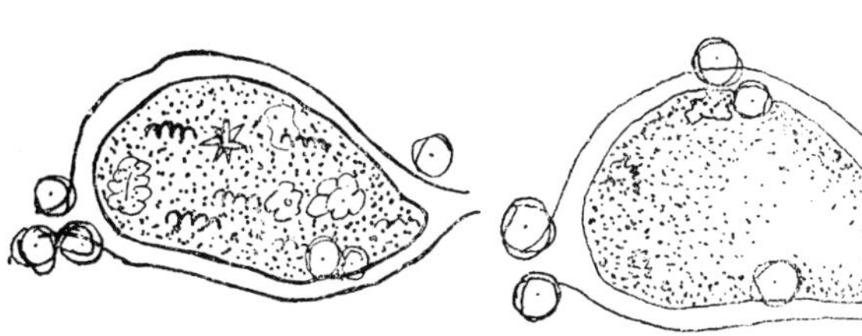

花草坪

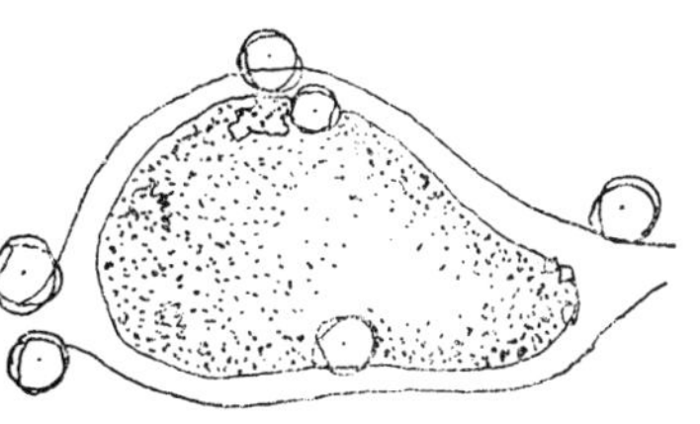

自然式草坪

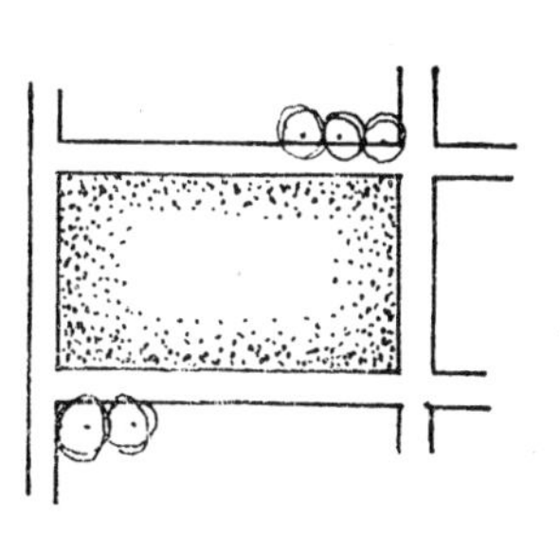

规则式草坪

整形落叶植篱

整形花篱

半自然落叶植篱

半自然花篱

整形常绿植篱

整形針叶植篱

半自然常绿植篱

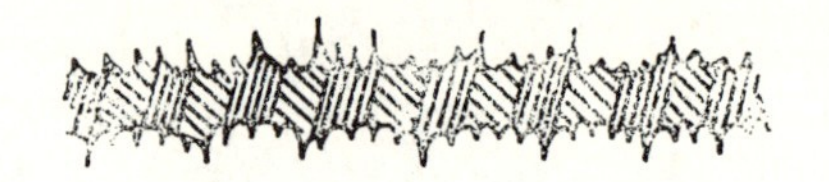

半自然針叶植篱

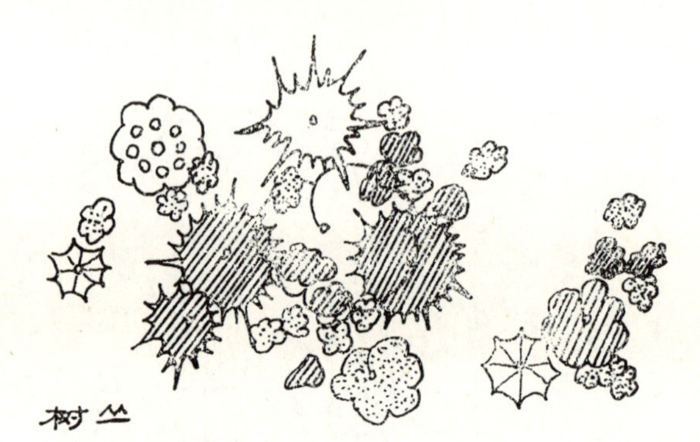

树丛

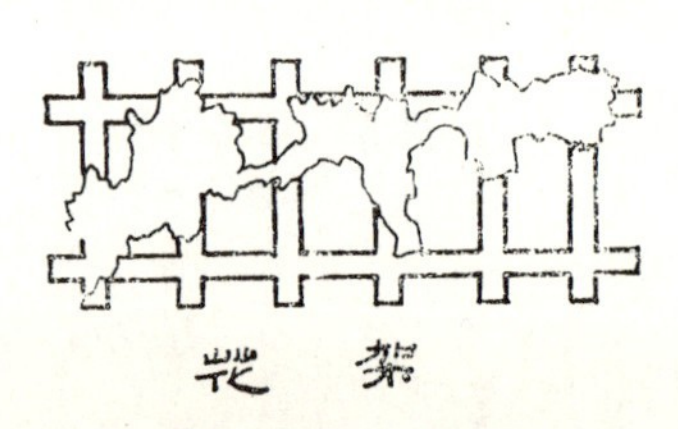

花架

混交灌木群

各种單纯灌木群

观花灌木群

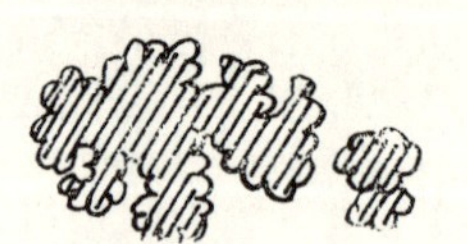

常绿灌木群

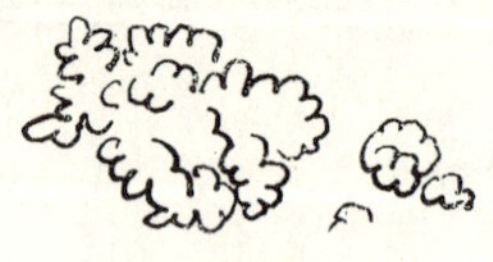

落叶灌木群

落叶阔叶單纯林

常绿阔叶單纯林

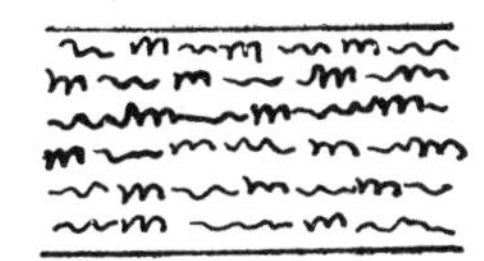

宿根花卉

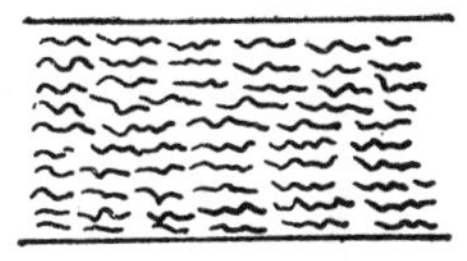

一、二年生花卉

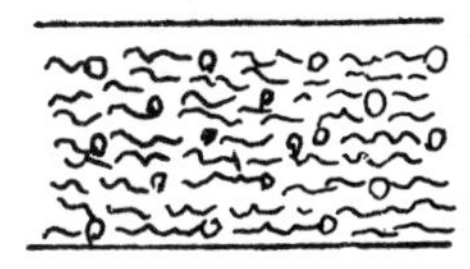

水生花卉

一、二年生花缘

多年生花缘

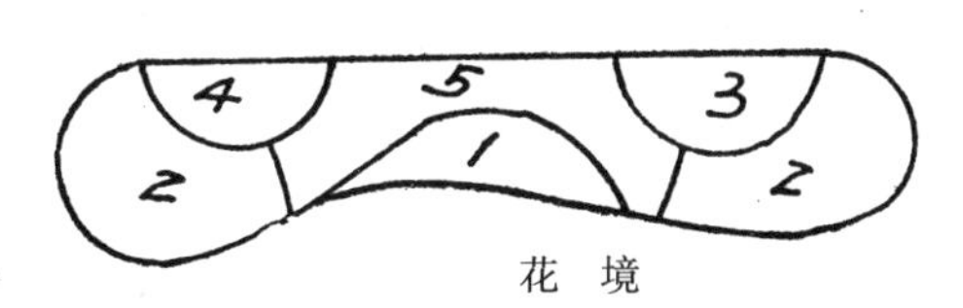

花 境

花 坛

花 境

第三篇　园林设计

第一章　公园设计

公园是供劳动人民娱乐和休息的最完善的地方，它是把广泛的政治、科学、文化教育工作和劳动人民的娱乐休息结合在绿地中的新型的群众性的机构。

一、我国公园的发展概况

在旧中国从来没有为劳动人民创造过完善的文化娱乐设备，但在一天的劳动后，人民也喜欢聚集在简陋的小茶馆中听说书，唱戏或在空旷的草地上看武术、变戏法，有的人在荒芜的水草边钓鱼或在树下石桌上下棋，至于儿童则从来没有过专用的游玩的环境。

新中国成立以后我国也开始将科学文化教育和政治工作及传统的群众喜爱的休息方式结合在风景优美的有益于健康的环境中，除了新中国成立后新建的很多公园以外，在旧有的园林中也增设了很多新的活动设施。用新的，满足社会主义广大群众要求的内容丰富了古典园林，在公园内举办一些经常性或周末及节日的文化活动，以满足广大游人文化生活的需要，在园内设置剧院、文娱所，演出各种节目、放映电影、电视。夏季游人众多的时候，并在绿荫中增设临时舞台，有的公园举办舞会、划船比赛、开辟钓鱼区，有的公园举办各种展览并设置了说唱茶馆、音乐茶座、阅览室、棋艺室等。

除了上述经常性的活动之外，公园一般于夏季或重大节日都举办一些游园会，最大限度地满足游人文娱休息的要求，使公园在社会主义制度下的人民生活中展开了新的一页历史。

举办大规模的群众游园活动是我国公园的主要特点之一，因此在公园的规划设计中应充分考虑满足广大群众活动和功能上的需要。

我国与其他社会主义国家的公园在建设的原则上很多方面是一致的，都是面向广大群众，为满足社会主义制度下人们的文化娱乐休息等各方面的需要。但结合本国人民生活方式、民族传统习惯与爱好和一定时期生产力水平和经济条件的不同，在公园内的设施和活动内容上也有自己的特点。在设计公园时，在风格上应该吸收传统的优秀的古典民族遗产，以创造出有社会主义内容又是民族形式的我国自己的公园。

二、公园的总体规划

（一）总体规划的目的

总体规划的目的是要使公园的各个组成部分合理的安排和布置，使他们之间取得有机联系，保证他们之间有协调发展的可能性。规划中要满足环境保护、文化休息、园林艺术等各方面功能的要求，同时贯彻园林结合生产的方针，并具体解决近期和远景，局部和整体的结合，要考虑不同季节游人在公园内的活动等，并使公园能按计划正常顺利的进行建设。

进行公园的总体规划首先应了解该公园在城市园林绿地系统中的地位、作用和服务范围，并且要深入调查群众的要求，然后才能着手进行规划工作。在规划中应充分考虑各类游人的心理，尽量做到满足不同年龄、不同职业、不同文化水平和不同爱好的各类游人的要求，给他们创造各种方便的条件。

（二）总体规划中所要解决的问题

公园规划的基本问题有：（1）出入口的确定；（2）分区的规划；（3）自然地形地貌和水体的利用与改造；（4）园路广场建筑布局；（5）植物规划以及建园程序、公园建设造价和苗木计划的估算等。

规划设计时第一步应该考虑入口的位置，公园的入口分主要入口、次要入口、园务入口或其他专用入口，它们位置的确定取决于公园与城市规划的关系，园内分区要求，以及自然地形的特点。因此，除了公园周围环境是已确定的以外，在确定入口时应结合公园分区和地形改造的同时来考虑，而不能孤立的先解决入口再考虑分区，如娱乐区应接近主要入口，而安静休息区则适宜于距主要入口较远些。

公园按功能一般分成政治文化娱乐区（或分为娱乐区、文化教育区）、体育运动区、安静休息区、儿童游戏区及经营管理区（各区的具体要求将于下节详述）。规划各分区时应考虑各区功能上的特殊要求，并结合公园地形、自然条件，及出入口的安排通盘考虑，如体育运动区要求地势平坦，原有树木较少处，而安静游憩区的要求则恰恰相反，儿童游戏区要求邻近街坊又距公园入口较近，而安静休息区则可深入园内。

公园的合理布局应做到使整个公园的每一部分和随季节的变化在不同时期内都有绿化上的特色以吸引游人，保证游人在各区均匀的分配。

公园内的道路是游人的导游线，又像血管系统一样分布全园，公园道路分主要道路、次要道路、散步小道和园务运输的道路，道路的规划下节将详述。

分区规划在很大程度上取决于地形地貌的改造，根据公园所在地的具体条件，以及我国传统的造景手法，改造地形往往是公园规划中不可缺少的一部分。在地形改造中既不可不考虑原有地形条件，大动土方，浪费人力物力，也不宜过于拘谨。否则不能创造出丰富优美的园景。山水地形是中国园林组成的骨干，地形改造是否成功在很大程度上决定了园林的风景面貌，因此这一工作是公园的总体规划中极其重要的一环。

地形改造中应充分研究原有条件因高就低，挖地堆山，尽量遵循适用经济、美观相结合的原则，也要考虑当地人民的爱好，一般山地人民喜欢平地，而平原地区的人则以山为贵。如上海的市民对公园中的土山很感兴趣，新建公园中都尽量满足群众的这一要求。

此外地形改造中应符合自然山水形成的规律，但又不应是自然的翻版，而应该是反映自然面貌中的精华，即自然山水中典型的概括，在这一点上与艺术作品的创造原则是一致的。

在基本上考虑了出入口、分区、地形地貌的利用与改造之后，道路的规划应结合建筑的大体分布来考虑，在公园总体规划中应肯定公园中将设置哪些建筑、容人量、面积，并应根据公园内自然条件，建筑物的功能要求，对游人使用的方便以及建筑艺术构图的要求来确定。较重要的建筑，如展览馆、剧场、体育馆等往往形成整个公园或某一局部的构图中心，他们应与自然地形地貌植物结合成一整体并组成各区不同的景色，而另一些小型的园林建筑如亭榭桥廊，则不必设在主要的构图中心地位，而应与自然条件更紧密的结合。因为这种建筑的主要功能是供人们休息的，它们往往放在风景点上，由此展开美丽的风景画面。这些建筑应有美观的造型，其本身又是公园中点景之处，它们与周围植物、山石、水体、不同地形等配合成美丽的景色。此外还有一些纯服务性的建筑和小卖店、食堂等，因为它们设置在公园内，故也应考虑一定条件的外形，它们既不宜放在明显的构图中心点上，也不应该放在过于偏僻使游人感到不方便的地方。厕所则应考虑按一定的面积内游人量来安排，它们应该设在较偏僻而又距主要道路不远处。

植物是公园内最主要的组成部分，在总体规划中虽然不可能确定每株树或树丛的位置，也不可能肯定每一树种，但应按自然地形、功能及风景的分区，大致确定每一区的主要植物种类及其形成的大致效果。如在某一小山的阴坡以开花灌木为主，某一平坦地带的丛林以柿、核桃林或槭、油松为主，文娱区以草本花卉组成的花坛，整齐的法国梧桐行道树形成开朗华丽的景色等。总之，除了明确的功能分区以外，随着游人的前进，在眼前展示植物结合地形组成的各个不同的景区，在各景区交替时如利用一些色彩、明暗、空间关系上的对比手法，则更可以产生我国常用的柳暗花明又一村的感觉。

公园的建设不是短期内可以完成的，因此在总体规划时即应考虑远景和近期建设的结合问题，如何分期施工，先简后繁，以逐步达到实现远景的规划。在考虑建设程序时应从每年投资多少，和游人最迫切的希望出发，有时可以先开放公园的一部分，也有的公园虽然同时全部开放，但主要设施仍集中在入口附近，使开放的一部分也有比较完整的面貌。

此外总体规划完毕后应作出造价的估算，如土方、苗木、建筑等的估算，各分期的估价以及苗木的计划。

每一公园的总体规划中应考虑各区占分地的比例，道路广场建筑绿地水面的比例，游人在各区的分配量，乔灌木、花卉、草地间的比例等问题，我国目前对这些问题还很少研究，没有确定的数字，但已有一些公园的资料可以作为设计时的参考，各国在这方面有较多的材料，也可以作为参考。

（三）公园出入口的安排

公园的出入口一般分主要入口、次要入口和专用入口三种。主要入口是为迎接最大量游人的，其地点的选择在很大程度上取决于公园与城市规划的关系。主要入口应朝向市内主要广场或干道、选择在游人流通量最大的地方，但在城市快速车道上则不宜开设入口。此外公园用地的自然条件也在一定程度上影响入口位置的确定，因为入口附近是大量游人集中的地方，而且为了与城市街道相协调，往往布置成整形的广场、宽阔的林荫道，因此在地形上要求靠近主要入口附近有较大片平坦的面积。主要入口与分区的关系很密切，所以也应结合分区规划上的要求来确定主要入口上的位置。例如应考虑在主要入口附近是否有可能划作娱乐区及儿童区的条件，次要入口是供来自附近街坊的游人用的，对主要入口起辅助作用，便于附近游人进入园中，一般设在游人流通量较小但邻近街坊的地方。此外，往往为了大量游人在短时间内集散的方便，在体育运动场或一些文娱设施如剧院、展览馆等的附近设立专用入口它们常常在一定的需要时才开放使用。

还有一种是专为园务管理上的运输和工作人员的方便而设立的专用入口，这种入口一般设立在比较偏僻处，在公园管理处的附近，并与公园中杂务运输用的道路相联系。

为了方便游人，公园应多设入口，但如进园要售票，则过多的入口也会给管理增加麻烦。故仍应从方便游人、提高公园利用率为主，又照顾到管理的方便情况来考虑入口的安排。

如上所说，主要入口应朝向人流最多的城市主要干道或广场，而与园中主要干道广场或构图中心的建筑相联系，同时又是最大量游人集散之处。因此，要求有足够的宽度和美丽的外观，进入主要入口，应给人一种开朗华丽的印象。

一般为了集散方便，在公园入口处设有园外和园内的集散广场，附近并设有必要的服务建筑及设施，如园门、围墙、售票处、存车处、停车场等，在入口前有时也设置一些纯装饰性的花坛、水池、喷泉、雕像以及宣传性的广告牌等，有的公园入口旁设有小卖部、邮电所、母子休息室、婴儿车出租处、存衣处等服务部门，但不是所有公园都必须具备以上各种设施。

公园主要入口前的广场，一般都退居于马路街道以内，形式则可以多种多样，广场的大小取决于游人量的多少，如北京颐和园游人最多为4～6万人，入口前广场为40×50（平方米），陶然亭公园的游人最多时3万人次，其主要入口广场为30×25（平方米）（规划中将来为次要入口），入口前广场的装饰应与街景相协调。

入园后的广场一般比园外的小些，它的布置应以绿化为主，偏重园林的气氛，因为它一方面有集散作用，另一方面也是园内外，即公园与街道过渡的地方。

次要入口也要设广场，但在规模上次于主要入口旁的广场。专用及园务入口旁则不一定设广场，但也要考虑回车及停车的面积。

如上所谈次要入口在规模上、外形上都应该次于主要入口，由于由次要入口通过的人流量较少，故与次要入口联系的园路也应该较狭窄，不一定是宽阔的林荫道或广场。次要入口及附近也可以创造成比较幽静的自然环境，可以与一些次要的建筑相联系，对入口附近自然地形要求不一定很严格。

设在体育运动等区的专用入口则可以处理得比较简单，但一定要考虑大量游人短时间内出入的方便。

处理园务入口时应考虑能让运输用的汽车通行。

（四）公园各分区的布局

1. 分区的目的

为了满足不同年龄不同爱好的游人多种文化娱乐和休息的要求，在文化休息公园内应有多种多样的设施。为了合理的组织游人的园内进行各项活动，使游人游憩方便，互不相扰，又便于管理，而且形成艺术构图上统一的整体，必须进行分区规划，把一些类似的活动组织在一起。

2. 分区的依据

由上可知分区的主要依据一方面考虑公园所在地的自然条件（地形、土壤条件、水面、原有植物等）；另一方面根据各区功能上的特殊要求，各地所需面积的大小，各区之间的相互关系以及公园与周围环境的关系来确定分区的安排。

自然条件是影响分区规划的最主要的因素之一，因为各区活动的内容不同，它们对自然条件如地形、土壤条件、水面、原有植物等的要求也不一样。公园在城市规划中的地位，决定公园的主要入口，同时也在很大程度上影响了公园的分区规划。

3. 公园中可参照以下内容进行分区

（1）娱乐区：包括剧院、电影院、杂技场及各种游戏场地。

（2）科学文化教育区：包括展览馆、演讲厅、阅览室安静的游戏场等。

（3）体育运动区：各种运动场地、球场、游泳池、划船站等。

（4）儿童游戏区。

（5）安静休息区：面积最大，是公园的主要内容。

（6）经营管理区：包括公园管理处、仓库、汽车房、杂务用地及温室苗圃等。

公园的安置哪些设施取决于（1）公园附近各种文化娱乐体育等设施分布的情况，城市中文娱等服务系统分布的情况；（2）公园内的自然条件；（3）公园面积的大小。

如公园附近有专门的体育场或儿童公园，则公园内不需单辟体育场区、儿童区。但也可以设置一些小型的、简单的儿童游戏场、乒乓球和网球场地。如果公园附近有较完备的剧场，则公园内也不必再设剧场。

公园内有大的水面则可利用开展水上运动、游泳、划船等，如无水面则不能进行这些活动。

在面积较小的公园内也可以不设置大规模的运动区（包括正式比赛的足球场等等）也可以不设置设备完善的儿童区或丰富多彩各种各样的文化娱乐设施，否则必然会减少绿地面积，反而会使公园成为庙会似的场所，而失去卫生，游憩的目的。在这些小公园中可设置小型的球场、儿童游戏场，以满足游人的要求。

在小城市里公园中的一些文化娱乐设施往往既是城市公共建筑又与公园密切结合，并成为园内风景的一部分。这些设施的安排应该与城市规划密切结合来安排。

此外在各分区中配置哪些设施也需要根据投资条件周围居民的要求来考虑。

4. 分区的规划

根据一般公园的功能分区可定为：（1）文化娱乐区；（2）体育运动区；（3）安静休息区；（4）儿童游戏区；（5）经营管理区。

公园内各区的规划，其中有的分区是独立性较强必须单独分开的，如儿童区、体育运动区、经营管理区，但另外有一些分区是不明显的，他们相互交错，甚至可以将一些区的设施分散在另一区中。如文娱区一般较集中地配置在入口附近，但有些设置如露天剧场、露天舞池等则可以放在自然环境优美的安静区的某一局部，使其既不妨碍整个安静区的休息、集散又比较方便，而小型阅览室则完全应该分散在安静休息区中，服务性的设施，如食堂小卖部可以较均衡的分布在园中各区，在游人较多处设置。

（1）文化娱乐区

由于这一区游人量大，为了节省投资便于管理，以及游人的集散常常将它设置在主要入口的附近，它们在艺术风格上与城市面貌也比较接近，可以成为规则的城市面貌与自然的安静休息区的过渡。因为这一区结合入口的处理多采用整形式规则，展览馆或剧院等可以作整个公园或局部的构图中心，附近分布各种游玩的场地，游戏场、杂技场等也应该比较集中。个别的如比较简单的秋千旋转木马，也可以放在安静休息区中，但也不宜过分集中，以至失去公园的感觉，特别是露天剧场、舞池等应该更好地与自然条件结合。在前苏联文化休息公园中常常在安静休息区设有露天演讲的地方。由于文娱区有以上这一特点，在设计时比较容易形成在这一区堆积过多的建筑设施，而忽略一定绿地的比例，事实上即使是室内剧院或展览馆，除建筑外形上要求比较美观外，周围也应有条件较好的绿地以区别于一般城市的剧场、展览馆。更主要的是园中的这些设备应该尽量利用自然条件，使其综合在自然风景中，因此公园中应尽量采用露天活动的形式，为了避雨可以有辅助游廊亭榭、花架等形式的建筑，群众游戏场等也应该在不妨碍活动的情况下，很好的绿化，使人们能在绿荫中游玩。因此公园中的文娱区，其建筑密度要很低，建筑物要半隐于大面积的绿化之中。

（2）体育运动区

条件完备的体育运动区常常具有供比赛用的带有看台的足球场、篮排球场、体育馆以及其他场地和一系列的服务设施。为了便于管理和集散方便，建议将体育运动区安置在入口附近甚至可以单设一专用入口。但因其服务对象有局限性，又不宜放在主要入口附近，体育区因场地较多，如设在丘陵起伏原有植被茂盛的地区，非但对人流集散不利，活动也不便开展，而且提高了土方造价，也难免砍伐很多树木。因此不宜在这种地方开辟作体育区，以选择地势比较平坦、土壤坚实，便于铺砖、排水，不必砍伐大量树木的地点作为体育区较合适。如果附近有大片水面用以开展水上活动，则最好，如无此条件也可以单独开辟水上活动区。一般以足球场或体育馆为中心作整形布置，如果有大型比赛用的球场则可以考虑设置在地形稍有起伏的地方，可以尽量利用坡地或凹地的平坦部分辟作场地，沿斜坡作成天然的看台，则也是理想的体育区。例如广州越秀公园的游泳池、前苏联第聂泊尔彼得罗夫斯克公园的球场都是采用这种方式的体育场与出口之间应设宽的林荫道相联系以便于集散，比赛用的场地，应南北向，并按一定尺寸规格，场地周围的绿地不应该妨碍比赛时活动的进行。为了经济用地，便于管理，应该集中整形的安排场地，但在周围可以是自然式的丛林环境，一些非正式用的场地，如乒乓球台、网球场等可以分散在疏林中的草地上甚至在安静休息区中也可以开辟少量的乒乓球场、网球场、羽毛球场，但它们不作为正式比赛场地而可以较自然的放在林中空地上。为适应我国广大群众的爱好，在林中草地上辟出专门地区供打太极拳，也是很必要的。在体育运动区也应为游人开辟些林间小路，休息广场，自然式丛林。一方面游人可以在此休息，此外也易使这一区与整个公园风景相协调。运动区内游泳用的水面如果不能结合在运动区内，需单独开辟，在有水面的地区，但也不宜深入在安静区中，特别是一些运动量较大的如舢板等活动，应该放在面积较大的水面上进行。游泳区也应结合日光浴场单独划分开，而划船则可以通入安静区内，如颐和园后湖水面曲折两岸绿树成荫是理想的划船的所在地，并不影响岸上游人的宁静休息，但划船站码头等却是比较热闹嘈杂的地方，应考虑集散方便游人比较集中的地方。

至于冬季冰上活动区的安置，可以比较自由。因为冬季公园中（特别是能进行天然溜冰的寒冷地区）其他方面活动的游人很少，这时可以溜冰作为公园中主要活动内容，只要是对游人方便的天然水面或能用人工泼水形成冰场的地方都可。辟作冰上活动区应与公园中冬季风景的配置一同安排，最好选向阳又背风的地方，在条件许可时，应根据不同年龄和活动类型划分成几种场地，如成年人的、少年的以及成人带幼童的，按类型可分速滑、花样、冰球、练习用以及比赛用场地等，这样可以防止危险又满足各类人群的要求。

开展冬季活动是公园中很重要的工作之一，特别在纬度较北的寒冷地区一般冬季公园游园人很少，冬季冰上活动的开展可以提高公园的有效利用时间。

1957 年列宁格勒基洛夫中央文化休息公园第一季度游人共 454000 人，其中进行水上活动的有 331000 人，进行体育活动的有 23000 人，第四季度游人共 106500 人，其中冰上活动的占 71000 人，体育活动的 12000 人，由此可见冬季游人中冰上活动占到 70% 左右。

利用水面作冰场是最理想的条件，但有些公园没有水面或水面很小而附近又没有冰场，则需要在广场上泼冰场。在整个公园规划时，即应考虑冬季活动区，因为冬季以冰上活动为主要内容，冬季不一定全园都开放而可以以围绕这一活动来考虑一开放地区。高尔基公园利用所有林荫道泼成冰场，不仅在水面少的情况下开辟大面积的冰场，而且充分利用了冬季风景，人们可以一面滑冰一面欣赏冬季大自然的美，是比较理想的处理方式。

（3）安静休息区

在公园中安静休息区占地面积最大，游人密度较小，为专供人们宁静休息散步，欣赏自然风景之处。故应与喧闹的城市干道和公园内活动量较大游人较稠密的文娱区、体育区及儿童区等隔离，又由于这一区内大型的公共建筑和公共生活福利设施较少，故可以设置在距主要入口较远处，但也必须与其他各区有方便的联系，使游人易于到达。

安静休息区选择原有树木较多，绿化基础较好的地方；以具有起伏的地形（有高地、谷地、平原），天然或人工的水面如湖泊、水池、河流甚至泉水瀑布等为最佳。具有这些条件则便于创造出理想的自然风景面貌，如颐和园的后湖一带即为较好的安静休息用地。

安静休息区内也应结合自然风景设立供游览及休息用的亭、榭、茶室、阅览室、图书馆、垂钓之家等，布置园椅、坐凳。在面积较大的安静区中还可配置简单的文娱体育设施如棋室、网球场、乒乓球台、羽毛球场及供打太极拳的场地，也可以利用水面开展运动量不大的划船等活动。

安静休息区应该是风景最优美的地方，点缀在这一区内的建筑，无论从建筑造型或配置地点上都应有更高的艺术性，如画龙点睛般使其成为风景构成中不可缺少的一部分；而文娱体育设施也应在风格上与此区的面貌相符合。安静区内由于绿地面积最大，植物的种类和配置的类型也应最丰富，可以结合不同的地形、建筑、在山坡水畔创造丰富多彩的树群、密林、草地和体型优美的孤立树。总之应尽量利用不同的地形、植物和水体创造各种景区，构成不同的空间，使游人虽在城市中，而有置身于自然怀抱中之感，能尽量的享受天然风景之美，以恢复工作后的疲劳。

安静休息区中除一般植物配置外，还可于局部地区开辟专类花园，如月季园、牡丹园等，可与展览温室、喷泉、水池等结合作整形的处理，亦可与山石亭榭等结合，形成天然图画。

创造供人们宁静休息的优美风景，是我国优秀的造园艺术传统。因此在设计新型公园时，尤其在安静休息区的设计中，应更多学习和运用古典园林中的造景手法，总结丰富的植物配置原理，叠山理水的原则，以丰富公园风景，这也是摆在每一个园林设计者面前的重要而艰巨的任务。

（4）儿童游戏区

我国公园的游人中，儿童占很大的比例，如表中所示：

公园名称	面积（公顷）	游人量	其中儿童量	儿童占总游人量的百分比
北京中山公园	17.2	假日 40990	12031	29%
		平日 13776	4207	30%
北海	23.7	假日 58111	14937	26%
		平日 21233	8729	41%
陶然亭	26.8	假日 29059	9028	31%
		平日 12659	3275	41%
上海复兴公园	9.19	105202	34191	32.5%
中山公园	21.1	65438	13429	21%
颐和园	57.9	假日 36112	3469	9%
		平日 7736	515	7%

如上所表示，以上列举公园的游人中，儿童约占30%，因此如何为儿童创造游戏和文化教育活动的场所是公园规划中必须考虑解决的一个问题。

为了满足儿童的特殊需要，在公园中单独划出供儿童活动的一区是很必要的。大公园的儿童区与儿童公园的作用相似，儿童在这里不仅是游玩、运动、休息，而且可以开展课余的各项活动，学习知识，开阔眼界。在公园内可以为儿童组织各项活动并且由于公园内有优美的自然风景，比城市的少年宫有着更优越的条件。但是由于儿童区是公园中的一部分，公园内其他各区的设施如露天剧场、茶室等，在一定条件下也可以为儿童服务，因此在规划上及内容设施上不如儿童公园的独立性强，一切设施也可以比较简单。

儿童区的面积不应太小，应保证有足够的面积开展各项活动，现将我国几个公园中儿童区占全园面积的比例分列如下：

儿童区在公园中所占面积的比例

公园名称	总面积（公顷）	儿童区（公顷）	陆地	占全园（%）	占陆地（%）
南京玄武湖公园（规划数字）	444	16	49	7	32
天津水上公园	400	24		6	
北京陶然亭	79	2	55.4	2.5	3.6

儿童区内可放以下设施：少年之家或少年宫、阅览室、儿童游戏场、运动场、游泳池、涉水池、划船码头、小型动物园、少年气象站、少年自然科学园地等。在哈尔滨儿童公园、天津水上公园的儿童区内均设有儿童火车，上海海伦路公园则有最吸引儿童的迷园。此外上海曾有专门教育儿童了解交通规则的公园。

儿童区主要为附近街坊儿童服务，如果它们的设施较完善，特别对青少年来说，则也可以成为全市性的。

儿童区一般规划在主要或次要入口的附近，包括多种为儿童用的设施，如公园面积过大则除儿童区外其他接近街坊的入口附近可增设简单的儿童游戏场，供附近儿童使用，儿童区应该选择比较平坦，日照良好、自然景色开朗、绿化条件较好的地方，如有一定面积的水面则更理想。

儿童区应与其他各区或园中道路用绿篱隔开，不应有任何通道穿过此区，尤其不应与成人活动或游戏区混在一起。进入儿童区应有固定的入口，而不能随便穿行。

由于不同年龄儿童的活动要求体力和兴趣等都有很大的差别，为了满足并适应各类年龄儿童的要求，公园中儿童区也可按年龄又分为学龄前儿童，小学生及青少年活动区。这样既可避免危险，也便于管理。

在有条件的儿童区内更可以按不同功能分为体育区、游戏区、科学普及区、文娱区等。体育区主要为青少年服务，可设各类球场，甚至游泳池和供比赛用的场地等；游戏区则应按不同年龄分隔成各种场地；科学普及区内设有生物园地，动物角以及供各种科学小组活动的少年宫、阅览室；文娱区则有露天小剧场，供舞蹈活动的场地等等，此外也应设有必要的服务性设施，如小卖店、食堂、厕所等。

在经济条件不允许的情况下，有些儿童区内的设施也可以与成人合用，如电影院、剧场可以考虑白天作为儿童专场，展览馆也可以定期展出内容适合于儿童的展览品。在儿童节日时，则全园都可以为儿童服务，但上列其他反映儿童特点的一些设施，则必须设在儿童区内。

在面积不大的儿童区内如果没有条件严格按功能区分，则至少应该按年龄分隔成几个儿童游戏场地。

儿童区在规划上也与公园类似，应有明确的入口，入口附近可设广场，主要建筑和广场应为全区的中心。按年龄区分的各种场地应采用艺术布局方式，使儿童易于记忆和辨别方向（但不一定采用规则式的布局），通向各类场地的道路应明确捷近，而不过分迂回，按年龄划分的各区不应互相干扰，尤其不应有道路穿过学龄前游戏场。青少年用的体育场，生物园地等可以放在距儿童区入口较远处，除了中心部分以及必要的整形草地，围绕全区可以结合地形创造一些自然的风景和优美的林地，如果在儿童区内有水面则可以根据条件开辟儿童游泳池、钓鱼区，但对水流，水的深度安全措施等应特别注意。

儿童区内选用的植物应避免用有刺、有毒、有嗅味，以及易引起皮肤过敏性反应的品种如漆树、凌霄、玫瑰等植物种类，应该丰富具有不同体形不同色彩的花、叶、果的乔灌木和花卉，可培养儿童对植物的兴趣并增加知识。

在布置的手法上应适合儿童的心理，应该引起他们的兴趣，并易为其了解，如杭州柳浪闻莺公园中作成大象形的滑梯和长颈鹿的秋千，前苏联儿童城中布置的“大人国”以及童话中的故事等都很为儿童所喜爱。建筑及各种设施的色彩应明快轻松，并宜多用反映儿童生活的装饰物如少先队员的雕像，以及一些有趣的动物塑像。这些装饰物、建筑及座椅等都有符合儿童的比例，建筑的墙面和地面都不宜用凹凸不平，有尖锐棱角和过于坚硬的材料，在儿童区中，除了必要的铺砖地外最好多用草地，以免尘土飞扬影响孩子们的卫生和健康。

在儿童游戏场内，应有座椅、花架等供孩子及成人休息，我国很多地方都有炎热和长的夏季，因此游戏场上必须有良好的庇荫条件，但又以不影响活动为原则。一般在游戏器械，2 米以外即可栽植乔木，有些设施则可直接放在树荫下，如翘翘板、滑梯等，特别在学龄前儿童场应注意遮荫问题，除分隔用的植篱须用灌木丛和绿篱外，在活动场地上应多用庇荫乔木尤其是阔叶乔木，则不至影响活动，又可遮荫，但局部重点地区可种花灌木。

根据调查上海几个儿童公园用地比例如下：

公园名称	面积（平方米）	建筑（%）	道路（%）	广场（%）	绿化（%）
海伦路公园	1876	1.3	12	29	57.7
西康路公园	3675	1.3	10	37	50
华山路公园	4100	1.6	9	21	68.4
乌鲁木齐路公园	2466	5	14	17	64
昆山路公园	6666	1.1	15	17	66.9
建议公园用地比例		3~4	10~12	5~8	70~80

从上表知一般建筑面积稍小，在使用上感到室内活动，休息条件较差，而广场道路所占面积嫌多，可能由于整个城市规划中，儿童公园面积不能满足市内儿童的需要，因此在游人过多的情况下，不得不增加道路广场的面积，以容纳大量的游人。绿地面积一般在60%左右，而从实际效果看仍感绿地不足，特别是在夏季（正值儿童放假的时候）游人最多，遮荫不足的问题也最突出。

前苏联城市规划条例规定（部长会议建筑所制定的城市规划与建设的规章与定额一书中所规定）在大城市应设立儿童公园，中小城市也可以设立儿童公园，并建议在儿童公园中设以下分区及设施：

① 文化教育区：包括电影、小舞台、展览室、阅览室。

② 体育活动区：包括运动场、游戏场、日光浴场、游泳池和涉水池。

③ 少年自然科学活动区：动物角、果园、温室、花圃。此外还应考虑杂物用地如仓库等。

儿童公园内用地分配建议如下：

绿地	67% ~70%
广场（包括运动游戏等场地）	20% ~30%
道路	7% ~8%
建筑物	2% ~3%

上述文化休息公园的分区只是就公园的主要任务来分的，可以说是一种模式图，但切不可不问条件，生搬硬套地按照上述分类机械的划分公园地区，实际上各区之间有着紧密的联系。例如文化教育设施常常与安静休息区结合在一起，而体育运动区也可以设置茶室、小卖部等。

我国目前的公园中分区常常不甚明显，而且不一定包括上述全部分区和内容，因此在考虑分区时，应结合当地城市规划中的需要来决定。各区中的设施也应该结合我国民族传统，人民的爱好，以及风俗习惯来考虑，例如在运动区中，应考虑打太极拳的场地，安静休息区中应设置棋室或在树荫下设立石桌，供人在露天下棋，此外如金鱼展览、菊花等盆花展览也都是很受群众欢迎的内容。

（五）公园中地形地貌的处理

建设公园往往是利用城市规划中不符合基本建设要求的用地，这种用地往往地形有起伏，有水面或低洼沼泽地，但是在公园规划中这些地形不一定符合公园各种功能上的要求。有的地形过分崎岖不平，有些沼泽地卫生条件较差，难以利用则需挖湖堆山削高填低，也有时为了更多更好地创造水面活动的条件，为了丰富园景，也需对原有地形进行改造，但在改造时应注意尽量少动土方，充分利用原有地形地貌及水体的特点。要想合理利用原有地形则必须先了解原地形的特点，并掌握自然山水形成的规律才能创造出符合各种功能要求的自然环境。我国园林的特点之一，是以自然山水为骨干，利用改造地形，创造出美丽的自然风景，自古以来就是我国造园中优秀的传统，如何把这些传统的手法运用到今天新型公园规划设计中，是一个很重要的问题。《园冶》中谈到“高方欲就亭台，低凹可开池沼”，是最好利用和改造自然的例子，在改造地形中需要考虑使土方能达到平衡否则将造成极大的麻烦和浪费（有时不一定在园内取得平衡，如果与附近城市建设的需要量相平衡也可以，例如附近需要填沟筑路，缺少土方，则公园内可挖较大的水池，总之改造地形时，要使土方有来源和出路）。

根据生产实践的经验，在公园建设中，土方的费用在公园造价中占很大比重。从经济观点来看，在地形的处理中，首先是尽量利用自然条件，在难以利用时则加以改造，是否能善于利用不同地形稍加改造而创造出符合各种功能要求的优美的风景，是衡量一个设计者水平的重要标准之一。

此外应充分掌握自然山水地形地貌形成的自然规律，才能使地形改造既经济又符合自然规律，这样才能真正达到美的要求。

地形改造中还应结合各分区的要求，如文娱体育活动区，不宜山地崎岖，而可以有较开朗的水面作为水上冰上活动之用，而安静休息区宜溪流蜿蜒的小水面，两岸山峰回旋，则可以利用山水分隔空间造成局部幽静的环境。颐和园的后湖、北海公园中的濠濮间等，都是利用改造地形，创造宁静气氛的小空间的绝妙的例子。

除了创造美丽的风景以外，也应满足其他工程上的要求，如解决园地积水和排水，以及为了不同生态条件要求的植物创造各种适宜的地形条件等。

如前所说满足群众的要求也是改造地形时所应根据的主要原则。

（六）公园中道路的处理

公园中的主要道路起两种作用，一是把游人通过主次入口送进园中，此外它又起着联系各区的作用，可以把大量游人送到各区。因此，主要道路也应该是园中最宽的，布置得最华丽的道路。

主要道路往往形成道路系统中的主环，中国园林常常以水面为中心，则主干道环绕水面联系各区是较理想的处理方法。当主路临水面布置时，不应始终与水面平行，这样则缺乏变化而显得平淡乏味，而应根据地形起伏和周围景色及功能上的要求，使主路与水面，若即若离，有远有近，则使园景增加变化。一般游人的心理都不愿走重复的道路，而环路则可以避免这一缺点。在规划中，而只是一条直线或曲线形的道路，由主要入口通向园中主要构图中心（建筑、山坡、水面等）或由一入口至另一入口，在这种情况下也最好能用小的环路补其不足。

沿着主要环路应该使游人能欣赏到园中按季节按分区特点布置的画面，由于游人量较大，故由此展开的风景空间的景色应该比较深远、开朗，否则就会显得局促拥挤，当然如上所说，沿路风景应有变化，而不是一成不变的开朗风景。此外沿主要道路风景的变化不宜过于频繁，这样反而会造成紊乱，沿着主要道路应使游人对该公园总的轮廓有所了解，使其得到一个完整的深刻的印象。

主要道路的宽度大型公园一般在4～5米之间，小型公园一般在3～4米之间，路旁可用株行距相等或不等的行道树，也可不用行道树而布置自然式树丛、树群、多年生花丛。在游人不多，面积较小的公园内（如10公顷左右），入口附近以外的主环路亦可为3～4米，如主路较宽为8～20米，在道路中间或两旁可以布置带状花坛、花境或雕像等。亦可用两条绿带将道路分隔成主要及两旁次要的林荫道，这时中间的林荫道可供大量游人通行，两旁林荫道可供游人散步休息，主要道路最好带有凹入的1米×2米放座椅的地方以免影响游人的通行。座椅可以相对放置，也可以错开，有时由于路旁风景偏重一旁则座椅也应相适应其要求放在一旁，在宽的路上座椅也可以直接放在路上。主要道路不宜有过大的地形起伏，如起伏过大超过10%的坡度则可用整形的阶梯，如有运输要求时，则应改变道路纵坡，而不能设台阶。

次要道路一般是各区内的主要道路，它往往又辅助联系主要道路，分布全园而形成一些小环，使游人能深入公园的各部联系一些主要建筑。次要道路的布置可以比较朴素，而沿路风景的变化应该比较丰富，由此展开的空间可以较小，次要道路的宽度一般在2～3米，可以多利用地形的起伏展开丰富的风景画面。

次要入口处的道路虽然在宽度上较主要入口处的干道规模稍小但亦需由此将游人送到各区，故在功能上的要求与主环路一致，也应考虑有适当的美化布置。

散步小道应该分布全园各处，但以宁静休息区为主，他引导游人深入到园内各个偏僻宁静的角落，以提高公园的使用面积的效率，同时这里也是卫生条件最好，最接近大自然的地方。散步小道旁可布置一些小型轻巧的园林建筑，开辟一些小的闭锁空间配置一些乔灌木结合色彩丰富的树丛、树群或单株，沿散步小道所配置的花卉也可以比较自然，总之这里风景的变化是最细腻的。

散步小道的宽度一般1.5～2米。

在公园道路规划时应尽量避免有死胡同，除了有时专为通向某一建筑所用的道路不得不采用这种方式外。即使这种情况下，也希望尽量避免，或道路较短，建筑位置明显，使游人不至深入太远而又退回。

规划中小环路的作用，在于当游人精力或时间有限时或因兴趣爱好的不同，也可以按拟定好的路线在公园一部分地区进行游玩和休息，并为游人由一区至另一区开辟捷径。

无论是主路次路或散步小道都应有各自的系统而又互相联系，要求有理想的庇荫条件，主要次要道路应着重考虑游人的方便。例如通向展览馆、露天剧场、运动场等处不应设置过分弯曲的道路，而安静休息区内或通向一些装饰性强的休息用的亭榭等，可以较多的运用中国古典园林中常用的抑景、隔景等手法，以曲折迂回的道路增加空间感，造成曲径通幽的气氛，加强风景艺术效果。但即使是在这种情况下道路的弯曲也一定有其原因，如在前进的方向在地形上有变化或有树丛山石等障碍物，使道路的弯曲合乎自然要求而真正形成峰回路转的效果，道路的设置应有一定的导游性，考虑游人沿此路通向何处，如果在需要的地方不开辟道路，则游人会自发的踏过草皮形成道路，然而在不需要道路的地方，虽然开辟了路，却无人去走，造成浪费。总之，在设置道路时，应当从功能出发结合风景画面透视线来考虑，有的地方更着重考虑实用，有的地方可从考虑风景线出发，结合各分区条件不同而异。但绝不能过分追求形式否则不只浪费而且对游人不便，以至失去其基本意义。

无论主次道路甚至小路都不应穿过建筑物，而应将建筑物布置在路的一旁，或紧接路边，或用专用小路通入则不致使建筑本身形成通道，成为游人必过之路，这样必然造成该建筑内的杂乱，而影响其正当的使用目的。

公园中除了以上所述道路外，还有一种专为公园运输杂物用的道路，这种道路往往由专用入口通向园中仓库、杂务院、管理处等地，并且与园中主干道相通，以便能将物资运到一些主要建筑中去，这种道路主要从其实用意义来考虑，但不应破坏公园风景效果。

路的铺装面也因不同性质的道路而异，一般主次道路采取比较平整耐压力较强的铺装面如洋灰砖、石板、方砖等材料，小路则可采取较美观自然的路面如冰裂石块镶草皮、洋灰砖镶草皮等。在公园中主次道路除用宽度来区分以外，还可用不同材料来表示，这样可以引导游人沿着一定方向前进。

三、公园用地面积及公园中各区游人分配和用地比例

关于公园用地的大小及公园中各区游人分配和用地比例等问题，我国在新中国成立前从未注意过，新中国成立后的30余年来，虽然积了一定的材料和经验，但目前尚未加以很好的总结和分析，不能做明确的规定，故下面引用前苏联部分材料作为参考。

(一) 公园用地面积的确定

前苏联卢恩茨著绿化建设所引用的莫斯科高尔基中央文化休息公园的调查材料如下表：

公园地区的利用、性质	平均每天的游人数为游人总数的（%）	每一游人需要的面积（包括绿地）（平方米）	游人游次系数	同一时间内游人饱和度（占总数%）
散步	78.3	100.0	2.0	39.1
文化教育设施	34.4	25.0	4.0	8.6
群众教育设施	36.6	25.0	3.5	10.4
体育和运动	32.4	70.0	4.0	8.1
娱乐	99.2	50.0	5.0	19.8
饮食站	46.9	15.0	7.0	6.7

由上表知在公园中的游人以散步者最多占游人总数的78.3%，而每一游人要求的面积也最大为100平方米，故文化休息公园中虽有多种设施和分区，但仍以安静休息区为主，这一特点应反映在分区规划中，给安静区以最大的面积，并投入最大的精力。

由前表可以看出，每100个游人必须给的面积为：

散步　39.1×100=3910（平方米）

文化教育设施　8.6×25=215（平方米）

群众政治设施　10.4×25=260（平方米）

体育和运动　8.1×70=567（平方米）

娱乐　19.8×50=990（平方米）

饮食站　6.7×15=100（平方米）

合计每百人需要　6042（平方米）

由前表计算得出每100游人需要公园面积6042平方米，每一游人需要60平方米，根据前苏联经验，游人总数不少于全市居民的10%，所以每个居民应占公园面积为6平方米，因此，我们就可以根据各公园的服务范围内的居民总数，参照中国的实际情况，确定公园面积的大小。

总之，我们在进行公园面积计算时，应注意到以下两点：

（1）大城市中公园的总面积，应该满足全市10%的市民同时游园；

（2）公园应有足够的面积能使居民在休假日进园时不显得过分拥挤。

根据前苏联的经验最小城市中文化休息公园。（居民2万人）的面积以不小于10公顷为宜，如面积再小，则难以在园中设置各种功能的分区，而公园的性质也随之而变了，如果勉强在过小面积的绿地中划分各区，并设置过多的设施，则公园必然拥挤而失去卫生上的作用，也不能形成优美的公园风景。

（二）公园中用地分配表

在进行公园规划设计时，主要的工作之一即确定公园中各种用地的分配表，现将部分前苏联材料介绍如下：

前苏联文化休息公园各分区用地比例表　**表1**

分区名称	占地比例（%）
娱乐区	5~7
文化教育区	4~6
体育运动区	16~18
安静休息区	60~65
管理区	2~4
儿童区	7~9

前苏联文化休息公园用地分配表 **表 2**

绿地	70% ~75%
广场	8% ~10%
林荫道与道路	10% ~13%
建筑	5% ~7%

表 3

公园的分区名称	面积（百分比）		
	道路场地房屋及设施	草地	乔木灌木
文化教育和表演区	35	25	40
体育活动和游艺区	40	25	35
儿童运动区	20	30	50
安静休息区	10	30	60
杂务用地	50	30	20
全园平均	15 ~20	25 ~30	55 ~60

在实际情况下前苏联公园的建设中文化教育与娱乐区用地面积往往偏高，而安静休息区的用地感到不够，显得公园中热闹有余而安静不足，因此对部分爱好各种活动的游人能够满足其要求，而对另一部分爱静的人则适相反。此外公园中往往绿地面积嫌少，而建筑广场道路的面积过多，这两种偏向一方面对于希望安静休息的游人的要求不能满足，另一方面也影响公园的卫生和小气候条件，同时也在一定程度上影响公园的风景面貌。表 1、表 2 的制定是经过对很多现有公园调查，经过多方面研究分析后制定的。虽然，符合这些表格内所规定数字的公园，还不一定就是理想的公园，但他们将使前苏联文化休息公园的规划设计工作沿着一条正确的方向发展。这些数字不一定适合我国的情况，因此进行我国园林游人活动情况的调查研究，制定出适合我国具体情况的公园用地比例是当前园林设计中的一个重要的问题之一。

由上表可知，即使前苏联的条件下，文化休息公园中仍以安静休息区所占面积最大，为 60% ~65%，而用地分配中绿地占 70% ~75%，这两特点在文化休息公园的规划中应给以足够的重视。虽然文化休息公园中有多种功能分区为游人创造了各种设施，但它们在比例上不能喧宾夺主，以致使公园中绿地减少或热闹过分，而失去公园所应起的主要作用，而应使这些活动，设施融合在自然优美的风景中。

现将我国部分公园用地比例表分述如下：

我国公园绿地中乔灌木比例

名称	所在地	数量 乔木:灌木	面积（平方米） 乔木:灌木	绿地占公园 面积（%）	公园面积 （公顷）
颐和园	北京	51:49	8:1	61	290
陶然亭	北京	71:29	19:1	78.2	45
玄武湖	南京	42:58	58:1	81	444
人民公园	上海	40:60	53:1	82.35	11.12
花港观鱼	杭州	1:2	4:1	74.3	12

注：每株乔木占地面积按25平方米，每株灌木占地面积按5~7平方米计算。

我国公园用地比例　（1959年收集资料）

公园名称	公园总面积（公顷）	水面比例（%）	陆地比例（%）	陆地中各种用地比例			
				绿地（%）	道路（%）	建筑（%）	其他（%）
北京颐和园	290	75.5	24.5	61.5	5.8	4.5	28.2
北京陶然亭公园（现状）	45	36	64	78.2	15.7	4.4	1.5
北京陶然亭公园（规划）	79	17.2	82.8	84.6	11.6	1.5	2.3
广州越秀公园	90	6	94	88	9	2.7	0.3
南京玄武湖公园	444	89	11	81	13	2.9	3.1
上海人民公园	11	13.6	86.4	82.4	13.5	1.8	2.3
杭州花港观鱼公园	18	18.4	81.6	74.3	6.0	1.3	

以上材料，只能作为我们工作中的参考，一般地说，目前我国每人所占公园用地的定额比前苏联低，而在公园的建筑面积比例也应比前苏联低，可以相应地加大绿地面积，同时又满足公园内多种功能的要求。关于定额问题，究竟多大才适合我国的实际情况，还需要我们今后在工作中进一步探讨和研究。

四、园的种植规划及设计

园林种植设计，有专门的章节，详尽的讲述，此地只从公园的全面布局，作比较概括性的说明。公园的种植设计，首先必须从公园的功能要求出发来考虑，从全园的环境质量要求、游人活动要求、庇荫要求等方面加以全面考虑，其次是经济性和生物学特性的问题。然后是植物布局的艺术性和植物的搭配问题。

（一）从公园的环境保护要求来考虑

公园的绿化，应该首先从公共卫生和环境保护的要求出发，公园土壤表面的裸露，在干燥的日子里尘土飞扬；在多雨的季节，不仅裸露土面部分泥泞不堪，雨后不适于游人活动，同时由于游人活动的结果，携带了土壤，使完善铺装的道路、广场和建筑物内部，也无法保持清洁。而且裸露的土壤经降水冲刷，降水中含有泥浆，容易污染露天水区。为了避免上述情况，为了公园内景色的生气蓬勃，整个公园的地面，除了用建筑材料铺装的道路和广场以外，必须全部用草坪和其他植物覆盖起来。

覆盖地面的植物主要为草皮或多年生花卉，某些坡地，也可以用匍匐性的小灌木或藤本植物来覆盖。林下或树下，则可用耐阴的宿根花卉。由于公园面积很大，大量地面覆盖植物必须采用适应性强，栽培管理容易的植物为主，所以可以铺草皮的地方，尽量铺草皮，重点地方，可以种些多年生花卉或藤本植物。林下必须选择适应性强，管理容易的耐阴宿根草本植物或耐阴球根宿根花卉。这样就比较容易实现，又比较经济。

公园全部裸露地面都用植物覆盖起来，这个要求是比较高的，我国南方地区，就比较容易办到。西北干旱地区，实现这个目标，就须对地被植物进行深入研究。

其次要从改善地区内微小气候来考虑。冬季有寒风侵袭的地方，要考虑防风的种植，主要建筑物及主要活动场地，也要考虑防风。全园的所有主要道路，都应该用快长的，树冠开展的落叶乔木，作为行道树，使道路得到庇荫。规则的道路采用规则行列式的行道树，自然式的道路，可以采用行列式的行道树，也可采用自然式的行道树。这样夏季游人的游园，就可以不受烈日照射。此外还应该使儿童游戏场，某些游人活动较多的铺装广场，例如作为露天茶座的铺装广场，也都栽上株距较大（8～12米）树冠开展而又快长的庇荫树。公园中还有一种重要的庇荫场地，就是疏林草地，这种草地上栽有株行距（8～15米不等）很大的快长落叶乔木，树冠很大。这种疏林草地，又有庇荫、又有草坪，很受游人欢迎，所以公园中应该布置一定面积的疏林草地。

公园的露天场地，从是否允许游人入内活动来看，可以分为两大类：第一类，不允许游人入内活动的场地，主要有花卉区（例如花坛、观赏草地、花丛和花境占有的地面）观赏树丛，观赏树群，以及密林的林地。这些场地不允许游人入内践踏，以免破坏土壤结构，影响植物的发育。第二类是允许游人入内活动的开放场地，这一类场地又分为两种：第一种是不庇荫的，例如群众性政治活动的铺装广场，大型公共建筑及体育场和出入口的集散广场，各种体育场、球场、日光浴场、大草坪、林中草地，以及大面积的水面等等，不庇荫的休息场地，主要是供春秋和冬夏使用，夏季则在晚上和清晨为游人使用。第二种是庇荫的场地，例如规则式及自然式的庇荫铺装广场、庇荫的道路、庇荫的疏林草地、庇荫的花架等等。密林中的园路及林中小空场等等。公园中应该尽量用树木的庇荫来代替遮阳伞、布棚、席棚等等的庇荫作用。

在游人密度最大的地区，例如露天茶室、露天阅览室，应该采用庇荫的铺装场地。例如杭州平湖秋月的水泥平台，西泠印社的碎石铺装场地，都有乔木庇荫。游人密度稍低的休息草地，可用疏林庇荫草地，或在草地上配植庇荫树群、庇荫树丛或孤植树。为了夏季日中能在树荫下划船，公园内可开辟有庇荫的河流，河流宽度最好不能超过20米，像杭州西湖夏季日中游船，就没有这种条件。北京颐和园后山的苏州河在夏季十分吸引游船，和有良好的庇荫树很有关系。

许多游憩亭榭、茶室、餐馆、阅览室等等建筑物的西面，必须配植高大的庇荫乔木。

整个公园，庇荫场地与不庇荫场地，要有一定比例。总的说来，庇荫场地的面积大得多，尤其南纬地区，像我国长江流域以南地区，夏季炎热，不庇荫场地的面积应该很小，庇荫场地的面积应该很大。北纬地区，北方的地区，不庇荫场地面积的比例，可比南方大些。但是一定的定额，目前还没有足够的依据，还不能提出。

庇荫树应采用冠树开展，高大、树叶大、荫浓的落叶阔叶乔木为主，最主要必须采用快长的树种。

全园庇荫方式的规划，必须在公园的总体规划中表示出来。

公园绿化，在卫生功能上，除了防风、防尘、保护水体清洁以外，尚须有防止噪声的措施。所以公园的四周，必须用乔灌木组合的不透风结构的林带包围起来。这种林带，既可防尘，又可隔离噪声。这种林带，可以是规则式的，也可以外侧（临街道的一面）规则式，内侧（向公园内部的一面）自然式。在公园内部，如儿童游戏场、体育运动区等比较喧闹的地区，与安静休息区，最好也用自然式的密闭林带分隔起来。

（二）从游园活动要求来考虑

公园中，各分区由于游园活动的要求不同，因而对于绿化的设计要求也就不同。

体育运动区的绿化情况，一切进行运动的场地，要有充足的阳光。同时，运动场地周围栽植的树木，不能有强烈的反光，以免扰乱运动员的视线。色彩和树木应该单纯，最好能把球的颜色衬托出来，作为一种背景。

各种运动场地的外缘，可以用乔灌木包围起来。为了运动员的安全，以及植物免受损害，树木必须在离开运动场地以外一定的距离栽植。体育场可以在离开外缘5～6米以外栽植树木，篮球场外缘的树木，要生长强健，再生力旺盛的树种，这样可免于被篮球击损。足球场应该用耐踩的草坪覆盖地面，游泳池的日光浴场，如果不是沙滩而是泥地，则应该用草坪绿化。游泳池的外围，可设置花架，供游人休息及参观。

体育运动区外围，最好用密闭的常绿林带与公园其他地区分隔起来。体育运动区需要有很好的休息区，在综合性的公园内，最好能与安静休息区很好联系起来布置，成为统一的布局，在独立性较强的体育公园内，则需要布置休息区。

比赛用的体育场，为了使游人集散方便，可用宽广的林荫花坛路与公园大门联系起来。

体育区绿化所用的乔木，应该以快长、强健、落叶晚发叶早的落叶阔叶树为主，有大量种子飞扬，树叶过分细碎，或长满果实，虫害严重，分蘖性很强，树姿不整的树木，应该避免应用，这些树木有碍场地的清洁与运动员的健康。在不妨碍运动和重要的地点，仍然要有美丽的花木和花卉装饰。

儿童区的绿化，儿童区的周围应该用稠密的林带或树墙与公园其他地区，和街道分隔开来，儿童游戏场应该有树冠开展的落叶乔木庇荫。儿童区绿化的面积，不宜小于该区总面积的50%；儿童区应用的树种，不宜采用有刺的树木，不宜采用果树，尤其是有毒的植物，绝对不能栽植。

儿童区应用的树木，种类应该比较丰富，这样可以引起儿童对于自然界的兴趣，也可以增长植物学的知识；儿童区的植物布置，最好能具有童话的风格，配置一些童话中的动物和人物雕像，配置一些小木屋、石洞和茅亭等等。富于色彩和外部形态的植物应该多用。

安静休息区，在很大的地区，应该采用密林的方式绿化，密林内分布很多的散步小路，林间铺装自然式小空场，和林中小草地，沿路可以设置座椅，空场部分，可配游憩建筑。庇荫的疏林草地，应该占第二位。其余的面积，可作为空旷草坪。大面积的安静休息区，就有设置多种专类花园的条件，安静休息区，应以自然式配置为主。

总结起来，全园从游人游园活动来考虑，需要有空旷铺装广场、林荫铺装广场、空旷草坪、疏林草地、密林、庇荫道路等许多场地。

（三）从艺术布局来考虑

公园需要全年开放，因此种植设计要考虑四季美观。

全市性的公园应该与其他全市性公园，在绿化上各有不同的特色。例如杭州西湖、孤山公园以梅花为主景，曲院风荷以荷花为主景，西山公园以茶花玉兰为主景，花港观鱼以牡丹为主景，夕照山公园以红枫为主景，柳浪闻莺以柳树为主景。一个公园，最好在植物上有一定特色。

全园常绿树与阔叶树应有一定比例。华南地区：常绿树70%～80%；落叶树20%～30%；华中地区：常绿树50%～60%，落叶树40%～50%；华北地区：常绿树30%～40%，落叶树60%～70%。

全园在树种上，应该有一个或两个树种，作为全园的基调，分布于整个公园中，在数量上占全园的优势，全园视不同的景区，还应该有不同的主调树种，造成不同景区的不同风景主题。使各景区在植物配置上各有特色而不相雷同，例如苏州拙政园中部，虽然面积只有20余亩，有许多景区，都是以植物为主题来造景的，例如“远香堂”以荷花为主景，“绣绮亭”以牡丹为主景，“玲珑馆”以竹子为主景，“听雨轩”以芭蕉为主景，“嘉实亭”以枇杷为主景，“海棠春坞”以海棠为主景，“待霜亭”以橘子为主景，“雪香云蔚亭”以梅花为主景，“玉兰堂”以玉兰为景，“松风亭”以松树为主景等等。

公园中各景区除了有主调以外，还得有配调。

全园的植物布局，既要达到各景区各有特色，但相互之间又要统一协调，因而需要有基调树种，使全园的布局统一起来，达到多样统一的效果。

在大型的公园中，还可以设立若干专类花园，如牡丹园、蔷薇园、芳香园、丁香园、水景园、杜鹃园、山茶园等等。没有植物园的城市，在公园中，也可设置植物标本园。

全园的树木搭配上，既要有混交林，又要有单纯林，其中混交林应占70%左右，单纯林可占30%左右。

全园在种植类型上，应该分为下列几种方式，不能千篇一律，主要类型有：孤立树、树丛树群、疏林草地、空旷草地、密林、行道树、林带、绿篱绿墙、花坛、花境、花丛花群、花地等等类型，各种种植类型要安排得体，性格分明，许多养护管理费工的珍贵华丽的花木花卉，只能重点使用，起画龙点睛的作用。

在大型建筑物附近，进口广场，规则式道路的绿化，可用规则式，其余自然风景的地区宜多用自然式，许多散步小路，也可不用行列式而用自然式的行道树。

（四）从建园行程来考虑

公园内原有树木，应该尽量利用。

大型公园，不可能全部应用十年生以上的大苗来绿化，大部地区只能应用一般合格的出圃小苗来绿化。

一般在重要地区，大型建筑附近，庇荫广场，儿童游戏场的庇荫树，主干道的行道树，最好用快速生长的大苗来绿化。其他地区的绿化，可用合格的出圃小苗来绿化。树种上，快长的慢长的可适当搭配。第二期开拓的地区，则可用较慢长的树木先行绿化。

近期应该合理适当密植，远期可以移植或疏伐。树种应以地方树种为主。

（五）在公园的规划阶段

图纸比例尺小于1/1000时全园的种植规划图，要把密林、疏林草地、空旷草地、庇荫广场、行道树林带、专类花园、孤植树、树丛树群及重要的花坛、花境、绿篱等种植类型表示出来。常绿树、落叶树、混交林、单纯林等关系，也要在规划图中表示出来。

比例尺大于1/500时，也可不做种植规划图，而直接做种植设计图。但在草图阶段，也必须先考虑规划关系，再进一步做具体的设计。

公园重点地区种植设计可用1/250的图纸，粗放部分，可用标准地的设计，或用1/500的图纸设计。

五、公园规划设计的程序

个别公园的规划设计，包括下列各个阶段：

（一）自然条件，环境条件和设计条件的研究

在进行个别公园设计时，首先必须对于下列条件，进行调查勘测，并取得资料，进行深入研究。

1. 气候方面

（1）每月最高、最低及平均气温；

（2）每月降水量；

（3）每月中绝对的和相对的空气湿度；

（4）无霜期；

（5）早秋到晚春的冰冻期；

（6）土壤冰冻深度和积雪厚度；

（7）每月有云的天数；

（8）每月风向和风力。

2. 地形方面

（1）地段内地形起伏变化的特点；

（2）地形的倾斜方向和倾斜度。

3. 土壤方面

（1）地段内土壤的种类；

（2）用地内土壤的差异及其分布；

（3）土壤成分的物理性和化学性；

（4）土层深度；

（5）裸露岩层的分布。

4. 水质方面

（1）地下水状况；

（2）沼泽地、低洼地、土壤冲刷地的分布和特征；

（3）水文特点（流量、流速、水深、洪水位、常水位、枯水位）；

（4）水的化学分析和细菌的检验；

（5）水利工程建筑物的特点。

5. 地区内原有植物状况

（1）地区内原有的植物的种类、数量、生态、形态、群落组成、年龄和有观赏

价值的特点及分布；

（2）邻近地区及地段内植物的健康状况（病虫害）。

6. 用地的完善设备方面

（1）道路的形式与结构；

（2）排水的方式与结构；

（3）水源、供水网给水管的距离和直径；

（4）地下水管道系统；

（5）热源和光源系统；

（6）工程建筑、桥梁、码头等；

（7）围墙的形式及长度。

7. 地区内原有房屋设备装饰方面

（1）列举房屋的用途、数量、面积、层数、材料、结构和损耗程度；

（2）设备物的形式和数量；

（3）喷泉、雕像的特点等等；

（4）居民情况；

（5）坟墓；

（6）农地。

8. 附近用地方面

（1）附近建筑用地的类型、建筑形式；

（2）工业企业的分布情况；

（3）铁路和城市交通干道的分布情况；

（4）植物布置情况；

（5）水系；

（6）公共建筑；

（7）附近地区公用设备的特点。

9. 城市规划方面

（1）比例尺为1:5000～1:10000的城市现况图；

（2）比例尺为1:5000～1:10000的城市规划图，规划图上必须有城市绿地系统的规划，对于绿地系统和公园在规划上的要求，与城市规划的关系要有详细的说明。

10. 对地形测量图的要求

（1）进行总体设计所需的测量图：画出原有地形、水系、乔木群丛、道路、地下设备网、建筑物等等，比例尺及等高距；公园面积在8公顷以下，比例尺为1:500，等高距：在平坦地形、坡度为10%以下时为0.25米，地形坡度在10%以上时为0.50米；在丘陵地，坡度在25%以下的地形用0.50米；坡度在25%的地形用地1～2米。

公园面积在8公顷以上100公顷以下时，比例尺为1∶1000～1∶2000。等高距视比例尺不同而有所不同，大比例尺，等高距可以密些，小比例尺，等高距应该稀些。当比例尺为1∶1000，地形坡度在10%以下的部分，等高距可用0.50米；地形坡度在10%～25%之间时，等高距可用1米。地形坡度在25%以上的部分，等高距可用2米。

公园面积在100公顷以上时，比例尺为1∶2000～1∶5000；等高距可视地形坡度及比例尺之不同而有所不同，大抵可在1～5米之间变化。

（2）进行技术设计时所需要的测量图：比例尺为1∶500～1∶200；最好进行方格测量，方格距离为20～50米。等高距离为0.25～0.5米。并标出道路、广场、水平地面、建筑物地面的标高。画出各种建筑物、公用设备网、岩石、道路、地形、水面、乔木的位置、灌木群的位置。

（3）进行施工平面图所需的测量图：比例尺为1∶200～1∶100按20～50米设立方格木桩。平坦地形方格距离可大些，复杂地形方格距离应该小些，等高距为0.25米，必要的地点等高距为0.1米。画出原有乔木的个体位置及树冠大小，成群及独立的灌木，花卉植物群的轮廓和面积。

（二）编制计划任务的阶段

计划任务书，也称设计大纲，在详细研究了上级指示，城市规划的要求和地段内的自然条件和现况以后，就应该进一步把计划任务书拟订出来，计划任务书是进行公园设计的指示性文件。其中关于下列各项目，均可提出详细的要求和说明。

（1）该公园与整个城市公园系统中的关系；

（2）公园所在地的位置，地段的特征及四周的环境；

（3）公园应该进行的政治文化教育工作的具体项目；

（4）公园的面积大小和游人容纳量；

（5）公园内建筑物的项目、数量、容人量、面积大小和高度的要求，建筑结构和材料的要求；

（6）对于公园规划和建筑布置在布局艺术及风格上的要求；

（7）对公园地区公用设备和卫生要求；

（8）公园建设近期和远期的投资以及单位面积造价的定额；

（9）公园地形地貌的整理，水系的处理要求；

（10）公园分期实施的程序。

（三）制定设计任务的阶段（总体设计的阶段）

公园的设计任务书，经上级和领导批准以后，根据计划任务，进行公园设计的任务。设计任务包括二类的图纸和文字材料，列举于下：

（1）城市与区域设计图中公园的布置图（比例尺：全市性公园为1∶5000～1∶10000；

区域性的公园，或小城市的公园为1∶2000～1∶5000）。布置图上除标出公园在设计中的位置和轮廓边线以外，应标出现有的和设计中的街道、交通干道，与四周街坊的布置等。

（2）公园的总体设计图：（面积在8公顷以下时，比例尺用1∶500；面积在8～10公顷时，比例尺为1∶1000～1∶2000；面积在100公顷以上时，比例尺用1∶2000～1∶5000）总体设计平面图上要划出公园的界线、地形、原有和设计的种植类型、建筑、广场、道路、其他工程建筑、水面、大门及公园装饰物。

（3）构图中心和特殊地段的重点设计图（比例尺一般应用1∶200～1∶500）。

（4）全园的鸟瞰图、断面图、构图中心部分的鸟瞰图、主要建筑物的立面图、透视图等。

（5）公用设备的基本网图。

（6）照片（主要是现况的记录）。

（7）设计说明书。

（8）各项工程的经费概算。

（四）制定技术设计的阶段

公园的技术设计的内容和范围如下：

（1）平面图：把整个公园，根据自然地形，或不同的分区，划分为若干个局部，把每个局部，在总体设计所确定的关系下，进行技术设计，局部技术设计平面图，比例尺为1∶500，等高距为0.25～0.50米，图纸上要画出设计的地形、道路、广场、建筑物、水池、喷泉、花坛、设计及保留的乔木（根据每一株乔木的树冠投影画下，并标出种和品种的名称）灌木丛、花卉栽植地、绿篱、草地、出入口、驳岸等等。设计图中，应该标出主要道路的宽度和形式、标高、主要广场的形式和标高、建筑平面大小和标高、花坛的面积大小和标高、驳岸的形式和标高。每个主要工程，应该注明工程序号，画出主要纵横剖面的切线。如果采用方格施工，应该依据测量图基桩，画出每隔20或50的方格线。

（2）纵横剖面图：（比例尺为1∶200～1∶500），在局部中地形上和艺术布局上最重要的方向，作出断面图来。

（3）主要建筑物的建筑设计：包括平面、正立面、侧立面、透视图或鸟瞰。

（4）完善设备网的设计（给水、排水、用电的管网设计）。

（5）一切完善设备、工程建筑、装饰物的设计。

（6）设计说明书。

（7）工程预算。

（五）制定施工设计的阶段

在完成了技术设计阶段以后，才能进入施工设计。

（1）布置平面图：在技术设计的平面图不够详尽或不能满足施工要求时，可将该局部用1∶100～1∶500的比例尺，作出施工布置平面图，要求与技术设计平面图相同，但要详细的标出各种建筑物水平和垂直的距离关系。图上应指出建筑物、广场、道路、草皮、乔木、灌木、花坛、水池、花卉、假山、岩石、驳岸、桥梁、涵洞等等的界线，标高，乔灌木的投影，标出工序号，断面的切线，透视线。此外道路、广场或建筑物平面布置的方向、轴线、轴心、圆弧的圆心，也都要画出或注明。布置平面图如果应用透明方格厘米蜡纸画出，并绘出20～50米距离的方格线，对于自然式公园的施工有很大的方便。

（2）种植平面图：乔灌木的种植平面图比例尺可用1∶100～1∶500。花卉栽植类型，如花坛、花境、花群、花丛等平面图、比例尺应采用1∶10～1∶20，花坛应该作出纵横剖面图。平面布置图上要画出每一株乔木、灌木、成丛的花卉，并应标出各种植物的学名、大小、树龄和树量。栽植的距离也要详细表出，但如果是自然式的栽植，则可应用透明厘米蜡纸绘图，可以省去栽植距离的注字。

如果几年内需要更替，或演替和演变时，则同一对象需要作出几张图纸。

（3）道路、广场的设计，包括平面、纵断面和横断面。

（4）驳岸的工程设计。

（5）填挖土方的竖向设计。

（6）主要方向的纵横剖面图。

（7）各种建筑物、建筑工程、设备、装饰物、水池、各种驳岸，假山等工程设计。凡是技术设计阶段未完成的设计，都必须完成。

（8）编制施工组织计划及施工程序。

以上进程，十分细致完备。在具体工作中，并不每一阶段如此详尽，视园林的性质、大小和性质要求的不同，许多阶段是灵活掌握的。有些工程是在总体设计阶段即进行施工，有些工程是在技术设计阶段施工，一部分工程，在施工设计阶段施工。

第二章　植物园设计

一、植物园的涵义及方针任务

新中国成立以来，我国各地创办了不少植物园，由于党的领导与植物园工作者的努力，取得了很大的成绩，为社会主义建设做出了一定的贡献。

普遍的建设植物园，在我国还是新中国成立以后的事情，由于建园时间不久，经验不足，大家对于植物园的性质及含义，认识还不一致。至于怎样才算是具有社会主义内容与现代科学水平的植物园，对这一问题，也正在讨论与摸索之中。

因为植物园内布置了许多奇树异草，鸟语花香，四季如春。在形式上，与花园公园很难区别，因而常常有人把植物园称为花园。在植物园中需要不需要有舞池、餐室、球场及其他文化休息设施？也不很明确。

由于植物园内空气新鲜，卫生条件良好，风景宜人，最适宜于休养疗养，所以有些单位希望在植物园内布置一些休养疗养所或别墅。植物园的工作，是为生产服务的，植物园内培养了许多果树、油料、香料药用、纤维、淀粉等等木本和草本的经济植物，因而在形式上，与果园、林场、苗圃、国营农场 、园艺场，也有类似之处，所以有人常常把植物园与农场、果园、苗圃混同起来。

由于植物园要进行大量的科学研究工作，在研究对象和选题上，与农业科学院、林业科学院、果树研究所、药用植物研究所等等研究机构，有很多共同之处，因而植物园与这些研究机构究竟有什么不同，也一时不易得出结论。

以上情况，说明植物园与公园、休养疗养区、果园、苗圃、林场、农场、果树研究所、林业研究所、农业科学院药用植物研究所等园林机构和生产单位及研究机构，存在着许多共同之处，因而一时不容易把植物园与它们区别开来。

为了不致把植物园与上述的许多其他机构混同起来，为了能够正确的规划设计植物园，首先必须把植物园的含义与其性质弄清。

植物园既要向群众进行科学普及教育，又要为生产服务，植物园还要进行独立科学研究工作。因为任务比较复杂，曾经有一度，大家对于植物园的主要任务与根本目的，也有过争论。科学研究、科学普及与生产三者的关系，在植物园工作中，应该如何正确安排，也不明确。

植物园既有大规模的园地，又要进行各项科学研究工作，究竟应以建园为主，还是以科学研究为主，目前也有不同意见。

植物园究竟以多大面积为合适？具体进行一些什么工作？

（一）植物园的涵义与类型

通常所称的植物园，包括两种含义不同的机构。

1. 广义的植物园

是一所完备的植物学试验研究机构，其中分为两大部分，一部分是根据不同科学内容布置起来的植物展览区，通常是向群众开放。另一部分是进行试验研究的苗圃试验区，通常是不开放的。这类植物园，除了有规模较大的布置和培育植物的园地和苗圃以外，还有标本馆、图书馆、植物展览馆、实验室、温室、种子室，供科学普及和科学研究的设备，它本身可以独立地进行植物采集、调查、研究、试验、教学、演讲编著工作，现在世界上有名的大植物园多属于这一类。例如，前苏联科学院莫斯科总植物园、英国丘园、我国的北京植物园、南京植物园、广州植物园等都是。

2. 狭义的植物园

仅仅是根据一定科学内容布置起来的植物标本园，目的要求比较单纯，这一类植物园不一定另有苗圃试验地，也不单独进行大规模的科学研究工作，这一类植物园（狭义的植物园），多为大中学校和各种专门研究机构所附设或为一般科学文化普及机构所附设。

这一类狭义的植物园，为科学遍及和一定内容的科学研究目的而设立，有的不一定向群众开放。

例如：广州中山大学的标本园、杭州浙江农业大学的植物园、北京林业大学的森林植物园、北京林业科学院的树木标本园、北京医学科学院东北旺的药用植物标本园、北京园林局与市教育局合办的龙潭植物园等等，都是属于这一类植物园。这类植物园，可以称为附属植物园。

（二）植物园的任务

根据植物分类学的研究，全世界高等植物，约有三十万种，但是人类已经栽培利用的不过五百余种。

米丘林的名言指出："我们不能等待自然的恩赐，我们必须向它争取，这是我们的任务"。又说："为了从未开拓的自然界取得新的有用植物起见，必须采取一切措施，不倦地搜寻可以栽培的植物……"。

因而，如何充分发掘和利用自然界的植物资源，乃是当前植物园的主要任务。

中国植物占世界植物总数的28%，可以供我们利用的野生植物资源十分丰富。在1958年各地先后发现可供榨油、酿酒、提取纤维、淀粉等野生植物已有一千多种。从1958年4月5日，国务院发出指示："各地对野生植物原料，必须经过调查研究，进行全面规划，采取充分利用和积极发展的方针。为了防止某些经济价值较大，或者用途广泛的野生植物原料，发生越用越少的现象，一方面应当教育农民，保护它能生长繁殖，不要枯本竭源，另一方面，要在可能条件下提倡人工培育，改变这些原料的品种质量，变野生为家生，以保证繁殖，适应需要……。"从此全国人民，掀起了"入山取宝"的高潮，形成了空前规模的野生有用植物普查的群众运动。根据商业部和中国科学院植物研究所主编，1961年9月出版的，"中国经济植物志"已经发表了1760余种野生经济植物，国务院的指示，为植物园提出了光荣而艰巨的任务。

现在根据北京植物园俞德凌教授归纳前苏联科学院和各加盟共和国科学院所属植物园的基本任务，前苏联莫斯科总植物园主任齐津院士来我国访问时的意见，以及结合我国当前的具体情况，把植物园的具体任务，归纳为以下三个方面：

1. 科学研究方面的任务

完备的植物园，是一所科学研究机构，其中最主要的任务，是进行科学研究工作，植物园的科学研究工作，具体可以归纳为下列6点：

（1）化野生植物为栽培植物。把野生植物通过种子繁殖，改变小气候及其他培育措施，逐步驯化为栽培植物，用以增加栽培植物的种类。

（2）化外来植物为地方植物。从国内外各地，引种当地所不产的有价值的栽培植物种类或品种，通过试验观察，逐步驯化为地方植物，用以扩大栽培植物的区域。

（3）化无用为有用，化低产为高产，化劣质为优质。广泛收集供选种育种用的原始材料，进行杂交育种和定向培育生产，以提高和改进现有农林园艺作物的产量和品质。

（4）通过野生植物的栽培，研究植物的进化、品种形成和栽培植物的起源等问题。

（5）研究植物区系及引种驯化的基本理论。

（6）研究城市园林绿化及大地园林化的理论与实践问题。

这里所提的，是指一般植物园所进行的最重大的科学研究项目。

由于研究力量和地方特点的不同，不同的植物园有不同的研究重点，以上6项任务也并不是每个植物园都全部进行，有的植物园全部进行，有的植物园只进行其中的一部分，也有的除进行以上6项任务外，还进行更广泛的研究。

但是植物园的科学研究工作，与农林园艺药物特产等科学研究机关的研究工作既有共同的方面，也有不同的方面，上述的其他研究机关，研究任务没有像植物园那样广泛，其他研究机关，以栽培植物为研究重点，对于野生植物则研究得较少，对于自然植物区系则不进行研究，而植物园的研究工作则主要建立在自然植物区系和野生植物引种驯化的基础上来进行的。离开自然植物区系和野生植物的研究，就失去了植物园研究工作的基本特征。

2. 科学教育方面的任务

植物园除要进行大规模的科学研究工作以外，还要进行植物科学教育的工作，这是和一般工作机构（例如：农场、园艺场、果园、林场等）和科学研究机构（例如：植物研究所、林业研究所、药物研究所、果树研究所等）有所不同，它们一般不进行大量的科学教育工作。但是植物园进行科学教育工作的方式，又和大学植物系完全不同。

植物园科学教育的对象不限于学生，各种不同科学水平的群众，都可以到植物园去参观。植物园科学教育，有下列几方面任务。

（1）使广大人民了解世界上及祖国有多少重要的植物种类及其地理分布和生物学特性。

（2）使群众在达尔文生物学的基础上，认识植物界的进化规律，树立辩证唯物主义的观点。

（3）使群众在米丘林生物学的基础上，掌握人类如何改造自然，如何根据人类的物质和精神的需要定向改造植物的规律，达到创造财富，改善生活和美化生活的目的。

总的来说，就是向群众宣传认识自然、改造自然、进行生产斗争的知识，主要是运用以下几种方式来进行的。

（1）根据不同科学内容，结合艺术形式，以各种活植物，在园地上栽植布置成各种展览区，向群众开放，一面供参观学习，一面供游览休息。

（2）布置植物展览馆，在展览馆内通过文字，图表、模型，实物、标本等方式进行宣传教育。

（3）通过专题演讲，放映电影等方式。

（4）出版刊物，编写著作。

（5）举办训练班，为国家培养干部。

植物园虽然也要求结合园林艺术的布局，发扬民族园林风格的传统，要有花园公园风景如画的形式。另一方面，又要作为劳动人民游览休息的场所，在外貌上虽然与公园有相似之处，但是在内容上，却有本质的不同。一般文化休息公园，进行广泛文化教育方面，但是植物园的文化教育内容，则仅仅限于植物科学方面。

植物园内没有游艺、戏剧电影、音乐、舞蹈等文娱生活的内容，而文化休息公园内，文娱生活是主要内容。

在休息方面，植物园内只有安静休息，没有游泳、划船及体育运动等积极休息的内容，植物园内也不能安置别墅、休养疗养所，以免互相干扰。

因而植物园与文化休息公园和休养疗养区是根本不同的。但是为了给游人方便，植物园内必须结合风景和绿化，布置必要的供避雨和休息的亭榭，以及茶室餐馆，小卖部、花木公司等服务建筑。

3. 科学生产方面的任务

植物园科学研究工作的最终目的，是为生产服务，因此在科学研究上，应该面向生产。

植物园的科学教育工作，最终目的也是向群众宣传生产斗争的知识，因而植物园的科学研究工作也好，科学教育工作也好，其最终目的，都是为生产服务的，也都是面向生产的，当然面向生产和为生产服务，并不可能直接从事农林生产，也不能直接为人民创造财富。但是为了节省国家投资，植物园在进行科学研究和科学教育的同时，也要进行一定的中间生产和尽可能地考虑经济收益问题。

但是植物园的工作，应该是面向生产，为生产服务和结合生产，而不是单纯的直接从事生产，这就和国营农场、苗圃、果园、经济植物种植场、园艺场等生产单位，有根本不同。

植物园的生产工作，主要是科学生产工作，其具体内容如下：

（1）把科学研究的成果和生产技术推广到生产中去。

（2）把引种驯化所创造的植物新种类和新品种，通过风土试验和示范生产，并快速育苗，为生产单位和公社繁殖生产母本。

（3）繁殖扩大重要的经济植物和观赏植物的种子和苗木。

以上是植物园最根本和最重要的科学生产任务，这种生产的性质是和一般生产单位的生产任务根本不同的。

总的来说，植物园的科学研究和科学教育的最终目的是面向生产和为生产服务的；其次我们是一个一穷二白的国家，必须本着勤俭办科学的精神，在建园中，要努力向自力更生，以短养长以生产养科学的道路前进。这样，我们本来不能举办的科学事业可以早一点举办起来。

但是，这里又决不可以把植物园与单纯的生产事业混同起来，在目前也不能把植物园与公社等同起来，植物园生产的目的是为了科学研究，因而必须主次分明，不能本末倒置。如果植物园只搞生产，没有进行什么科学研究，也不进行科学教育，那就等于根本没有办植物园。

以上所提的任务，主要指正规的、规模较大的植物园的任务，一般附属植物园的任务，就没有这样复杂。

学校与文教系统所办的附属植物园，多以供应教材和为教育服务为主要任务。

产业部门附属的植物园，则以就地解决有关专业生产上的问题为主要任务。

一般专门机构的附属植物园，则以供应原始材料和供专题研究为主要任务。

二、植物园的规划

近代植物园的规划设计工作，具有极其广泛和复杂的内容。植物园的面积，由古代的几百平方米，发展到今天，已经扩大到好几百公顷。植物园的规划设计，不仅要把现代植物科学最新的成就和发展的趋势反映出来，把科学研究、科学教育、科学生产三者的关系体现出来；把有关地貌、建筑布局，以及种植设计之间的关系统一起来，同时，还要使植物园的布局使科学与园林艺术结合起来。

因而在规划设计过程中，除了各种专业的植物学者和园艺学者参加以外，园林工作者、建筑师和工程师，也都开始加入了工作，前苏联莫斯科总植物园规划时，首先广泛地研究了总体布局问题，专门的植物学问题以及园林艺术问题。

我国植物园，目前正处于一边建园、一边规划的阶段。

1952 年冬天，前苏联尼基斯基植物园园长克菲尔加来我国考察时、以及 1956 年冬莫斯科总植物主任齐津院士来我国考察时，都强调指出了植物园长远规划的重要意义。

克菲尔加园长指出，在做规划时，应至少要有 25 年的远景。在做规划以前，事先须制出全园地形图、土壤分布图和全园局部小气候分布图，方可确定详细的种植计划。

齐津院士指出，目前北京、南京、杭州各植物园，都在拟定整体规划阶段，这项工作必须审慎考虑，作好规划，因为有很多植物定植以后，不好再轻易改动，植物园内布置，既要注意科学性也要注意艺术性。

近年来，我国植物园，如北京植物园、广州植物园、杭州植物园等，也都广泛地吸收了植物学者、园艺学者、园林工作者、建筑师、工程师参加了植物园规划的讨论与有关工作。

（一）植物园所在地区自然条件的分析及全国植物园网的布局探讨

中国地理疆域辽阔，南北相距五千五百余千米，东西相距约五千余千米，占世界陆地面积的十四分之一。在中国有各种不同的气候与植被类型，从东北寒冷的泰格森林到海南热带雨林，一边是一年有 7 个月以上时间是冰天雪地，一边则是不知冰雪为何物的地区。从西部的青藏高寒高原、西北的蒙新沙漠与干旱草原到东部海滨的湿润森林地区。在自然条件上千差万别，植物区系十分丰富，因而有在广泛引种驯化国外植物和国内植物，由北向南，由南向北，由西向东，由东向西，由高山向平原，由平原向高山，引种的极其优越的条件与极大的可能性。

南北之间的差别，主要是温度的差别，而东西之间的差别，主要是湿度的差别，另外还有一点差别是海拔高度的差别。

植物园的引种驯化工作，根据米丘林的学说，需要从播种开始一代一代逐步向不同气候地区推移。如果全国植物园能够根据中国不同自然地区，根据典型的不同自然区域和典型的不同植被类型而有计划的设立植物园，按全国一盘棋的原则，把全国植被依据引种驯化互相配合的需要而定点设园构成一个全国植物园网。这样，每个植物园就不是孤立的进行研究，相互之间可以减少大量的重复工作，大家都可以收到事半功倍之效。

莫斯科总植物园前苏联自然区系组组长库里吝柯索夫建议，我国植物园从东北、北京、南京、广州、海南连成一线，主要是温度的差异；而另外的植物园应根据湿度来分布，可从杭州、武汉、重庆、成都进一步向西发展；此外再从南京、兰州、西安；从北京、西安、兰州也要各连成线。其中以北京、南京、广州、昆明、重庆、兰州等植物园为各地区的中心植物园，在同一气候条件下的植物园的研究工作，应该共同讨论。例如南京植物园必须与武汉、杭州、上海、庐山等植物园联系，各地植物园的规划，最好经其他植物园的同意，各植物园的计划应该集中到北京，而以北京植物园为全国的总植物园。

根据前苏联科学院总植物园齐津院士的意见，中国地区广大，自然条件差异很大，包括22个省和5个自治区，在全国范围内，至少应建立26个植物园（每省每自治区一个），分区进行工作。在北京设立总植物园，并成立植物园全国委员会，每年定期召开会议，制定工作计划，并检查工作。

因而，各地在规划植物园时，必须把这个植物园在全国植物园网中的关系明确下来，把这植物园的地区特点突出。首先应该从全国一盘棋来着眼，把引种驯化工作的研究重点确定下来。这样就可以避免科学研究工作的盲目性，可以避免不必要的浪费。例如目前我国海南植物园与云南西双版纳的勐笼植物园以引种驯化热带经济植物为重点科学研究任务。在植被类型展览区方面，就有建立热带雨林的可能。而云南丽江植物园则以研究高山植物为重点任务，在展览区方面就可以把华丽的高山植物园突出。南京植物园以亚热带植物北移和温带植物南移作为重点研究任务，如在乌鲁木齐设立植物园，则应该引种驯化抗旱耐寒改造沙漠的植物为研究重点，如在拉萨设立植物园，则以引种驯化高山经济植物及改良牧草饲料作物为研究重点。

由于地方植物区系的不同，因而植被类型展览区各地应该不同。

在观赏植物与园林艺术方面，由于自然条件不同，也应有所不同。例如，云南昆明植物园应以山茶园为主，丽江植物园应以杜鹃为主，而北京植物园应以牡丹、芍药与丁香为主，杭州应以中国山水园林与梅花为主，而华南植物园应以棕榈类为主。

由于自然条件的不同，植物园收集栽培的种类数量也就不同。每个植物占地面积也不相同，例如华南植物园估计可以收集栽培5000种以上的木本露地植物，而北京植物园估计只能收集2000个露地木本植物的种（不计品种），这样植物园所需面积就会不同。同时，每种树所占的营养面积，南方要比北方大，这也影响到植物园的面积。

因而在进行植物园规划与确定植物园的规模之前，对于植物园所在地的自然条件，如当地的气候、地质、土壤、水文、地方植物区系，必须深入分析，然后才能提出该植物园在科学研究上的重要任务，以及这些研究工作在国民经济中的重大意义。

（二）植物园性质、规模与工作范围的确定

1. 植物园性质的确定

在进行植物园规划之前，除了深入分析当地的自然条件与植物区系以外，还得明确植物园的性质与类型，例如该植物园是属于以下情况中的那一类植物园？

（1）属于中国科学院领导，以进行科学研究为主，又有科学教育与结合生产等综合任务的正规植物园。

（2）属于地方领导的综合性正规植物园。

（3）属于大专学校或文教系统以进行科学教育的附属植物园。

（4）属于产业部门以解决就地有关专业生产上的问题为主要任务的植物园。

（5）属于各专业研究机构，以进行专题研究为主要任务的附属标本园。

以上五类植物园，性质不同、任务不同，因而规模也就不同，植物园占地的面积也就大不相同。

植物园的性质与类型明确以后，结合地方的自然条件，就可以明确植物园的工作范围，及其主要承担的任务。再根据其工作范围与任务，确定应该设置的展览区的项目和内容。以及苗圃试验区的大小，也可以跟着决定。

2. 植物园用地面积的确定

确定植物园用地面积由以下因素决定。

（1）植物园的性质。

（2）植物园设置的展览区的种类。

（3）植物园所在地的地理位置。

（4）植物园进行的研究工作项目及内容。

（5）具体收集的植物种类及其面积定额。

（6）植物园的经济力量及技术力量。

由以上许多因素综合起来，才能决定植物园的面积，有许多项目下面还要提到，现在仅就一般情况，提出大致的要求。

我国在进行植物园的建设工作中，有些地方，认为面积越大越好，植物园包罗万象，应有尽有，因而你赶我追，理想中远景规划面积从好几万亩到十几万亩。这种想法，出发点是好的，但有植物园和农场是有所不同的，植物园主要任务还是科学研究，而不是直接生产，植物园的经营管理方法，也和生产企业单位有所不同，面积过大，把许多农地变为非生产性的用地，就与现阶段的国民经济要求不相符

合。如果把一些大面积的果园农场就作为植物园的主要组成部分，那样实质上真正植物园的面积仍然很小，只是农场果园附设了一个小面积植物园就是了，那么农场果园面积还是不该计算在内。如果仅是一些荒山荒地，划得面积过大，既没有劳动力经营，任其荒芜，也不很相宜。因而植物园的用地，划得过大是不好的，但是相反的，如果由于目前劳动力较为紧张田地也很紧，许多重要的有地区代表性的植物园，在远景规划中如果大大缩减面积，以致连最主要的树木园和苗圃的面积也不够时，就很不妥当，前苏联莫斯科总植物园，只收集2000种乔灌木的种和变种，就需地76公顷，我国许多植物园，可以收集3000～5000个乔灌木的种和变种，因而正规植物园，面积如果小于100公顷，就很不相宜。

目前国外的植物园，以前苏联莫斯科总植物园面积最大，占地388.5公顷，其余除去水面及自然保护区，留下来真正经营的面积也只有238公顷，合3750市亩。像这样的植物园，有700个工作人员经常工作，其中有一半为工人，研究人员100余人，园艺工作者及技术人员200余人。从1946年春季就动工建园，筹备经营了十年以上的时间，到1957年，才开始开放展览，在十年中，还只着手经营了全园53.6%的面积。

至于像爪哇的茂物植物园，占地333公顷，但是其中划作自然保护区的热带原始森林就占地244公顷，留下来真正经营面积的只有89公顷。英国邱皇家植物园只有120公顷，美国阿诺德树木园只有160公顷。我国植物园，北京植物园规划中占地570公顷，但真正远景规划中经营的用地也不过300公顷左右。杭州植物园全部面积为260公顷，经营的也只有100公顷，南京中山植物园全部面积为240公顷。华南植物园规划用地为800公顷，但大部分为禁伐区，真正的规划面积约为260公顷。

因而近代综合性正规植物园的实际经营面积，最大也不超过200公顷，一般以100～150公顷为宜。

至于附属植物园就更不宜太大，像前苏联高尔基大学的附属植物园，达到250公顷的面积，与学校植物园的性质就很不相称。使工作发生许多困难。

前苏联植物园的面积定额大体如下，以供我们参考：

全苏性科学研究系统的植物园50～100公顷。

各加盟共和国科学研究系统的植物园30～50公顷。

地方性植物园25～50公顷。

学校附属植物园5～10公顷。

（三）园地的选择

1. 对自然条件与环境条件的要求

（1）对小气候的要求

植物园要从国内的各个不同气候区域和国外各个不同气候的国家，广泛引种供研究用的原始材料。由于引入原始材料其原产地的气候千差万别，为了逐步改造外来植物的遗传性和适应性，根据米丘林逐步改变环境的原理，及引种驯化气候相似论的学说，在植物园选地时，最好挑选有各种不同小气候的用地，选为植物园，最为有利。

当然气候相似论并不是引种驯化工作唯一可靠的原则，近来生态历史方法的引种驯化理论，为引种工作指出了正确方向。但是气候相似论也好，生态历史论也好，植物园内有多种多样的不同小气候，对引种驯化和培育多样植物在实践上是有极其重要的意义的。

小气候由温度、湿度和风综合作用的结果所造成。一个地区出现不同的小气候，主要是由于地形地貌的变化、水体的有无、植物的有无及其生长情况所决定。

例如北京植物园的周家花园，比植物园其他地区，冬季气温较高，夏季气温又较凉爽，空气湿度比其他地区更高，冬季西北风较小，主要是由于该地区北面、西面、东面三面有高达 300 ~ 600 米的高山作为屏障，挡住了冬季西北方的寒风，由于有水体及长达 50 年以上的密林，因而温度也大大提高。这个环境对引种南方喜湿好暖的亚热带树种大为有利，同时由于夏季凉爽，在引种东北喜湿好阴的植物，如云杉、红松、落叶松等，也大为有利，所以北京植物园就把周家花园划为引种驯化区。

（2）对地形地貌和水体的要求

植物园要求有复杂的地形地貌，因为有复杂的地形地貌，才能形成不同的小气候，有复杂的小气候，才能引种驯化在各种气候条件下原产的外来植物：

① 海拔高度

不同的海拔高度为引种不同地区植物的有利因素之一。例如东北的落叶松，向长江以南引种，在低海拔夏季炎热地区，如南京、武汉等地不易成功，但是海拔高度 1100 米以上的夏季冷凉的庐山植物园就引种成功，生长良好。因而在植物园展览区北面如果有海拔高度达 1000 米以上的高山，是很有利的条件。在大部分展览区和苗圃的地形，其相对标高的变化最好在 100 米以内变化。

② 坡向

植物园内具有不同坡向的山地，也是引种的有利因素之一，最主要的是南坡与北坡，例如，华北分布的油松（*pinus tabulaeformis*）原生长于阴坡，编者在包头山区看到，阳坡就没有油松，都分布在北坡，我国东北的植物向南推移时，以在阴坡容易成活，而南方亚热带植物，如竹子、茶叶等，向北方温带推移时，以温暖的阳坡容易成活。

③ 坡度

不同的坡度造成不同的土层厚度，造成不同的腐殖质含量与土壤含水量。来自山地喜好排水的植物，以及来自沼泽地区的植物，都可以找到合适的地点栽培。

④ 地形地貌的组合

最好在西北面有海拔高达1000米以上的高山，在大山的东南，又有许多高度在100~200米范围内，起伏变化的丘陵，这些丘陵又互相环抱，构成许多山坞、峡谷以及缓缓倾斜的平地。

⑤ 水源及水体

水是生命的源泉，植物园内要有一定面积的水体，一方面可供灌溉，一方面可以调节空气的湿度，造成不同的局部空气湿度，同时，又可以调节气温，对形成不同的小气候有利。

综合起来，植物园在地形地貌与水面的关系，根据编者自己的意见，拟定了一个比较理想的比例，这个要求，只是一个比较理想的要求，任何地方，也不可能找到完全适合这个比例的用地，只能求其相近就是了。下面列举的地形要求，指的是植物园真正经营与精细管理的园地范围，至于坡度超过0.50以上的大山，只划作保护区，禁伐区域只作一般造林的用地，可大可小，不计算在内。

① 平地占25%

坡度在0.02以下，土层厚度达1米以上，水源充足，排水良好的平地，其西北面最好有高山屏障，作为苗圃及试验用地及建筑用地。

② 缓倾斜起伏地形占15%

坡度在0.02~0.10范围以内的起伏地形，其起伏的土丘与平地的相对高差不超过20米，土层厚度高达50厘米以上，有一半左右达1米以上，范围内最好有水面，灌溉条件良好，排水良好，作为各种展览区。

③ 丘陵地形，占35%

坡度在0.10~0.25范围内起伏丘陵地形，各丘陵与平地相对高差不超过50米，大部分土层厚达50~100厘米，具有一定的灌溉条件，丘陵最好相互环抱交错，构成许多空间，作为树木园，果树及植物地理等展览区。

④ 山地占15%

坡度在0.25~0.50范围内倾斜的山坡，坡向最好有阳坡及阴坡，与平地的相对高差可在50米以上，范围内最好有溪流、瀑布、峡谷及部分露岩，土层厚度大部分在50厘米以上，作为树木园及引种驯化试验用地，其四周坡度更大，高差更大的山地不计在内。

⑤ 水面占地10%

最好有泉水、溪流、瀑布、河流、湖沼等各种水体，有静水、动水，供展览及引种各种不同水生及沼生植物。

目前我国植物园，如杭州植物园，在地形地貌等要求上比较理想。

特别要指出的，在城市附近，如果有山地和丘陵地，植物园应该选择这种地形复杂的地点建园，平地对建立植物园有很多不利。

自然界在平原地带，如果遇到的气候极端变化，例如遇到旱灾、水灾、冬季严寒等情况，在平地上的植物受害最大，甚至有许多植物，可以全部消灭。但是在山地与丘陵地，由于小气候及地形地貌、土壤、水分条件的多样性，植物生长的立地条件非常复杂，因而受自然灾害的侵袭，不可能像平地那样剧烈，同时，也不可能全部受到危害。在自然条件，山区是植物的避难所，山区的区系植物比平原地带要丰富得多，许多历史上的特异种，能在山区保留下来，可是平原地区的区系植物，却非常单纯，因而在植物园选地时，必须强调地形地貌的因素，尽可能选择合适的地区。

（3）对土壤的要求

植物园要引种原产在不同土壤上的各种植物，因而在原地内希望有各种不同的土壤，即以中国原产的植物而论，其土壤要求也是千差万别的。例如毛竹、茶树等生长在酸性较高的红壤中，红树生长在经常含盐的海水下的泥滩上，许多兰科植物要在枯枝落叶堆积很厚的腐叶土上生产，越橘（*Vaccinium uliginosum*）生长在水藓泥碳土上，长花虎耳草（*Saxifraga longiflora*）等高山植物生长在高山石缝中，胡杨（*populus euphratica*）生长在干旱、沙漠与重盐土上，而梭梭（*Haloxylon ammodendrom*）则生长在流沙与沙漠上。

当然，在一个有限面积的地区内，要具备以上所说的相差极端悬殊的土壤种类是不可能的。但是却可以得出一个结论，植物园内的土壤种类愈多，对于引种多样植物愈是有利。因而在园地范围内，最好有各种不同机械组织、不同酸度、不同化学性质、不同深度、不同腐殖质含量和不同含水量的土壤，这会对引种驯化创造良好的条件，只有在地形地貌复杂，成土母质复杂的地区才有复杂的土壤条件。

不过在植物园中，需要有40%以上，应该是土层厚达1米以上，排水良好，灌溉方便，腐殖含量高，呈微酸性或中性反应，肥沃度较大的土壤，因为绝大多数植物，能在这种土壤中生长。

（4）对水文的要求

没有水就没有生命，植物园中各种温室温床，在炎热干旱季节每天需要灌溉一次，草本植物每隔三天灌溉一次，而木本植物每隔五天也要灌水一次。以北京地区6月份旱季而论，月平均降水量为54.1毫米，而6月份的月平均蒸发量为292.4毫米。计算起来，每公顷面积上，由于自然蒸发每天就消耗8立方米的水，加上树木的蒸发，就更大了。如果以每公顷每天灌溉用水20立方米计算，（在干旱炎热的季节）如果为100公顷的植物园，则每天需要2000立方米的灌溉用水。

像北京植物园，除地下水以外，天然泉水只有樱桃沟一处，其枯水期，流量为0.0084秒每立方，则一天24小时，只有725立方米的水量，北京植物园经营面积已达200公顷左右，旱季每天耗水量近4000立方米。同时樱桃沟的泉水，流出后又在溪中漏失，全部不能灌溉，因而北京植物园的灌溉用水，全部要靠地下水解决，发生许多困难，使建园速度降低，从这个经验中指出，在选择园地时，水源的有无，是适宜不适宜建立植物园的重要因素。像杭州植物园内，有玉泉涌出，流量充沛，大大超过灌溉的需要，因此在种植上管理上，节省很多的劳动力。

植物园一方面要有充足的水源，另一方面地下水位又要求较低，以利排水，极大部分地区要求地下水位在地表3米以下，只有小部分湿生植物，可以在较高地下水位的地区生长。同时植物园的水源中，如果含有多种矿物质，在水中含碱性反应，对某些植物生长不利。

（5）对原有植物的要求

植物园除了有充足的水源，其供水量要大大超过供蒸发和灌溉的需要以外，同时最好有占全园1/10面积的水面，不仅可以调节湿度和温度，而且可以提高植物园的风景艺术效果。

为了适应各种条件的植物生长，植物园的水体，最好具有泉水、溪流、瀑布、河流、湖沼等多样形式，有动水区、静水区、有深水区、浅水区之分，这样不仅对引种驯化有利，对风景构图也很有利。

选定植物园用地内，原有植被如果丰富，则指示该用地内的综合自然条件，适于多种多样的植物的生长，因而选用植物园用地是有利的。如果植物园所在地区，原有植物很贫乏，甚至连木本植物也不能自然更新的话，就很难选为植物园用地。用地对木本植物生长的状况，更为重要，如果木本植物不易生长的用地，就不宜选为植物园，适宜于多种多样，木本植物和培养植物生长的用地，对植物园更为相宜。

在选地时，要选能够生长各种各样植物的用地是一方面，如果用地适于生长各种植物，但是现在用地上是否保留着大量的树林，则又是另一个问题。对于植物园用地上原有树林多少优劣问题，存在着不同的看法。

有人认为原有成年树林多，则建园快，费力少，只要把名单挂上，稍稍补充一些树种，植物园就可建成。这样看法，如果植物园是仅仅为了满足科学教育识别树种的目的，那是可以的。但是如果要进行进一步研究，要查明每一个外来树种，从种子到大树成长的历史，为引种驯化提供材料，那么，这种原有生长情况不明的已有大树，在研究上的价值就很少了。这里应该明确，植物园与自然保护区或禁伐区，是有根本区别的。原有的未经破坏的树林，对于研究地方植物群落是有利的。但是原有植被不可能反映出植物的进化系统，不可能反映出植物的地理分布，不可能反映出人类改造植物的途径，也不可能反映出植物的经济用途。因而综合性的植物园，大部分展览区和研究用地，都要根据一定的科学内容，有计划、有意图的从新建立的。自然界不可能有意图的鲜明地把这些科学内容反映出来，为了引种驯化目的而建立的树木园，则要求每个树种从种子开始培育到成长。由于这些原因，植物园用地上，如果原有树木过多，反而使建园发生困难，因为要砍掉大量大树，再种上许多幼苗和小树，是很难为群众理解的。从这个观点看来，植物园用地内原有的树木宜少不宜多，例如：莫斯科总植物园原有的奥斯丹金诺的栎树林和桦树林占地75%～80%，使建立植物分类展览区发生困难。

但是对待问题的看法也不能趋于极端，如果园地内有一定面积的成年树林，对于早日达到一定的风景艺术效果，有很大的意义。还有许多需要湿度大、阴性的林下植物，就可以在不费人力物力的天然条件下，轻而易举地培育起来。亚热带地区的许多蕨类植物、兰科植物、杜鹃、山茶及咖啡、珠兰等等，都需要在树荫下生长。华北地区的栎属树木，需要在有庇荫的林地下直播，否则就得先种先锋树，因而一般情况，在植物园范围内，原有成年树林最好有30%左右的面积，而其余70%～90%的面积是可以开垦和种植的空地。

（6）对城市规划的关系

① 植物园用地需位于城市活水和主要风向的上流和上风方向，避开有污染的水体和大气。

② 要远离工业区。列宁格勒植物园，由于靠近工业区，有60%的针叶林生长受到危害。

③ 交通要比较方便。植物园为城市的大型绿化，一般都位于城市的近郊区，但必须与城市中心有方便的交通关系，在使用交通工具的情况下，以能在1～1.5小时内由城市中心到达为原则。

④ 与城市的供电系统和给排水系统有方便的联系。

2. 进行园地调查和资料收集工作的内容和步骤

（1）地形测量

规划阶段：测绘全园1/2000，等高距1米的原地形图。

（2）土壤调查

于进行调查后绘出与地形图一致的土壤分布图。

（3）小气候调查

全园各主要分区，进行小气候测定，并绘出小气候分布图。

（4）植被调查

进行全园的原有植被调查，绘出分布图，原有成年树林及大树，在地形图上标出。

（5）地方植物区系调查

对地方植物区系要作深入调查，并作出名录。

（6）作出可能引种的乔灌木名单

（四）植物园的分区规划

1. 植物园的组成部分

在前文中已经提到，植物园的组成部分与规划方式是随着社会经济发展的需要和植物学的发展而丰富起来的。最早是药草园，然后是系统园，最后又增加了植物地理园，面积由几公顷发展到好几百公顷。规划方式由规则式发展到自然式，由不结合艺术布局发展到高度结合艺术布局，组成部分由不设展览区而只设苗圃的原始材料圃形式，发展到有几十种展览区的大规模植物园。

现代综合性正规植物园的组成部分首先可以分为两大部分。第一部分是以科学教育为主圃（也结合科学研究及生产）的展览区部分；第二部分，是以科学研究为主（综合生产）的苗试验区部分。

（1）展览区

建立展览区的主要任务是科学教育，但也为科学研究创造了很有利的条件。

科学教育的中心思想主要的为以下两个方面：

- 认识自然
- 改造自然

要把植物界的客观自然规律和人类改造植物的知识通过一种排列配置的方案全部表达出来，这是不可能的。一种展览区，只能表达一个主要的思想主题。因而近代综合性的规模较大的植物园，常常有许多展览区；规模较小的植物园，展览区较小，只能结合需要和可能条件选择其中较重要的展览区加以布置。现代世界各国植物园，归纳起来，大抵有如下各种展览区。

① 按照植物进化原则和分类系统来布置的展览区，简称植物系统展览区或植物进化展览区。把植物分科分属按照进化系统布置起来。反映植物由低级向高级进化的过程。这种展览区，对学习植物分类学，有很大帮助。因而许多学校的教学植物园，和许多早期的植物园，多采用这种形式，但是实践证明根据系统原则布置的植物园有许多缺点。因为在系统上相近的植物，不一定生态习性相近，在生态上有利于组成一个群落的植物又不一定在系统上相近，所以在栽培和养护上带来较多的困难。同时有许多种只有乔木，没有灌木，或只有灌木没有乔木；有许多种只有落叶树没有常绿树，因而在景观上，也比较单调与呆板。由于这些原因，许多近代植物园中，为了教学的需要，虽然都有系统展览区，但是一般面积都很小，一般主张不要超过5~10公顷。这种展览区，在引种驯化研究工作上的价值是很小的。我国北京植物园在规划中有10公顷左右的分类展览区。杭州植物园，有11公顷的植物系统展览区已经建成。华南植物园规划中有11公顷的植物进化系统展览区。

② 按照植物的生态习性与植被类型而布置的展览区

这种展览区，按照植物的生态习性，根据植物与外界环境的关系以及植物之间相互作用的关系而布置展览区，这一类展览区，可以分为三个方面：

- 按照植物的生活型布置的展览区

把植物根据不同的生活型分别展览，例如，分为乔木区、灌木区、藤本植物区、多年生草本植物区、球根植物区、一年生草本植物区等等展览区。这种展览区在归类与管理上有一定的方便之处，建立较早的植物园。例如：前苏联的列宁格勒植物园，分为乔木区、灌木区、多年生草本区和一年生草本区。美国阿诺德树木园中，分为乔木区、灌木区、松杉区、藤木区等等。美国纽约植物园也有乔木园、灌木园等等，这种布置形式，与系统展览区有许多类似的缺点。因为生活型相近的植物，对环境的要求不一定相同，而有利于构成一个群落的植物又不一定具有相同的生活型。例如：许多灌木及草本要在乔木的庇荫条件下生长，许多藤本植物要攀缘在乔木上生长，按照这种方式展览，一方面用地不经济一方面不利于植物生长，管理上也有困难，因而现代植物园也不大规模采用这种展览方式，但有时在某些特殊的生活型方面，也少量集中布置。

- 按照植物对环境因子要求而布置的展览区

植物的环境因子，主要有水分条件、光条件、土壤条件、温度条件等四个重要方面。

根据植物对水分的不同的适应性，可以分为干生物群落、中生物群落、湿生物群落、水生物群落。依照不同的土壤要求，有盐生物群落和岩石植物群落、沙漠植物群落等等。但是一般植物园，也不可能在植物园露地设置出各种各样的生态环境，因而世界各植物园，也没有完全依据各种各样的生态环境因子来布置各种展览区。

一般只挑选几种条件上很容易办到的生态展览区。其中最主要的为水生植物展览区，根据湿生、沼生、水生植物的不同特点在不同深浅的水体和静水动水中，结合风景构图布置出来，另一类是岩石植物园和高山植物园，根据岩石植物园和高山植物园的生态要求，结合高山植物华丽的色彩和植被的基本特征布置出来。世界上很多植物园都有著名的高山植物展览区，其中最著名的为英国爱丁堡植物园的高山植物园。因为爱丁堡纬度偏北，气候冷湿适宜于高山植物的生长。我国庐山植物园设有岩石园。云南丽江植物园可以发展高山植物，其他南方平原地区，夏季气候炎热的地方，建立高山植物园，有一定困难。北京植物园，也有岩石园的规划，高山园和岩石园面积不能过大，一般只有几亩地的面积水生植物园和岩石园最吸引游人，一般植物园也都设有这两种展览区。其他，如前苏联基辅植物园，设有乌克兰沙生植物，花岗岩生植物，白垩和石灰质土壤上生长的植物等展览区。美国亚利桑有专门的沙生植物园，其他如红树林，盐生植物群落，也可以布置成展览区，根据生态环境布置展览区，常和植物群落展览区，植物地理展览区结合起来布置。

- 按照植被类型布置的展览区

根据植物与环境的相互关系和植物与植物之间相互关系而构成的一定同住结合，就是植物群落，在不同的气候条件与不同的地理环境下，形成不同的植物群落，这种不同的典型植物群落，就称为植被类型。世界上植被类型是很多的，在一个植物园内不可能全部在露地展览出来，有些群落，一般都在人工控制气候的温室条件下布置出来。

我国的主要植被类型有：热带雨林、亚热带季雨林和亚热带常绿阔叶林、暖温带落叶阔叶林、温带针阔叶混交林、寒温带明亮针叶林；亚高山针叶林、草甸草原灌丛带；干草原带、荒漠带等等。

前苏联许多植物园的植被类型展览区都结合植物地理展览区一起布置。

我国北京植物园在规划中，有华北植物群落展览区。华南植物园在规划中，有海南热带雨林、亚热带季雨林、粤北常绿林等展览区。

南京中山植物公园，曾经由陈封怀主任做过一个规划，全园按照植被类型，划分为：常绿阔叶林带（亚热带），暖温带季雨混交林带，温带夏绿林带，常绿针叶林带（西南）高山灌丛带，草原和草甸。

③ 依据植物地理分布和植物区系的原则布置的展览区

依据植物原产地的地理分布原则布置的展览区，称为植物地理展览区，例如：把亚洲、欧洲、澳洲、非洲、美洲的植物，分别成区布置，在同一洲中，又可以按国别或省别分别栽培，第二次大战前德国柏林的大来植物园即以地理植物园驰名，该园将全园划分了59个区域，代表世界各国的植物。

前苏联莫斯科总植物园与基辅植物园，及其他前苏联植物园则有植物区系展览区，把前苏联的区系植物，根据区系植物的地理成分加以分类布置，例如莫斯科的前苏联总植物园的前苏联植物区系展览区占地27公顷（把前苏联区系植物分为：中亚细亚植物区系，阿尔泰植物区系，高加索植物区系，远东植物区系，北极植物区系西伯利亚植物区系，前苏联欧洲部分植物区系等七个植物区）。植物区系展览区把植被的分类原则和地理分布的原则结合起来，加以布置。

此外也有陈列化石植物区系的植物园（在美国）前苏联基辅植物园有乌克兰第三纪植物展览区。我国华南植物园设立了一个古老残遗植物展览区。

由于植物区系展览区占地面积很大（莫斯科总植物园中该区占地27公顷，爪哇茂物植物园中该区占地面积31公顷，加拿大蒙特利尔植物园中该区占地面积16.5公顷），其中的树种又都和树木园重复，因而不经济，同时许多区系中形成植被类型的许多环境条件，也不易办到。例如海拔高度、气候、土壤等巨大的差异，不中能在露地造成，联系到我们国家的情况，以及科学研究上的实际意义不大，所以我国植物园较少成立植物区系展览区。

④ 根据植物的经济用途和人类改造植物的原则来布置的展览区

一般称为经济植物展览区，在前苏联莫斯科总植物园分为两大部分，一部分为野生有用植物展览区，占地4公顷，一部分为栽培植物展览区，占地2.5公顷。

野生有用植物部分，可以按植物的经济用途来分类布置，可以分为：纤维类、淀粉及糖类、油脂类、鞣料类、芳香类、橡胶类、药用类及其他。

在栽培植物展览区中，表达栽培植物如何从野生植物祖先经过人类长期的引种驯化和定向培育成为栽培植物，用以说明栽培植物的多样，人类改造自然的过程与方法。在这一区中，不仅把栽培植物从野生到家生的演变过程展览出来，同时还另开辟一区，作为引种驯化、选种、杂交育种等方法的展览区。

经济植物展览区，在我国目前各植物园为了面向生产，向群众广泛宣传利用野生植物和把野生植物变为家生植物的生产知识都已积极地举办起来。在贯彻国民经济，以农业为基础和把野生植物积极利用起来的方针时，创造性地把经济植物展览区建立起来，对于社会主义建设有其重大的意义。以上三类展览区，主要是认识自然，而这一类展览区才是改造自然的展览区，这对于目前农林牧生产服务有很大意义。具体技术设计的要求于下文中详细介绍。我国华南植物园以 30 公顷的面积辟为经济植物展览区，植物园的最初级形式是以药用植物（经济植物）展览区开始，发展到社会主义社会，植物园中经济植物展览又得到了更高的发展，把人类改造自然的宏远意愿与可能性，得到充分的发扬。

⑤ 观赏植物与园林艺术展览区

植物园内种植观赏植物和结合园林艺术的布局，已经是比较古老的传统。从 1655 年建立，后来在 1745 年经林奈氏设计的瑞典乌普萨拉植物园平面图看来，其中有温室、花架、喷水池在花卉区，在构图上运用中轴对称的手法。到后来的植物园，例如英国的邱皇家植物园，最初是由花园发展而来的，其中有希腊式与罗马式的古典建筑和中国的宝塔，有专门的杜鹃园、蔷薇园、水景园、高山园、野趣园等等专类花园。此外像美国的布鲁克林植物园有专门的莎士比亚花园、德国柏林大来植物园有专门的意大利式花园、前苏联莫斯科总植物园除了一般专类花园以外，还有四季花园和园林绿化方法展览区。

中国从汉武帝修上林苑，各方献名果异卉三千余种植其中，这是植物园与园林艺术结合的最早典范。

1956 年，齐津院士到中国时曾提出：植物园内布置，既要注意科学性，又要注意艺术性。中国原产有很多具有观赏价值的植物，但在目前各植物园中可看到的花很少，十二年内，中国农学家正在计划着解决粮食和棉花的增产问题，到那时候人人都可以吃饱穿暖，人人都具有高度文化，就需要大量花来装点城市和乡村，美化人生，植物园应该从现在起收集和培育多种多样的花木来供应未来的需要。

这一展览区，主要可以分以下几方面 ：

- 专类花园（以著名花卉的品种收集为主）

在许多植物园，结合地方特点，专门收集若干种著名花卉和观赏艺术，将每种观赏植物的现在世界上已有的种和品种收罗集全结合地形地貌的变化，建筑物的配置与其他草地，水池、花架的组合，构成艺术评价很高的专类花园。

可以组成专类花园的植物有：

山茶、杜鹃、丁香、木兰、牡丹、芍药、蔷薇、樱花、梅花、槭树、棕榈、竹、鸢尾、睡莲、大丽、百合、水仙、唐菖蒲、兰、仙人掌、荷花、樱草、菊花等等。

这些专类花园以品种收集为主。

- 专题花园（以某一种观赏特征为主）

例如：芳香园（以芳香为主题）

彩叶园（以观叶为主题）

观果园（以观果为主题）

四季花园（以一年四季开花为主题）

莎士比亚花园（以莎士比亚文学中描写的植物为主题）

藤本植物园（以观赏藤本植物为主题）

水景园（以水景为主题）

岩石园及假山园（以假山及岩石植物为主题）

百花园（以华丽的观花植物为主题）

- 园森绿化方法展览区

花坛花境展览区

绿篱展览区

行道树展览区

整形修剪展览区

盆景桩景展览区

- 园林形式展览区

意大利建筑式园林

法国平面图案式园林

英国自然式园林

中国自然山水式园林

日本式园林

观赏植物及园林艺术展览区，虽然有以上专类花园、专题花园、园林绿化方法、园林形式等四种方法，但是这四种方法，经常结合起来布置。例如蔷薇园采取意大利园林形式来布置，则既展览了蔷薇的品种收集，又展览了意大利园林形式。

园林艺术展览区还可以与植物群落展览区结合，例如高山植物群落可以与假山风景园结合起来，水生植物群落可以与水景园结合，也可与经济植物展览区结合起来，例如芳香挥发油植物展览区与芳香园结合起来。

某些专类花园，也可以与生态展览区结合起来，例如睡莲、鸢尾、荷花等等专类花园，可以与水生植物展览区结合起来。

同样的专类花园，也可以结合起来布置，例如木兰与山茶园可以结合起来布置，乔灌木结合，木兰多为阳性乔木，作为庇荫树，山茶作为下木布置，山茶喜阴，可以生长得更好，杜鹃园可以与槭树园结合起来，杜鹃可以得到槭树庇荫，同时也更美观。

各地植物园不能各种园林展览区都布置，应该结合当地条件选择若干种突出的园林展览加以布置。例如北京植物园以牡丹、芍药及丁香为重点，杭州植物园以木兰、山茶、蔷薇为中国山水园林的重点，华南植物园以棕榈园、兰花园为重点。

⑥ 树木园

树木园与其说是展览区，还不如说是研究区更为恰当。树木园的主要任务不是为了科学教学，而是为了引种驯化的研究工作服务的。

树木园是植物园最重要的引种驯化基地。树木园以栽植露地可以成活的野生木本植物为主，每一个树种，主要是从种子播种开始起，即着手进行观察记载。树木园的植物，主要通过播种来引种，不用原有大树，也不移载大树，从实生苗开始，对于适应地方条件更为有利，从幼苗开始的观察记载，对于长远引种驯化工作可以提供极其有价值的研究资料，能够为未来的驯化工作指出新的意想不到的途径。

树木园不仅引种中国自然区系的植物，也引种国外的木本植物，凡是露地可以栽植的种和变种，都在引种的范围以内。树木园占地面积很大，前苏联莫斯科总植物园的树木园，栽植适于莫斯科露天生长的乔木灌木等在2000种和变种以上，占地76公顷占全园面积的40%；北京植物园树木园，估计收集乔灌木种和变种约2000种，占地60公顷；华南植物园可以引种的乔灌木，则可达5000种以上，面积达110公顷；纽约植物园树木园为45.3公顷，占全园面积45%；英国邱皇家植物园树木园占地34公顷，占全园面积30%。

树木园用地必须挑选地形地貌最复杂，小气候变化多，土壤变化多，水源充足，排水良好，土层较深厚，坡度不大的丘陵地最为相宜，朝向以东南为宜，西北有高山屏障。

树木园的种植计划，首先应该按照植物的生态要求作为配植树木的第一个原则，使树木园在最合适的生态环境，同时把许多不同的树木，根据相互有利的因素，组成人工的植物群落。第二个原则是在可能条件下，同科的植物最好集中在一起，不要过分分散，以便分类与记录观察，但决不能不考虑生态而牵求分类原则。如果生态不合要求，则不按分类原则布置。第三个设计原则是美观的原则，一般都采取自然式复层混交的形式，有密林、疏林、树群、树丛和孤植等配置方式，中间穿插林中草地和水面。

⑦ 自然保护区

许多植物园，为了研究当地自然植被的形式和发育过程，常常把植物园相邻地区，或植物园范围内的原有大片林地保护起来，禁止人为的砍伐与破坏，任其自然演变，长期进行记载观察以便和今后植物园引种驯化的人工群落作为对照。在同一地点保护一定面积的自然植被，作为引种驯化人工植被的对照，在科学研究和科学教育上是很有意义的。因而许多大植物园，都保留很大面积的自然保护区（莫斯科总植物园把大片奥斯丹金诺栎树地区划为自然保护区，占地50公顷，爪哇茂物植物园的原始热带森林，占地244公顷）。

自然保护区，不需花人工管理，也不要投资，也不占农地，因而可大可小，面积不受限制，但过大的面积也没有必要。

总的来说，展览区是向群众开放的，规模大的综合性正规植物园，上述展览区内容大部分都有，但是许多规模较小的附属植物园，有时只有一种展览区（例如英国里定大学附设农业植物园，只有栽培植物展览区，美国哈佛大学的阿诺德树木园只有树木园，许多大学植物园只有系统园，法国蒙特皮列植物园是专门的高山植物园）。如果从教学的目的出发，则以植物系统展览区最为需要，从引种驯化任务出发，则以树木园最为重要，因而许多引种驯化为主要任务的植物园、树木园是不可缺少的。其次为了结合教育，就有系统园，至于其他许多展览区，如植物区系展览区、植物生态展览区、经济植物展览区、园林艺术展览区所需面积很大，具体树种又都和树木园重复，结合我国目前的情况，在规划植物园时，不应有尽有，只能结合当地特点，择其重要者加以布置，并尽可能把可以合并的展览区加以合并，不多占农地。

（2）苗圃及试验研究区

植物园分为展览区和苗圃试验区两大部分，展览区是向群众开放的，以供应科学教学和游憩为主，同时又结合进行比较观察等科学研究工作。

苗圃试验区是专门进行科学研究和结合生产的用地，不向群众开放。

苗圃试验区应该分为如下几个部分：

① 实验地

应该与植物园的实验大楼靠近，设有一系列供应引种驯化杂交育种和实验生物学的设备。

② 苗圃区

有比较试验圃、繁殖圃、移植圃、原始材料圃。

③ 检疫苗圃

要在比较隔离的地方设置，将新引入的植物进行检疫。

④ 示范生产区

将引种驯化杂交育种所创造的新品种，进行示范生产，然后再推广到生产中去（包括实验果园在内）。

⑤ 引种驯化区

在全园具有特殊小气候的地区，设立若干引种驯化区，专供引种困难的植物进行试验。

苗圃试验区一般占地面积较大。其具体面积，主要由该园所进行的研究任务及其展览区所需要的种苗量来决定。一般面积自 5 公顷，到 100 公顷不等，北京植物园的苗圃试验区占地约为 100 公顷，华南植物园苗圃试验区规划中占地约为 90 公顷，规模较小的植物园，用地就可以较少。

2. 植物园分区规划的原则

（1）植物园用地的比例及面积

根据前苏联植物学家 M · Ц. 苏可洛夫拟定的植物园各分区用地比例如下：

展览区	占全园用地的 45% ~60%
科学研究用地	占全园用地的 10% ~15%

苗圃	占全园用地的7%～10%
服务管理用地	占全园用地的7%～10%
建筑道路广场用地	占全园用地的15%～20%
自然保护区	不计定额

把这些项目加以合并，那么

展览区	占全园用地45%～60%
苗圃及试验用地	占全园用地17%～25%
其他用地	占全园用地27%～30%

当然这个比例，只是作一般参考用的比例，具体到每个植物园，则要从具体设置的展览区项目，栽植植物的种类和数量，进行科学研究的项目等主要任务来决定面积。即是从具体内容出发来解决面积及其比例，而不是从比例来解决具体任务，不过许多植物园从经验中所得出的大致比例，对于规划新植物园也是具有一定价值的。

当然在确定用地比例以前，首先要确定全园的用地面积，这个问题，已在植物园的规划中谈到，这里不再重复。

不过解决具体面积的因素很多，在大体上从研究力量决定了植物园面积以后，虽然有了一个面积的概念，但是这还是不够的。其次应该确定展览区的种类和数量，每个展览区的面积的确定，则要确定具体的种植名单，以及每种植物的株数及占地面积等（这些具体的种植定额，留待下面再谈）。每个展览区和苗圃、试验区的面积确定以后，全园的面积才能落实。

（2）植物园各分区的用地规划和布局

首先把植物园用地分为两大部分。

① 展览区

向群众开放，要求地形地貌复杂其用地的详细要求，已在园地的选择中谈过，不再重复。

要求交通方便，便于群众参观。

② 苗圃试验区

不向群众开放，要求地形平坦，给水排水良好，土壤肥沃深厚，用地要求属于地形分类中的“平地”与展览区的主要部分接近，与城市交通线有方便联系。

前苏联莫斯科总植物园，我国北京植物园、杭州植物园、华南植物园等规划，关于这两个部分的分区明确，适合于二者的功能要求。

（3）展览区内各分区的布局

① 进口附近

在展览区的进口附近，布置植物园的主要建筑，如植物展览馆、展览大温室、花卉展览馆等。形成植物园的构图中心，在构图中心附近，应该布置科学性强、教育意义大、艺术价值高、最吸引游人而面积又不大的展览区，同时这些展览区，在内容上，又要与植物展览馆、花卉展览馆和展览温室有联系，适合于这些要求的展览区有：

- 植物进化及系统展览区

面积 3 ~ 15 公顷，要求与植物展览馆相接近。

- 经济植物展览区

面积 3 ~ 30 公顷，与展览温室及花卉展览馆结合而布置。

- 水景园及岩石园

面积 2 ~ 10 公顷，与园林艺术展览区结合布置。

以上各展览区的用地要求属于地形分类中的“缓倾斜起伏地形”。

② 离进口较远的部分

凡面积较大，科学研究的作用大于科学教育作用，一般群众了解较少，或不易发生兴趣的展览区，应该布置在离进口较远的地点。

- 植物区系展览区

（包括植物地理展览区或植被类型展览区）

面积 10 ~ 30 公顷，比较接近进口附近与植物展览馆，有便捷道路联系。

- 树木园

面积 20 ~ 150 公顷，要求与苗圃试验区比较接近，便于试验观察。

- 果园

面积 10 ~ 15 公顷，主要为实验果园，要求与苗圃试验区比较接近。

植物区系展览区及树木园，用地要求属于地形分类中的“丘陵地形”及“山地”，其中“丘陵地形”占全部用地的 2/3，果园用地则以坡度在 0. 25 以下的丘陵地和地下水位在 2 米以下的平地均可以。

（五）植物园的建筑布局及工程措施

1. 植物园的进出口

植物园面积很大，需要有很多的进出口，其主要进口对外要与城市的交通干线直接联系，从市中心有方便的交通工具可以直达植物园，对内则要联系主要的展览区。主要进口附近要有交通广场，及相应的服务性建筑，植物园管理处应该设在主要进口，植物园的展览用建筑，应该布置在主要进口附近，或离主要进口不远的地方。

苗圃及试验区应有单独的次要进口，这个进口宜设在次干道上，但与主干道联系又要十分方便，苗圃试验区内设研究用的建筑，宜布置在这个进口附近。

除主要及次要进口外，根据植物园的大小，还可以设有其他一些辅助进口，这些进口可以通向某一独立的展览区的构图中心。

2. 建筑布局

植物园的建筑，主要可以分为三大类。

（1）展览建筑

① 植物展览馆

植物展览馆的主要目的，是为了补充露地展览区之不足，向群众进行科学教育，其要求仍然是认识自然与改造自然的两个方面。不过通过图表、文字、标本、实验模型等方式来说明，大规模的展览馆可以有以下各种内容：

- 植物进化展览室
- 植物区系展览室
- 经济植物展览室

从原料的分类、栽培、采收、加工直到制成成品的包装运销都用图片标本或模型作成系统的说明。

- 米丘林工作方法展览室

展览引种驯化杂交、育种等方法及其结果。

- 种子展览室
- 木材展览室
- 电影放映所及讲演所
- 休息所及咖啡室

② 花卉展览馆

采取中国亭、馆、廊、榭相结合，与山水地形密切配合，组成不对称园林建筑群的形式。

内部用以布置盆花、瓶插、桩景、盆景等花卉装饰艺术作品及开花卉展览会之用（例如兰花、菊花、大丽、梅花、山茶、杜鹃等花卉展览会）。布置方式采用中国传统的室内装饰形式与中国的红木家具，花架、中国的艺术陶瓷花盆、花瓶和书画盆石结合起来布置。

③ 展览大温室

展览温室，一般依据植物的地理分布和植被类型来分布。

热带经济植物室：橡胶、金鸡纳、可可、腰果、椰子等；热带雨林室；热带棕榈室；热带沙漠及多浆植物室；热带兰科植物室；天南星科及秋海棠植物室；捕虫植物室；亚热带常绿林室；竹室等。

附图：德国大来植物园的展览温室平面图（略）。

附图：大来植物园立面图（略）。

附图：莫斯科总植物园展览温室设计透视图（略）。

现将展览室设计的技术指标附录于次页。

这一类展览性建筑，应该布置在主要进口附近，可以设置在进口部分，构成全园构图中心，也可以稍离进口，形成局部构图中心。

（2）科学研究用建筑

① 图书馆：供植物园研究用（莫斯科总植物园图书馆可容图书200万册，英国

邱园图书馆藏书5万册，美国纽约植物园图书馆藏书5300册及刊物1000种）。

② 标本室：供植物园研究用，莫斯科总植物园的标本馆可容蜡叶标本200万份，英国邱园标本室保藏全世界蜡叶植物标本约500万份，为全世界最大的标本室。

③ 实验研究室：内容有形态解剖实验室，生理生化实验室，杂交育种实验室，生物物理实验室，以及各种研究室。

④ 苗圃内建筑（于苗圃规则内介绍）

（3）服务性建筑

① 植物园管理处建筑，设有接待室、问讯、导游等办公室及花木出售处。

② 避雨休息亭榭及茶室餐馆。

③ 厕所、停车场等。

以上三类的建筑布置，展览性建筑应该布置在主要进口附近便于游人参观，植物展览馆因为经常有讲演、电影、展览等活动通常应该靠近进口，便于大量游人聚散，其余展览温室和花卉展览馆则可以和植物展览馆组成一个建筑群，构成一个全园的构图中心。例如北京植物园规划的植物展览馆与展览温室都集中布置在主要进口构成一组雄伟的建筑群，但是为了因地制宜，从园林造景与借景的原则出发，则又可以变化。莫斯科总植物园的植物展览馆则有一单独进口，展览馆就布置在进口处，而展览温室则布置在主要进口的对景线上，作为主要进口的主景，展览温室面向开朗的水面布置在进口处就可以看到温室的美丽的体形及其倒影，这样虽然离进口稍远，但仍然能吸引游人。杭州植物园规划中的植物展览馆布置在主要进口处，而鉴于温室因受到进口处地形限制，建到全园的中心的高广台地上，后面有远山作背景，前面又可以看到明净的西湖风景，花卉展览馆则可以与玉泉古典山水园林结合起来布置。而华南植物园由于在进口处布置主要建筑会把远景挡住，因而建筑群稍稍退后，离进口约250余米，这样前有水面作为前景，后有远山作为背景，交通上也不致太远，园林艺术展览区及专类花园的布置，应该很好地与这些主要建筑结合起来。

研究用建筑，莫斯科总植物园把标本馆图书馆合为一座建筑与实验大楼对称布置于西面进口，这一进口与道路西面的苗圃实验区有紧密联系，同时和引种驯化的树木园有方便的联系。北京植物园的实验区与标本室图书馆则布置在苗圃区内，另有一进口与城市干道联系，这一进口与树木园及苗圃都紧密联系。杭州植物园的研究建筑，布置在另一次要入口，与苗圃试验相邻，又与树木园有方便联系，这样研究工作与群众参观两者功能可以分清，不致互相干扰。

服务性建筑、植物园管理处，最好布置在主要进口处或次要进口。茶室、餐室应该布置在园林风景区，又有较大的空地与草地以便游人活动及疏散，科学性较强的展览区，需要精心养护的园林艺术展览区范围内，最好不要布置有大量的游人经常拥挤的服务性设施。因而在植物园内布置茶室餐室小卖处，以便游人休息，也是很必要的。

其他供避雨和休息亭榭，则应该结合风景构图，在适当距离内，全园均匀布置，但又不能机械按距离分布（必须运用中国“宜亭斯亭、宜榭斯榭”的传统手法）。

厕所则须考虑200～300米范围内有一处。

用于植物园大温室技术设计的主要指标

展览温室名称	最大高度（米）	平均高度（米）	面积占大温室总面积的（%）	温度（℃）			湿度		光照
				最高	最低	平均	夏季	冬季	
热带雨林及棕榈室	28～30	20	20～24	35	10	15	80	89	
暖温带森林植被室	18	12	7～8	—	—	—	—	—	
热带蕨类植物室	8	8	5～6	30	10	20	80	80	通常
热带兰科、天南星科凤梨科植物室	4.5	4	5～6	30	10	16	80	80	
针叶树室	14	10	6～7	—	—	—	—	—	
水生和湿生热带植物室	6	6	6～7	40	20	30	80	80	
稀树草原植被室	18	12	7～8	45	8	14	90	50	光亮
热带荒漠植被室	8	8	5～6	45	8	14	90	70	
仙人掌、多浆植物	4.5	45	5～6	30	3	14	90	70	通常
杜鹃科植物室				30	3	14	90	70	
亚热带雨林室	14	10	6～7						
干燥亚热带植被室	6	6	6～7	30	4	9	80	40	光亮
低温温室	4.5	4.5	14～15	30	2	—	—	—	通常

三、植物园的技术设计

在进行植物园的规划时，对于植物方面的一些基本问题，如果不搞清，是很难使植物园的规划有足够的科学依据的，例如植物园研究应该收集多少种植物？每种植物要栽培几株？每株要占多少面积？要不要留些空地？这些问题不解决，规划是不好进行的，下面就谈谈这些问题。

（一）植物引种的原则及其数量

活植物的收集、培育、展览、研究是植物园最基本的任务。

1. 植物园收集的范围

（1）收集地方区系植物及外地（包括国外）区系植物中的野生植物。

凡是陆地可以生长的野生植物，都在收集的范围，野生植物的收集是植物园的重点。

（2）收集地方及外地的栽培植物。

栽培植物，应选能露地生长，而有研究任务的种和品种加以收集，应有重点。

（3）露地不能生长的植物，只有设计温室计算，规划时不作计算。

2. 以研究为主的收集数量

在植物园中，因为园地面积有限，而植物种类太多，如果每种植物数量不加限制，种植没有重点，则即使有好几万亩的园地也不能应付，因而每种植物的株数，应有限制。

（1）木本植物

①自国外初次引入试验栽培的或有前途、有价值的植物，或列为重点研究题目的树种：每种20～30株。

②为了推广用，要采取种子和插条的优良树种。

③一般树种

乔木每种：5～10株。

灌木每种：10～15株。

④当地极其普通而又没有什么经济价值的树种，每种3株。

⑤栽培树种：结合研究任务选择重点收集，每个树种选最好的品种收集。

每个树种至少不能少于5株的原因，是因为可能受到病虫害及人为意外的损伤或养护不周时，不致绝种；有些树种为雌雄异株，幼年不易识别，如果保留量少于5株时，可能全为雌株或雄株，则不能得到后代。此外，从引种驯化的目的出发，不同单株，适应性也有不同，培育单株太少，就不可能出现不同适应性的植株。重点研究的树木，每个号应该栽培3株。

以上树种为供研究用的最基本的数量，野生树木的种和变种一般都全部布置在树木园中，如果不设置在树木园，则可以布置在植物区系展览区或系统展览区内，野生植物的种和变种，以通过种子来引种为原则。

栽培树木，则布置在经济植物展览区，如果为观赏植物则布置在园林艺术展览区内。

（2）草本植物

凡是露地可以生长的草本植物，并不全部培育，只挑选在经济价值、观赏价值或列为研究项目的加以栽培。

①植物大小在30厘米以下者。

每种不少于2平方米的面积。

②植株大于30厘米者。

每种不少于20株。

3. 育苗量计算

（1）保证上述研究用的基本数量。

（2）凡是以在展览区布置的植物，最好在苗圃的原始材料圃内，树木每种保留5株，草本每种保留1～2平方米，大植株不少于10株。

展览区不布置的植物，则基本数量，全部保留在原始材料圃内。

（3）布置展览区时，初期须密植，以后逐年移出或伐去，实际近期布置数量，按以下情况计算。

成长后树冠直径在 1 米的灌木，按 2 倍计算。

成长后树冠直径在 2 米的灌木，按 4 倍计算。

成长后树冠直径为 5 米的乔木，按 4 倍计算。

针叶树，慢长树及巨型乔木，按 10 ~ 15 倍计算。

没有价值的普通树种，不一定加倍育苗，不采用密植方式可以在空地上间作草本经济植物，以增加收入。

（4）供研究用的基本数量在一定展览区内布置以后，如果其他展览区需要重复应用时，一般情况每种远景 1 ~ 3 株即可以。近期按密植计算。

（5）美化布置，需要量较大的树种，应另开名单，根据园林构图要求列出种类和数量（例如绿篱、花木、庇荫树、背景树、常绿树、防护林、草地、花坛花境植物等等）。

（二）植物成长后的株行距及营养面积计算

1. 在总体规划阶段的估算资料

在我国长江以南的地区

（1）乔木：平均每株占面积 50 平方米（7 米 ×7 米）

（2）灌木及藤木：平均每株占面积 7 平方米（2.5 米 ×2.5 米）

在我国长江以北地区

（1）乔木：平均每株占地 30 平方米（5 米 ×6 米）

（2）灌木及藤木：平均每株占面积 5 平方米（2 米 ×2.5 米）

以上资料作为植物园总体规划的应用，资料比较简化，应用简单方便。

2. 在进行各展览区技术设计阶段时的计算资料

各展览区进行技术设计时，上面计算资料太粗放，不能精确应当更具体。

以下引用 Ц、N、拉宾和 Г、E、罗辛别尔格拟划的莫斯科总植物园树木园各类乔灌木成长后所占的营养面积（平方米）和每公顷面积上的株数的计算资料

	林地		树群、树丛		孤树	
	营养面积（平方米）	每公顷株数	营养面积（平方米）	每公顷株数	营养面积（平方米）	每公顷株数
一级乔木	19	500	80	125	700	依空旷地及草地大小为转移
二级乔木	12	830	50	200	450	
三级乔木	10	1000	36	280	250	
高 2 米以上灌木	3	3300	12	830	50	
高 1.3 ~ 2 米灌木	3	3300	7	1430	28	
高 0.4 ~ 1.3 米灌木	1.5	6600	3	3300	12.5	
高度小于 0.4 米灌木	0.3	33000	0.8	12500	3	
藤本	0.8	12500	3	3300	12.5	

以上计算资料在具体进行各展览区技术设计时，可以应用，也适合于我国的情况。

（三）种植地区用地的比例

乔木灌木种植面积与空旷草地及道路的比例在展览区中，根据我国的情况，由编者拟定的比例如下：

道路、广场、建筑占10% ~15%

空旷草地 10% ~15%

乔灌木栽培面积 70% ~80%

这里拟定的定额，草地要比公园中少，我们国家的情况，公园草地应该有20%，因为公园中游人多而植物园游人少，目的要求也不同，但是为了通风，减少病虫害，日照充足可以提高树木的结实率，以及观察在孤植条件下树木的生长情况，因而一定比例的空旷草地还是需要的。

种植类型	前苏联北方地区	前苏联温带	前苏联南方地区
草地	65%	55%	35%
灌木栽植	15%	15%	15%
乔木栽植	20%	30%	50%
空旷草地与树木栽培区的比较	1.3:1.0	1.0:1.0	1.0:1.3

此表根据前苏联的比例

由于前苏联纬度较北，冬季需要阳光，前苏联用地较多，因而一般园林中空旷地及草地面积很大，我国许多地区夏季炎热，我国用地也比前苏联紧张，因而前苏联的情况也不适合我国的情况，不能应用，因而我们自己拟定了以上的比例。

在乔灌木种植用地内，各种种植型的比例（%）

根据苏联M、Ⅱ、苏可罗夫所拟定的比例如下：

林地 60%

群丛（树群） 30%

孤植 10%

这个比例对我们来说，还是可以应用的。

（四）配置原则

1. 种植形式及类型：基本上采取自然式，有密林、疏林、树群、树丛、孤植树、草地、花地、花丛等类型。

2. 配植方式：在密林及树群树丛中，乔木、灌木、草本构成复层混交的群落。

不同科、不同属种间之植物，由于形态差别很大，易于区别，由于生态上需要构成同住结合的群落时，可以混交。

同属之内的不同种之间，由于形态区别不大，不宜混交，以免弄错。

同一树种在习性不明时，最好在各种立地条件下试种，不要只种一种立地条件（例如：在阳地、庇荫地、干旱地、湿润地都种一点）以便观察其适应性。

同一树种种植密度应有变化，有密植、疏植、孤植，以便观察其不同的生长状况。

在保证科学研究及科学教育的前提下，应尽可能结合艺术布局布置空间，注意多样统一，安排适当视距，开辟透景线，注意强调主题，注意色彩及季相构图与动态构图。

（五）与道路的关系

1. 为节约面积，发挥自然风景构图的特色，除主干路外，一般次干路及小路，都不栽行列式行道树，由道路两旁布置的乔木自然庇荫。

2. 乔灌木与道路的距离。

灌木：栽植中心点离道路边 1.5～2 米（可以不碰行人）

高干乔木：主干离路边 1.5 米。

低干及丛生乔木：栽植中心离路边 5 米。

3. 在林地中参观者只能在道路上行走，不能进入栽植地，因而林地及树群中道路的密度，以能看到每一个树种为基本要求决定道路的布置。

在草地上，则不在此限，草地允许游人入内。

4. 由于上述游人必须在路边看到每个树种，因而每个树种在 5～10 株中，至少有一株须靠近路边，以便参观。

（六）地形处理

展览区的地形地貌处理，必须与花园公园相似，和苗圃及原始材料圃必须完全不同，展览区内，最好没有明沟，没有堤埂。如自然起伏的地形，地面空隙部分以草皮及多年生草本植物覆盖，不使土壤暴露。

每一小区，中央稍高，易于向四周排水，地面排水集中道路边沟，然后由道路边沟排除。

第三章　动物园设计

一、动物园的任务及国内外动物园发展概况

（一）动物园的任务

1. 动物园在科学教育方面的任务

（1）使广大人民群众知道祖国及世界上有多少种动物，他们的分布情况及生活习性，使之明了动物界中有多少有利于人类的财富。

（2）使群众认识到动物的发展演化过程，宣传生物进化论，批判唯心主义。

（3）宣传动物对人类的利害关系，研究如何保护有益的动物和防止有害的动物。

（4）使群众知道如何驯养动物，介绍人改造自然和改造动物的事例，如现在的家畜是由野生动物驯养而来的。

（5）帮助在校学习的学生充实动物科学理论知识，提供活的生动的教材。

（6）动物园可为儿童组织动物节日活动，培养儿童对自然的爱好和研究的兴趣。

2. 动物园本身是进行生物科学研究的机关

（1）观察野生动物的生活习性对人的利害关系。

（2）根据动物园外出收集动物的情况，帮助了解全国动物分布情况。

（3）研究有较高经济价值的珍贵动物的饲养和繁殖的经验，给今后发展动物生产进行大量繁殖打下基础。

（4）研究人与动物共有的互相传染病，提供有效的消灭和预防病的措施。

3. 动物园是劳动人民休息的场所之一

动物园是一个活动物博物馆，是一个科学普及机构，但它又是一个公共园林。

因此要有优美的庭园布置和完善的服务设施（把饮水、茶室、阅报、儿童运动场等工作做好），使劳动人民不但能增长知识，而且能得到满意的休息。

4. 动物园必须注意结合生产

动物园的开支很大，认为动物园是一个消耗机关，是不应该的，当然动物园初建阶段需要采购动物，建造兽舍，国家拨给一定资金是必要的，但在一定的时间内应改变单纯国家投资的状况。

（二）国内外动物园发展概况

1. 国外动物园发展概况

世界上动物园的历史并不长，从固定的动物园产生到现在不过一百几十年的历史（伦敦动物园成立于1829年，柏林动物园1844年，巴黎动物园1854年，莫斯科动物园1864年，纽约动物园1896年）到目前全世界约有动物园600座左右，总的可以分为两种状况。

一类是办得较好的动物园，它的作用是为了进行科学研究普及工作，尽力为广大劳动群众在休息游览过程中得到许多有关动物学的常识和专业知识，尤其对中学学生和大专学生是一所良好的实习园地，其次对于动物生态、分类、兽医科学等研究也放在相应重要的地位。

另一类动物园，多半属于私营公立或私立公助性质，只有极少数是完全由国家经办，这些动物园多半属于营利性的机构，他们用新奇的动物招来游客谋取利润，它们不考虑科学普及和科学研究工作，属于这类的动物园多半缺乏总体规划和造园设计，园地狭小建筑布局及动物展览都很紊乱，不能给游人以生物进化和动物地理分布的概念。

2. 我国动物园发展概况

在我国古代园林中，常饲养一些奇禽异兽作为园林的点缀，如古书曾记载周文王有“灵囿”方圆七十里其中养有鹿、有兔、有鸟等动物，应该说它就是我国古代的动物园了。到汉武帝建上林苑，其中豢养的动物种类就更多，除一般的鹿獐外，还有从西域和别处收罗来的，如巨象、狮子、熊、大宛马、犛牛、白鹦鹉、紫鸳鸯，并还为这些动物建造专门的兽舍，如观象观、白鹿观、鹊观、大台宫等，有人专门饲养但这些动物主要只供帝王和嫔妃逍遥游乐，一般劳动人民是没有份的。

真正的建立动物园是在1908年，清朝慈禧太后派官到德国去采购动物，在现在的北京动物园建立起来，后因经费不足被迫开放，规模也小的可怜，只在现在小动物园那块地方仅有四座古老低矮阴暗的兽亭，当时人称“万牲园”也名不符实。除此之外在沿海少数大城市的公园一角辟了动物园，面积很小，严格地说只能称为动物角，养一些动物供人看看热闹，猎奇涉异，谈不到科普研究和为生产服务。解放后，随着社会主义建设的发展，我国动物园也进入了新的历史时期，发展速度和规模远非旧中国所能比拟，截止 1959 年底的统计，我国在各大城市已建立规模较大的动物园有五处，其他许多中小城市也有小规模的动物展览区。

根据已取得的经验，今后动物园的建设应该是，有几个主要的大城市内设立独立的动物园，一般的大城市和省、自治区人委会所在地，可视情况，在公园内附设动物园展览区。

根据我国现在动物园的情况大体上可分为两种类型，一是单独设立的动物园，如北京动物园、上海西郊动物园；一是附属在公园内的动物园或动物角，如南京玄武湖公园内的菱洲动物园、武汉中山公园内的动物园等，这一类动物园或动物角面积都较小但根据需要与可能也可发展成为独立性的动物园。

二、动物园的总体规划

动物园规划的主要内容，包括有规划的原则，动物园的性质，面积大小，用地选择，展览动物陈列方法，建筑设施及出入口园路的布局，及陈列区与生产区的功能分区绿地所占比例同时也应把兽医室、隔离室、检疫所等同时综合考虑。

在拟定总体规划的规模应当根据城市的规模，当地人口数，动物园的位置和自然环境等条件而定，在规划当中要考虑到今后发展和建设，尤其是新建动物园时必须有长远打算。一方面对动物园发展有明确远景，另一方面应避免在发展过程中的浪费和紊乱现象，在规划当中充分利用自然条件，园内的河道湖泊、山石和丘陵，最好能以尽量利用原有状态的前提下，因地制宜地进行改造。动物园的规划是一个很复杂的问题，在规划中还要满足以下几点要求：

（1）使游人在参观后对动物科学能有一个初步和明晰的概念。

（2）应根据城市的发展规划进行动物园的规划设计。

（3）既便于饲养管理，又便于游人观看到全部动物。

为了使规划定的全面和具体，在制订动物园总体规划时，应由设计人员、园艺工作者、饲养工作者、兽医和动物管理干部参加共同讨论进行规划和设计，以便得出切实可行的总体规划方案。

（一）动物园的用地选择

1. 与城市规划的关系

需要建造动物园的城市，应在城市规划时就要加以考虑选择在适当的位置，如动物园一经建成发现地点不适当时要搬，势必造成人力物力的巨大浪费。如广东动物园、保定动物园、石家庄动物园，都发生这种情况故不能盲目建，如属临时性则另当别论。

2. 动物园在城市的位置

目前各国著名的动物园在城市的位置有两种情况：一是设在市区内如前苏联莫斯科动物园、匈牙利布达佩斯动物园，发展受到很大限制，对居民及动物园都互有影响故不太理想；一是在城市的近郊，如捷克布拉格动物园、英国伦敦动物园学会的动物园，放在近郊比较理想，与城市联系方便，将来发展也不限制，北京动物园也放在近郊区。

动物园除了考虑放在近郊区外，还要考虑卫生要求。附近要没有医院、托儿所、学校、工厂、农场、牧场，要远离家畜屠宰场与运输站、死动物埋葬场、动物加工工厂，如肉类加工、皮革制骨以及垃圾场等，而且要尽可能放在城市污染空气的上方，以减少动物感染疾病的可能性。

3. 动物园的面积大小

首先要根据城市人口的多少个城市人口在100万以下的动物园面积可小些，而城市人口在400万人以上的可以大些。因要容纳较多的游人，据统计动物园全年入园参观的人次，北京动物园1956年参观动物园人次为400万，莫斯科动物园为600万。动物园的面积虽说要大，但不一定是越大越好，很多世界上有名的动物园都并不怎么大，如莫斯科动物园面积约30公顷，面积较大的布拉格动物园有40公顷，伦敦市外动物园有235公顷，北京动物园将来要发展到100公顷左右。就原则而论，一个小型的动物园有15～20公顷便够了，一个中型动物园约要60～80公顷，一个大型的能发展至世界第一流地位的动物园有120～150公顷便很好。另外动物园的大小还要根据动物园的规划将来饲养动物的种类及数量，以及动物园的自然条件和动物展出的方式等。世界著名的动物园豢养动物的数量从800～1000只，在种类方面从300～800种，北京动物园据1960年1月统计有1590余只、191种，莫斯科动物园数量有2800多只，种类378种和亚种。

4. 对地形的要求

动物园的动物来自世界各地有不同的生活习性，有来自热带、温带、寒带、水栖和陆生，有的生活在高山森林，有的生活在平原、高原，有的喜白天活动，有的要晚上才精神活跃，因此动物园在选择地点时能找到地形起伏有平地，小山小水，树木多的地方最适宜，要善于利用地形另外还可以改造和创造地形来满足设计上的需要。世界有名的动物园如布拉格动物园，伦敦动物园都是建立在天然山林风景优美的地区，造价较经济，而布达佩斯动物园和北京动物园是建立在平地上受一定的限制。

另外也要了解园址的土壤、地质、水文、地下水、植物等方面的情况要能适宜动物的生活，如北京动物园地下水位较高，挖1米左右就见水，不太理想，也影响某些兽舍的建造，熊山就因壕沟不宜往下挖而做成熊城的形式。

5. 对水深的要求

大家都知道动物园对水的要求很大，这不仅因动物园内有许多水生及两栖动物和善水动物而且对饮用水清洁用水及灌溉用水量都很大，故动物园必须有水源，没有水源虽地形很好也不能做动物园，在动物园内最好有河湖池沼等自然式水面。

世界上现有较著名的动物园面积

动物园名称	面积（公顷）	成立年份
莫斯科动物园	23	1864年
布拉格动物园	46	1932年
来比锡动物园	16	1878年
海金泊动物园	21.4	1907年
伦敦市立动物园	14.8	1827年
伦敦市郊动物园	233	1931年
纽约动物园	106.6	1896年
德里斯顿动物园	7	1861年
北京动物园	80~90	1908年
上海西郊动物园	75	1954年

6. 对城市公用事业要求

动物园要求有完善的城市公用事业，如供电、供水、电话、暖气、下水道、煤气等，动物园与城市交通要有方便的联系。

（二）展览动物陈列的原则

1. 动物排列分布的方式

要想在一个动物园内展出全世界所有的动物是不可能的，故只能选择有代表性的动物来饲养展览，现在世界著名动物园展出动物排列分布的方式有以下几种：

（1）按动物地理分区排列

如按亚洲、非洲、欧洲、澳洲、南美、北美等地区来排列，可结合原产地的自然风光及建筑风格来布置。在资本主义国家多采用这种排列方式，优点是参观后可容易知道哪些地方产哪些动物和了解动物的生活习性，缺点是不能给人以清楚的动物进化系统的概念，比较混乱，在管理和饲养上尤感不便（东京有一动物园是按地理分布排列的）。

（2）按动物进化系统排列

大规模的动物园是从昆虫类、鱼类、两栖类爬行类，鸟类到兽类（哺乳类），而大多数的动物园只有后三类，这种排列方式优点是具有科学性，能使人民了解动物进化的概念，使于识别动物。但也有一些缺点，即同一类动物里，生活习性往往差异很大，在管理饲养方面也带来一定困难，在社会主义国家中多采用这种排列方式。如莫斯科、布达佩斯、布拉格动物园基本上按进化系统排列的，上海动物园也是。

(3) 混合式及其他

基本上按进化系统排列，有困难时就采取按地理分布或动物的生活习性相同的放在一起，按照动物生态习性来排列分区，有的甚至要按游人兴趣爱好分区，其他还有按照分类系统，按照经济用途，按照动物志，这些方法不一定单独应用，可以综合考虑，在必要时，可以根据建筑物的艺术造型与当地自然条件相结合来考虑改变排列次序。

2. 动物的陈列方式

(1) 单独分别陈列

即每一种动物占据一个空间分别陈列管理，较方便，但不经济，观众看了兴趣不大，现在全部采用这种方式的很少。

(2) 同种同栖陈列

例如喜于群居的动物猴、狼可以同种同栖，这样可以增加游人的兴趣，饲养管理上也方便，但容易传染疾病，因此在管理和卫生方面必须非常严格。

(3) 不同种的同栖陈列

这样可以作节省建筑费用增加兴趣，但这样做要有一定的条件，要结合生活习性及可能。例如幼小的可以同栖，不爱打架的可以同栖，雌性的可以同栖（主要指各种有蹄类），及特殊的同栖，有的异性相吸的关系，如雄狮雌虎、雌狮雄虎，有的是后母与养子的关系，前苏联赠给北京动物园的美洲虎与母狗便是一例。

(4) 组织幼小动物园

这样做可以引起观众特别是儿童的兴趣，例如把幼熊、幼狼、幼狐、幼狸、幼野羊和家羊幼狗幼豹、幼狮等放在一起，里面放置一定的玩具供幼兽戏耍，组织的方法是在幼小的动物能够独立生活时，就个别放于兽舍，一般在4~5个月即可先让彼此接近，熟悉气味，观望。起初时会互相恐惧，但经一个时期后就会习惯生活在一起，幼小的兽类所以能和平共处是因在人为的饲养下都能吃饱，每天可喂三次或更多，应分别喂，幼小动物到10个月后则应分开，幼小动物园要布置的很有趣，有很好的绿化和美化，幼小动物园一般布置在靠近儿童游戏场。

3. 各类动物陈列所占的面积及饲养数量

在大规模的动物园，水族馆的面积占约3000平方米，爬虫馆面积约4000平方米，鸟类的面积约占全园的1/4~1/3，兽类占全园面积一半以上。

各类动物数量的分配，新建的动物园都是先由容易养的动物开始，另外也要看动物种类丰富的程度，一般动物园养鸟的数目比养兽为多。因鸟的种类比兽类多两倍以上，鸟的价钱饲养和设备成本也较低，鸟类与兽类占的比例最少是2:1，最多的可能是4:1或5:1。鸟类的数量从500~2500只，种类50~450种，中国可展出的无脊椎动物50种，鱼类120~150种，两栖爬虫类100种，动物展出的动物种类希望多，但每种数量则不需要过多，一般以一对为主，或1~3只比较合适，这样便于繁殖，因数量多了，建筑设备就要提高，消耗也大，不经济。

饲养总数的统计

兽类 \ 名称	北京动物园 1965. 6	莫斯科动物园 1952 年年底	布拉格动物园 1952. 10	伦敦动物园 1951 年年底
兽类	390 （61 种和亚种）	450 （122 种和亚种）	402	887
鸟类	524 （112 种和亚种）	1600 （13 种和亚种）	782	1927
两栖爬虫类	328 （18 种和亚种）	317 （13 种和亚种）	284	122
鱼类	0	534 （58 种和亚种）		
总计只数	1242 （191 种和亚种）	1242 （378 种和亚种）	2521	3536

4. 对于动物园的展览家畜

动物园是否要展览家畜，看情况一般都不展，但为了宣传米邱林生物学说的观点，人工选择的理论及作野生动物与家生动物比较则可以选择有代表性的家畜来展览，也可以组织本国有的家畜家禽种类展览，以及新育成的优秀种类来进行展出，以致于最普通的小狗小猫就不一定展出，另外也可单独组织当地原产动物展览区。

（三）动物园设施内容及出入口道路设计要求

1. 动物园设施的内容

（1）陈列动物的笼舍、建筑及园界物（一般用围墙或栏杆范围起来）。

（2）文化教育用的建筑设施，露天及室内演讲厅（容 100 ~ 300 人）图书馆（藏书 10 ~ 20 万册）图片展览馆或展览画廊与少年动物园（有一幢供研究动物的建筑及儿童游戏场），在动物园内一般不设文娱活动场所，例如舞池、音乐厅或扩音器等因会妨碍动物的正常生活（另外可考虑有演小马戏的场地）。

（3）服务性建筑、管理性建筑和供科学研究用的建筑。服务性的建筑与设施有出入口，园路、广场、停车场（最好放于主要出入口马路的同一边，以免游人横穿）。建筑包括警卫室、售票亭、存物处（很有必要因有 10% 非本市居民参观）、童车出租服务站、休息、等候室、小卖亭、茶室、食堂、摄影部、厕所等，以及休息建筑亭廊、花架、圆椅、喷泉、雕塑、游船、码头等。

管理性的有行政管理，包括办公室、贵宾招待休息室、兽医院、动物研究工作室、雨天工棚、礼堂、课堂、俱乐部、食堂、浴室、仓库、值班室、泥水工、木工与铁工的车间、汽车房、贮藏室、杂物枯树堆积场、花圃温室等。

以上内容不一定每个动物园都包括，可根据具体情况在规划时具体考虑应设哪些设施。

（4）必要的设施和附属的设施。必要的设施应具有城市各种完善设备，如供水、电话、暖气、煤气、下水道、照明、路灯、消防设备等。附属的设施有饲料农场、果园、动物饲养场、渔场等。

2. 动物园对出入口及园路的要求

基本上与一般的公园相同，主要出入口应设在城市人流主要来向，主要出入口应有一定面积的广场（容10000~20000人），以便群众集散，附近要有存车处，停车场，除了主要出入口以外还可有次要出入口，并需要有足够的便门以防万一出危险（如猛兽逃出，火灾）可以尽快地疏散游人。

动物园内的主要道路，可布置林荫道的形式，动物园的道路也分主干路，次干路、小路，道路宽度主要是根据游人的数量来决定，100万人口可采用4米，300万人口的6米以上。北京动物园现在主路4~6米，将来主路为8~12米，次干路为2~4米，小路1~2米。主路要求建筑铺装，在可能的条件下小路也要铺装，从动物园的园路所起的作用来分则可分为：导游路、参观路、散步小路和园务专用小路四种。

主路应当是最主要最明显的导游线，它的运行方向按中国习惯是从右往左转。主路（导游线）应能明显和方便的引导游人到各个动物展览区参观，全园主要长度最好不超过2~4千米，游人慢慢走的话，2~3小时即能走完，使游人能达到以最短距离看最多的动物。如果动物园面积很大，园内可设有汽车路线供游人乘坐。

动物园道路布置方式，在主要出入口及主要建筑可采用规则式，一般的以采用自然式为宜，但是动物园的道路与公园的道路是不同的，一般公园主要是给游人沿途观看风景变化，因之有很多弯弯曲曲的道路。在动物园主要是让游人看动物，所以不应该单纯的为了照顾风景而把道路弄得弯弯曲曲，忽视引导游人到各个展览区的任务。例如上海西郊动物园的导游线不明显，有很多弯曲道路，游人为了走捷径往往就从草地上横穿过去。因此，一般主路因地形起伏和自然条件限制时可适当的弯曲，但一定不能过分，参观道路要和建筑、水面很好的结合，导游路和参观路最好分开又有方便联系以保证主路的人流畅通。在道路交叉口的地方可做成休息广场的形式，另外也要布置一些从园内通达出入口的捷径，同时要照顾游人在游览观看的过程中有随意取舍的可能，如略过某些动物兽舍以缩短路程。

在通向动物集中处或大型动物展览区的主要道路，要能行驶机动车，这样可以便于搬运。

（四）动物园在结合生产的一些做法

几年来我们的动物园在科学教育普及工作和动物驯养方面以及给游人文化休息

方面都取得了相当大的成绩。但是如何把动物园的有利条件加以有效的利用，进行一定的生产，也是动物园的一项工作。

动物园的生产条件，比起一般公园也有有利的方面，现介绍几种生产的内容：

1. 开辟饲料基地。动物园的饲料是多种多样的，有的是食肉类，有的是食草类，有的是杂食类，而且有的需要量很大。例如北京动物园养的大雄象每日的喂草量107（冬季）~157（夏季）千克。如果动物园所有的动物饲料都由外地供应，那这个数量真是可观，所以开辟饲料基地，以解决各种动物饲料问题，是一个了不起的大问题，可以大大节约开支，具体饲料种类可根据当地条件和动物要求等方面来考虑安排生产。

2. 同时为了争取外汇可养公鹿割取鹿茸，和大量繁殖珍贵及稀有动物以及大量繁殖金鱼和热带鱼以供出口的需要。

3. 利用经济植物和果树绿化动物园。在动物园的适当地区和园内一角，土壤深厚，水源充足条件适合时比较集中地栽植粗放果树，开辟果园的可能性是很大的，一般可多种生长快管理粗放，经济价值高寿命长的种类，适宜在华北地区的树种有柿、核桃、板栗、杏、桃、海棠、梨、李、山楂、葡萄等。

附：动物园的用地平衡表

项　目	占动物园总面积的百分率
建筑及构筑物	20%~25%
道路与广场	15%~20%
绿地	50%~60%

三、动物园冬季兽舍及夏季运动场设计要求

（一）展览兽舍的类型及组合原则

1. 展览兽舍的类型

动物园内的动物种类很多，生态习性各异，为了适应动物的生活陈列建造展览兽舍的问题也相当复杂，现在就根据动物的种类一般所采用展览动物的馆舍的类型作简单介绍。展览动物馆的设计不是园林工作者所能单独解决的，而是由建筑师动物学家园林工作者密切配合共同研究出来的。

（1）昆虫馆

全世界已知的150万种动物中就有100万是昆虫，这些种都陈列是不可能的。陈列时可选择具有代表性与人类利害关系很密切的种类。昆虫馆面积一般不需很大，昆虫体形一般都很小，近看才看清楚，故不易容纳较多的人同时观看。陈列时可放一个玻璃框内，布置成反映昆虫生态习性的生活条件及生活史，最好每个框内都有温度调节器及日光灯设备，昆虫馆一般放在靠近进口的地方或附属在其他馆内。

（2）水族馆

鱼在动物中占一大纲，种类也相当多，大小不一（小的 1 ~ 2 厘米，大的可达 12 米），分别生活于江海河湖中有生活在水面有生活在水底的各种不同习性。一个比较完善的水族馆可包括四方面的鱼类，即热带鱼、海水鱼、经济鱼、金鱼，如有条件还可养低等棘皮动物。水族馆要求条件也较严格，建筑要坚固，最好不用木材，有充分水源加温设备，天然及人工采光建筑面积可达 3000 平方米。

（3）两栖爬虫馆

种类也很多，一般人对它也感兴趣，陈列的动物有各种龟、蛇、蜥、蛙、鲵……。一般都喜高温，高温方活泼，否则懒得动一动。馆的面积也可达 3000 ~ 4000 平方米，建筑要求与水族馆相似除暖气外可有电炉日光灯以便局部调节。蛇蜥和各种两栖类常会同类相残应分作小间饲养，毒蛇的小房应用不碎玻璃，两栖爬虫类房间地面应高出走道地面 50 厘米以上，小型动物类高出 70 ~ 80 厘米便于观众细看。

（4）鸟类

可分成五类：鸣禽类、攀禽和鹦鹉类、猛禽类、雉鸡类（走禽）游禽涉禽类。

① 各种鸣禽及攀禽类：应放在鸟馆内，可合在一起或分开每一种或数种性质相近的放在一小间玻璃房（冬季）和一小间钢丝笼（夏季）用，房和笼的容积小型的有 3 米 ×2.4 米 ×2.2 米即可，较大型的有 3 米 ×8 米 ×2.7 米也够了（大型每间放 7 ~ 8 只小型放 25 ~ 30 只）。

② 猛禽类：猛禽都可露地过冬故只作猛禽槛即可，体积有 18 米 ×12 米 ×10 米，四角要做成圆的以适应鸟的飞翔能做成圆顶更好，槛内可布置成高山景观。

③ 走禽类（雉鸡类）：雉鸡类大部也是可露地过冬笼舍，可以比猛禽槛的面积矮些有 6 米即可。孔雀如要在笼舍放养容积一般为 8 米 ×6 米 ×4 米，大型走兽鸵鸟要有 20 米 ×5 米的沙土地以供其散步跑食，以上鸟类的笼舍都应设置适当的水池或临时性的水盆供夏季洗澡及饮用，笼中地面需经常铺沙。

④ 游禽涉禽类：可以露天放置有 2000 ~ 4000 平方米的池或湖面即可，如果养的少亦可分散放置在几个（10 ×25）平方米的池沼。

（5）哺乳类

哺乳类分布在世界各地，种类也不少，生态习性各异，有生活在平地的、树丛的、高山的、穴居的、水生的等等，在考虑这些动物笼舍时还要考虑它的生活要求条件，陈列哺乳类的形式一般有三类：兽岛、兽城、兽笼。

① 兽岛：是最现代的兽舍形式即陈列动物的地方与观众看的地方之间有一个动物不能跨越的沟，这样做可以增加很多自然野趣和美感。

② 兽城与兽岛不同的是，动物是生活在地平以下深坑中，四围是垂直的上下高墙。

③ 兽笼：一般用铁栏杆或铅丝范围起来，视动物过冬情况而设动物房夏季运动场。

设计时采用哪些兽舍建筑更好，除了考虑美观坚固实用等项外最主要还需考虑经济问题。

2. 组合原则

（1）大的带小的集零为正，组成一定的体量（建筑群）。

（2）按科学原则集合按艺术要求命名，可题用山、林、湖、岭、池、洲、宫、笼、苑、园、场、岛等名称。

（3）室内与室外自然式与笼舍可结合建造。

（4）有混合展览的有单独展览的多种多样。

（5）不同性格的动物不能相隔太近，否则会互相惊扰。但也不能相隔太远否则参观路线太长游人不方便。

在有可能的条件下（例如彼此不干扰的能和平共处的，互不影响的），动物笼舍室组成建筑群，目的是使游人走最短的距离看最多的动物，另外也可节省投资和有利于动物园的艺术布局的安排。

（二）动物冬季兽舍的设计要求

1. 最大原则是安全第一，要保证兽舍对参观的人、饲养管理的人和动物都安全。凶猛动物和兽舍与观众之间应有保护栏相距 2 米左右。

2. 在设计某项兽舍时，如在生物学上与建筑学上产生某些矛盾，应以生物学方面的意见为意见，实用和美观不可兼顾的话则应去美观而就实用，同时也应根据当地的天然条件考虑动物原来的生活习性包括温度、湿度、采光等方面要求。

3. 对兽舍大小、高度、外形的依据及兽舍室内的布置要求。

过去一般都认为野生动物入了动物园便等于住了监牢，不但行动失去自由，而且活动的空间也狭小了，但实际情况并不如此。据动物生态学家的实地观察研究，发现动物在大自然中并不是自由自在的，而是受到一定的自然规律的限制。各种动物有固定的生态限度和生活区，而各个动物个体和团体（小家庭）又有个别的或团体性的生活地盘，大小随种类的不同而异，但有一定范围生活地盘的中心是家（巢穴），生活地盘是动物保卫家和取得食物的地方。

动物到了动物园后虽然生活地盘大大缩小，但由于不需要自找食物又不要防备天敌侵占家室，只要我们能把生活地盘建筑得自然又合于动物的需要，地盘虽小动物亦不会感觉难受。

要想规定出某一种动物的合理生活面积一般是很困难的，决不能按照动物在自然条件给予同样大小的面积，一般只能几百分之一或几千分之一，如大熊猫的自然生活面积有 260 多公顷，因此只能考虑最低的面积，最低的面积是参照动物本身使用的巢穴面积再加上一部分活动面积。

以食肉类和灵长类而言有一个较小的内笼（或自然式的穴洞）再加上一个较大

的外笼（或自然式的庭园）即可，以食草兽类而言便是一个兽舍再加一处院子，以各种水兽而言便是一个洞穴加上一个水池。

内笼（兽舍）的长度和宽度可以参照动物本身的长度加倍并略放宽些。

例如狮子（或老虎或白熊）身长2米那么内笼可以是4.5米×4.5米（3.5米×5.5米或4米×5米）。

对小型的动物比例可以放宽。如一狐獾、野猫之类身长不及1米，内笼定为2米×2米未免过小可放宽为2.5米×2.5米或2.5米×3米。

以上所定的原则是从一只兽为根据，如果一对的话可以照此比例略增，比一只的面积增加1/4～1/3便够了。

对群居性的动物如猴子、鹿、松鼠之类可依实际情况应用不一定多一只加一份，另外有特殊设备的兽舍也应放宽。例如河马冬天也须洗澡，房中必须有相当大的温水池。

关于高度方面身躯高大的如长颈鹿、大象之类房舍最小要高出头顶3～4米。善于攀缘的动物，如猞猁、美洲狮和各种猿猴也应高些。鸟类房舍最低标准笼子体积的长和宽应该等于鸟儿展翅的两倍高度或相同。

关于兽舍的外形有几种意见：

（1）采用本国民族形式：认为动物园的规划设计和建筑形式都要反映出民族的特点，给人明显的印象也容易达到统一的艺术效果。

（2）采用动物原产地的建筑风格，如大象原产地印度就采用印度式建筑形式，这样引起观者的更大兴趣，在资本主义国家的动物园多采用这种形式。有人认为失去民族特点，因各式各样建筑都杂凑在一起显得凌乱缺乏统一。

（3）模仿动物自然巢穴的形式是现代动物园趋向。如北京动物园的狮虎山，布达佩斯的白熊山等，这样很能充分反映动物与其生态的关系。不仅建筑外形，可采用自然山形，室内亦可仿岩洞的形式，最好能结合自然条件建造。

兽舍室内布置要求：每种动物必须有足够的游戏设备，使它们能够运动，如猴楼中要设有秋千吊环，狮要有木球，熊需要水桶，对猫科动物要有供其磨爪用的木头或粗树干等，但这些设备不应有棱角或过于坚硬以免损伤动物和牙齿。对原来树栖的动物应放枯树木，室内的其他布置应尽可能结合动物原产地的自然景观或表现中国画意要求，既科学又富有艺术性，可以匠心独运。在室内建造水池时因有的动物原来是水栖的，如海豹之类，有的则是只喜欢洗澡（白熊、象等），有的要全身浸没（河马、水牛之类），有的则只需要在浅水中打滚，故设计的池水深浅应适度，池的边缘应有适当的坡度，池水必须常换，水的温度也需考虑。熊喜冷的，河马喜温，兽舍地面最好高出参观走道地面50厘米以上，以便参观。如北京动物园狮虎山室内兽舍的地面都高出观众地面1米左右游人看起来方便。其铺装可能的话，也要结合动物习性。

4. 对建筑材料通风卫生方面的要求：对建筑材料要求坚固耐久，最好用砖石钢筋水泥等不怕火或动物损害，如鹦鹉嘴很厉害不宜用木材，穿山甲喜挖洞，地板要用水泥。猛兽笼一定要坚固，毒蛇要用不碎玻璃，建筑材料要能便于消毒及冲洗并且首先肯定是为什么动物造的。

通风的要求：许多动物有很大的气味，如无通风设备必然会使室内空气变浊影响参观，因此动物兽舍要有通风设备，但动物怕风不要有过堂风，出入口要有套门。

对清洁卫生方面的要求要有上下水道，用来清洁冲洗和把尿水排出，下水道不要连续通过几个兽舍，最好是每个兽舍单独排出，不经其他兽舍以免传染疾病，同时幢幢兽舍彼此间应有卫生隔离间距。

5. 冬季兽舍必须与夏季运动场接近以便转移。

（三）动物夏季运动场的设计方法

1. 夏季活动场地面积大小可以参照内笼体积或面积加一倍再略放宽些。例如：狮子的内笼为4.5米×4.5米运动场可为9米×7米（8米×8米或10米×6米）。另外还要参照动物生活习性，能大些较好，但要有限度以人能看清为限。

2. 要有遮荫设备，因为不论沙漠、高原或热带的动物都不是终日曝晒，与树木无利害冲突的最好能种树遮荫。

3. 夏季活动场的范围，可以是壕沟、铅丝网、木铁栏杆等，采用哪一种形式，应根据安全经济美观来考虑，在范围物外要有保护栏距范围物是2米左右。

4. 必须有经常供浴用和饮用的水并且要分开，水最好经常流通，若能以自然的溪流代替人工的水池更好。

四、动物园的植物种植设计特点

（一）绿化规划的特点

动物园绿化的目的是为生活在其中的各种动物创造接近自然的景观，为建筑物创造美丽的花园般的衬景同时给游人享受良好的休息条件，给动物解决部分饲料来源及生产其他园林植物产品。

园林绿化，应服从陈列的任务和为陈列创造艺术的背景，故可以配合兽舍动物的特点和分区使各区具有一定的特色。

绿地所占的面积无论从动物园对绿化功能的要求或美观上来说，要求动物园应该完全绿化起来使游人进入园内好像来到了美丽的大自然环境中，这里有秀丽的山林、湖、河、草地风景，鸟语花香，动物在尽情戏耍构成美丽的天然图画，动物园绿化至少要占全园面积的50%。

一般在动物园的周围要求设有防护林带，宽度按前苏联规定为200米，在北京动物园是10~20米，上海西郊动物园是10~30米，卫生防护带应起防风防尘消毒杀菌作用，以半透风结构较好。北京可采用常绿落叶混交，南方可采用常绿为主，在主要风向宽度可以大一些，另外还可利用园内与主风向垂直的道路设次要防护林带，因一般动物都怕风，在陈列区与管理区兽医院防疫站之间，也应该有隔离防护林带。

陈列区与生产区的绿化，陈列区的绿化可采用多样化，主要是配合动物的生态习性和生活环境来进行布置（例如大象要布置成热带森林的气象，熊猫有要竹林）。兽舍内外都要尽量的绿化起来，兽舍的笼内笼外要连成一片，同时也要给游人休息和遮荫的优良条件，而生产区则是以生产为主，在陈列区结合生产比起生产区是小部分的，生产区是大面积的，而且是大量的（例如果树、饲料基地……）。这里应在尽可能的条件下采用开放式的，绿化的方式以生产功能要求为主，当然同时也要考虑游人休息和艺术上的要求。

动物园的园林绿化建设也应采取先绿化后美化的办法，我们把规划定好了，然后根据需要与可能由绿化逐渐做到美化。

（二）种植设计的特点

1. 根据动物本身的要求

对动物兽舍，无论是笼内笼外都应尽可能的进行绿化，最好结合动物的生活习性加以美化赋予画意，绿化对动物来说还有它的功能上的意义的。

可供鸟类在上面休息搭架，可供某种兽类攀缘，例如小熊猫，同时植物的芽、叶、嫩枝、树皮、青草、花茎等可供食用，可以起遮荫避雨防风作用，可以调节空气保持潮润避免尘土飞扬等。

在兽舍兽笼的内外布置上，要结合动物的生态生活习性，笼内笼外要打成一片才好，可以在食草类的兽舍内种上桑树，落下的桑叶和桑子就可吃了。大小熊猫、大象、竹鼠全喜吃竹子，也可以适当布置竹从，但对于树木有矛盾的动物兽舍内种树木时树木应加以保护。

2. 兽舍附近绿化特点

兽舍附近的绿化在满足功能要求的情况下（如防风遮荫等）尽可能结合动物的生态习性和原产地的地理景观来布置，或结合我国人民所喜闻乐见的形式来布置。如在猴山附近布置花果木为主形成花果山，熊猫附近多种竹子，水族馆可多种垂柳，爬虫馆可多种蔓性植物，象房可布置一些热带植物，狮虎山可种松树为主，鸟禽室可造成鸟语花香的庭园布置，使鸟笼具有画意等。南京玄武湖公园内的动物园的鸣禽室布置较精致，有灌木和山石相配具有画意。

在兽舍附近的绿化要解决观众参观时，遮荫和观看的视线问题，一般可在安全栏内种植乔木或与兽舍结合组成花架棚，在动物兽舍迎风面的绿化应多用针叶树种，而在笼舍与活动场地则应多种落叶阔叶树，因冬天日照难得。

对气味很大的动物是否可用绿化来解决是比较困难的，最好规划时把这一类动物放在下风方向与其他部分有绿化适当隔离这些兽舍要求卫生冲洗设备较高，想用芳香植物来抵消是不太可能。

3. 休息功能方面的要求

一般与文化休息公园一样园路的绿化要求一定要达到遮荫的效果，可布置成林荫道的形式，陈列区应该有布置得很完善的休息园地和草坪做间隔，使游人可以在参观陈列的动物之后在这里休息。构筑物服务建筑和小广场周边可以用蔓性植物绿化起来，间隔空间也应该用植物装饰起来。

在儿童游戏场的绿化除解决遮荫问题外还可适当布置修剪成一些动物形状的绿色雕塑做装饰以增进儿童的兴趣。

在建筑广场道路附近应当作为重点美化的地方充分发挥花坛、花境、花架、开花乔灌木等的风景装饰作用。

4. 植物材料选择的要求

在北京来说动物园中针叶树种与一般公园一样应占到1/3的比例，使冬景也有可看，主要种在防护隔离带内动物笼舍绿化所选择的种类应该对动物是无害的。不能种叶、花、果有毒（例如构树对梅花鹿有毒）或有尖刺的树木以免动物受害（如胡桃、国槐、皂夹对食草类动物有害），最好也不种动物喜吃的树种，因容易被啃光，可多种动物不吃的又无毒的。

对树木破坏厉害的动物就不能在这运动场内种树，只好在运动场外四周外种大乔木，以解决遮荫问题，也不能全部覆盖郁闭度有0.4已经很好。

同时植物选择在一般的绿化地区应多选具有生产意义的材料例如种干果类，饲料类，水生经济植物荷花……，同时为了快速解决遮荫效果和早日达到绿化目的，最好选择当地速生树种为主，远近期结合速生与慢长树种同时并举。

附："风景名胜区"的资源保护与规划设计

因为城市园林绿化，主要是要用人工去建设的；而大自然的风景和历史文物古迹，是大自然和历史遗留下来的，不能再去建设，而是需要把它们很好保护下来。这是两个不同的范畴，不能混为一谈。

一、 什么是风景名胜区、 什么是风景旅游资源？

凡是具有较高的美学、科学技术、艺术、历史价值，能供人们进行科学研究、科学普及、参观、娱乐和旅游的自然资源和人文资源，均可称为"风景旅游资源"，日本称为"观光资源"。凡是以人文资源占绝大优势的人工游览环境，如我国的敦煌、长城、西安古都、二十四个历史名城等，在美国如威廉斯堡（Williamsburg）、华盛顿国家首都公园（National Capital Parks）等，又如古埃及的金字塔，古罗马的庞贝城，法国的凡尔赛宫苑，印度的泰姬陵等等，都是举世闻名的历史文物。这类的游览资源环境，在美国称为国家历史公园，在我国则称为"国家历史文物保护区"。

凡是以"自然资源"占绝大优势的游览区，在我国称为自然保护区，如四川卧龙、广西花坪银杉保护区、云南西双版纳热带雨林保护区、湖北神农架自然保护区等。在美国则称为国家天然公园，如黄石、大峡谷、约瑟米蒂等国家天然公园共40所，最大的面积达八千八百余平方公里，在日本则称为自然公园。日本的自然公园系统，其中分为三级，第一级为"国立公园"，凡是具有日本典型风景代表性的自然风景区，经日本卫生福利部长指定而经营者可称"国立公园"，共23所。第二级为"国定公园"，凡是比国立公园的资源价值低一级，又经卫生福利部长指定的，称为"国定公园"，共27所。资源价值又低一级，经各地方都、道、府、县行政长官指定的，则称为都、道、府、县立自然公园，在澳大利亚称为国家天然公园、西德称为自然保护区、美国还有占国土面积10%的"国家保护森林"，均属这种类型。

凡是自然风景资源和历史文物资源都很丰富，两者又交互参差，交相辉映的游览环境，交通方便，自然资源与人文资源不相上下的地区，可称为“风景名胜区”。风景是指自然风景而言，名胜则系指历史古迹和文物而言。这个名称，笔者曾于1979年5月在杭州召开的风景会议上提出过建议的。现在我国的山东泰山、杭州西湖、桂林漓江、安徽黄山、江苏太湖等四十多个“风景名胜区”就是属于这一类型。

至于管理体制，各国均按各自具体情况而有不同，非本文讨论主题。总的说来，“国家历史文物保护区”，“国家自然保护区”和“国家风景名胜区”是三种不同类型的游览区，应建不同的管理体制，不同的保护条例。

现在再把广义的风景旅游资源的种类分列如下（系指三种类型游览区的全部资源）。

（一）自然资源

1. 自然风景美学资源

具有极高美学价值的自然风景资源，是所有资源中吸引力最大，“游人再来率”最大的一类资源，但又是当前国际上研究最少，破坏最大的一类资源。如美学价值极高的山岳风景、河川风景、湖泊风景、森林风景、海滨风景、石林风景、溶洞风景、瀑布风景、岛屿风景、天象风景、五花草甸风景等等。这类资源的美学评价标准，亟待研究讨论。

2. 地质历史变迁遗迹资源

如由造山运动、地震、火山、冰川等活动和气候激变而形成的峡谷、冰川、火山、火口湖、温泉、喷泉、断层、石林、溶洞、地下河流、石化木森林、化石床、沙漠等等。

3. 生物进化史资源

（1）濒危物种（活化石）：动物如大熊猫、金丝猴、丹顶鹤、朱鹮、白鳍豚、野马、野骆驼、白唇鹿等等；植物如水杉、银杉、巨杉、红杉、珙桐、金钱松等等。

（2）原始生物群落，如原始森林、处女河、原始热带雨林、原始冻荒漠、干荒漠、岩生植物、水生植物、盐生植物等群落。

（3）灭绝物种的生物化石。

4. 野外娱乐资源

如能吸引游人去进行滑雪、登山、野营、海水浴、游泳、滑水、帆板、狩猎、激湍皮艇、避暑、避寒、钓鱼、赛马等等野外运动的天然风景。

（二）人文资源

1. 考古发掘资源

如北京周口店、西安半坡村、秦始皇兵马俑、古罗马庞贝、荷马史诗特洛伊出土古城等等。

2. 遗存历史文物资源

具有极高历史价值的古代城市、村庄、园林、宫殿、寺庙、陵墓、古建筑、雕塑、构筑物、战场、革命纪念地等遗址、遗迹、遗物等。如古罗马斗兽场、古希腊雅典娜神庙、英格兰的巨形方石柱；我国新疆高昌古城，龙门、云冈石窟、都江堰水利工程、赵州桥、古运河、圆明园遗址、故宫、苏州园林等等。

3. 民俗风情

地方风俗习惯、节日活动、婚丧习俗、宗教、民族戏剧、舞蹈、歌谣、服装、宴饮、市集买卖、地方工艺美术品等等。

以上各类资源，由于人文资源、自然资源所占优势不同，而分为国家历史名城，国家历史文物保护区，国家自然保护区（或国家天然公园）和国家风景名胜区四种类型，分别由不同职能部门分管，或由几个职能部门共管。

二、当前“风景名胜区”保护工作中存在的一些问题

城市的园林绿地，大多数情况下是需要“人造的”，是需要花资金、花劳力去“建设”的；一些地下矿藏是要去“开发”的，一些荒地如要建立农场，也是要去“开发”的，但是一些具有极高美学、科学价值的天然风景和自然资源，是大自然遗留下来的，它们是不能依靠人工去“建设”起来的，也不能像矿藏和荒地一样去“开发”的。还有那些有极高艺术、科学技术和历史价值的文物古迹，是历史上前人创造而遗留下来的，也不是要依靠现代人去“建设”、“改造”或“开发”的。可以进行考古发掘，把原状完整保护下来，但不是“开发”矿藏。历史文物是不能进行社会主义改造的。

但是对于“风景名胜区”，近几年来，有不少同志写文章、做报告，提出所谓要大力进行“风景建设”和“风景开发”等不确切的口号和观点。甚至有些地方部门，还用这些不确切的观点下达任务去“建设”和“开发”风景名胜区。于是逢山开路、遇水搭桥，炸山取石，砍伐森林，大兴土木。在名山大川风景最美的景点，建造大体量的旅馆或建筑群，建造高架缆车索道，甚至还在风景区内建旅游城镇，使大自然城市化。或把一些历史文物价值很高的寺庙、古建筑任意拆迁、改造或改为旅馆、餐厅、商店等等。甚至还把一些旅游服务性设施的“建设”，交通道路能源供应的建设称为“风景建设”，把旅馆建筑作为风景美学的核心来构思。这些做法，实质上是花了大量资金，人力来从事大量的“破坏性建设”工作。国际上很多同行，对此都提出了不同意见，这种“破坏性的建设”再也不能继续下去了。

在我国城市建设政策论证会中，对风景名胜区的保护，作了明确规划，是很好的。但是许多重要的风景名胜区并不在大城市，而面积又很大，在风景区内有不少小城镇和村镇，这些小村镇的建设对资源破坏是很严重的。因此，在“村镇建设技

术政策”中，更需要有明确规定。

严格说来，按科学性质和社会需求来看，风景名胜区自成一独立体系，这与美国的“国家公园系统”，有相似之处，又有不同之处。

美国的国家公园系统，由四种类型的风景区组成，即（1）国家天然公园。（2）国家历史公园。（3）国家野外娱乐公园。（4）国家纪念公园。把国家天然公园，即自然保护区除去，这就与我国的风景名胜区很相似了。

国家风景名胜区既不是城市建设，也不是村镇建设。它与城市的园林绿化是两个不同的体系。在美国城市的园林绿地是由各城市的市政府领导建设的。而“国家公园系统”则由内政部的“国家公园局”领导和经营管理的，中央局下设十个地区局，由中央局统一领导。全国有九千多职工，旺季达二万余名。全国共有三百三十余处由国家公园局管辖的公园单位。

中央局一级有四百五十余名职工的管理机构和五百名规划设计技术人员的“设计中心”。

我国“风景名胜区”的保护和管理工作。以城乡部的市容园林局为主，但其工作比较复杂，与文化部、文物局、林业部、旅游总局、城乡部环保局、均有密切关系。因此，将来它将在国务院统一领导下再行制订专门的技术政策和建立专门管理体制。

三、为什么风景旅游资源不能破坏

第一，许多自然风景、原始森林、野生动物和植物群落受到破坏，河川、湖泊、沼泽、海滨的水体受到污染，则许多生物将会灭绝、整个国土的生态平衡也会受到破坏。那么人类的农业生产、工业生产也都会相继受到破坏，自然灾害会不断发生，人民的健康和生存条件将会恶化。同时，人类生存的环境美学价值也随之破坏，使人类的精神生活感到枯燥。所谓“皮之不存，毛将焉附”，那么人民的物质文明将无法建立。精神生活也将受到损害。

第二，许多科学研究工作将无法进行。

第三，许多科学普及工作将失去直观教学的现场。

第四，许多历史古迹和历史文物破坏以后，历史唯物主义哲学的研究将失去物证而陷于空谈。精神文明的建设将因割断历史而失去优秀传统的继承和借鉴。

第五，现代化城市居民的健康和文化生活将受到损害。

四、如何保护风景旅游资源

一些现代化国家，如美国在建国初期，也曾大量砍伐森林、淘金、露天开矿，自然资源和森林受到严重破坏，生态失去平衡，受到大自然严重的惩罚。他们的政府和人民接受了教训，于1872年首先建立了世界上第一个国家天然公园，即黄石公园，面积达8980余平方公里。后来建立了国家公园系统共330余处，占国土总面积的1%，另外还设立了占国土总面积10%的“国家保护森林”，供野生动物保护和开放旅游之用。1916年8月25日，美国国会制定了一项法令“要把国家公园的天然风景、自然变迁遗迹，野生动物和历史古迹，按原有环境，世世代代保护下去不受破坏。”当前世界各国对各种资源的保护原则如下：

1. 对自然资源要按大自然原有的面貌保护下来；不得改造、不得增添和破坏原有自然物，被毁植被，由其自行恢复，不加人为干预。

2. 对历史人文资源，要按历史原状保护下来。如已破坏部分，可以不修复；如决定修复则须按历史原状和原材料修复，并表明为非原物；如破坏太多，不加修复，则须保护其遗址和遗迹，不得占用和另作基建用地。

3. 野外娱乐资源，如沙滩、急湍、雪山，不得破坏自然面貌，供人民野外娱乐之用，不得侵占移作别用。

资源保护首先要作好资源调查、资源分析和评价分级，按不同资源性质定出不同资源保护规划。

风景名胜区内的资源，其综合的总评价已达举世闻名或经公布后可达举世闻名的标准者，则其风景名胜区可以列为第一级，即“国家风景名胜区”。

其资源的总评价已达全国闻名或经公布后可达全国闻名标准者，则可列为第二级，即“省级风景名胜区”。

其资源总评价只达省内闻名标准者，则为第三级，即“地方风景名胜区”。

同一风景名胜区内，根据资源性质及评价及其分布情况，可以把风景名胜区划分为：一、绝对保护区；二、重要保护区；三、一般保护区三级地区。游人只允许在二、三级保护区活动。在风景名胜区外围，还应设置外围保护区（或影响保护区）。旅游服务设施及管理机构只能设在外围保护区。而旅游供应生产基地和管理人员生活区应设在外围保护区之外。

五、如何进行风景名胜区规划工作？

通常应分为三个阶段和三个组成部分来进行规划设计。

（一）资源分析评价阶段

1. 进行资源调查；2. 进行资源分析；3. 进行资源分类，分别进行评价和分级。

（二）资源保护规划阶段

1. 根据资源分类的评价和级别，决定风景名胜区的性质和名称。

2. 根据资源的不同类型、性质和评价分别定出各种不同性质资源的保护条例、法规和保护措施。

3. 分别做出分类分级分区的保护规划图。例如景观保护区、森林植被保护区、古迹名胜保护区、野生动物保护区、水景保护区等等。

（三）开放旅游，服务设施的规划

1. 制定环境质量保护规划再定出环境容量规划（即游人容量规划和环境卫生指标规划）。

2. 交通及游览路线规划。

3. 能源供应规划。

4. 旅游服务性设施规划（即旅馆、餐厅酒吧、商店、停车场、通信等等）。一般均设在风景区以外，或在外围保护区内。

5. 污水、废弃物处理规划。

6. 管理机构、管理人员居住地及供应规划。不得设置在风景区内。

以上旅游服务设施和交通能源的规划，不能称作是“风景名胜区规划”或“风景建设”，只能称作“旅游服务设施规划”。

六、载人高架缆车索道问题

美国国会曾作出决定，在国家天然公园和历史公园是不能建立索道缆车的，只有在滑雪的山地、娱乐公园才允许建立缆车，也是小型的。埃及的金字塔古迹游览区、希腊的奥林匹斯神山、美国的黄石公园、大峡谷都是法令决定不许建造缆车的。在风景美学评价很高的名山大川，建了缆车，其美学价值就被破坏，是风景摄影师、风景画家所最不能容忍的破坏行为。建造缆车，必须先修路，修路必先伐树、炸山，因此修一道索道缆车，对自然资源和文化资源的破坏是严重的。国外许多风景园林师，对我国在泰山、黄山、峨眉大建缆车，都很有意见，不敢赞同。